U1074994

国家骨干高职院校建设项目成果

电气自动化技术专业

机床电气设备及升级改造

主　编　崔兴艳
副主编　王海涛　孙福才
参　编　宫　洵　王　强
主　审　雍丽英　李忠元

机械工业出版社

本书是国家骨干高职院校重点专业电气自动化技术专业的 CDIO 系列教材之一，是应 CDIO 课程改革的需要而编写的。教材内容紧密结合工程项目安排相关知识点和技能点，重视对学生职业能力的培养，内容主要有三相异步电动机单向运行控制电路板的制作、三相异步电动机正反转控制电路板的制作、三相异步电动机减压起动控制电路板的制作、三相异步电动机制动控制电路板的制作、车床电气控制及 PLC 改造、磨床电气控制及 PLC 改造、铣床电气控制及 PLC 改造、钻床电气控制及 PLC 改造及起重机电气控制及 PLC 改造共九个项目。项目设置结合工程实际，内容系统、简洁，图文并茂，实用性较强。

本书可作为高职高专电气自动化技术专业和机电一体化技术专业及相关专业的教材，也可作为社会在职人员岗位技能培训和工程技术人员的参考用书。

为方便教学，本书配有电子课件、习题解答、模拟试卷等，凡选用本书作为教材的学校，均可来电索取。咨询电话：010-88379375；电子邮箱：wangzongf@163.com。

图书在版编目（CIP）数据

机床电气设备及升级改造/崔兴艳主编. —北京：机械工业出版社，2015.9

国家骨干高职院校建设项目成果电气自动化技术专业

ISBN 978-7-111-51349-0

Ⅰ.①机… Ⅱ.①崔… Ⅲ.①机床—电气设备—高等职业教育—教材 Ⅳ.①TG502.34

中国版本图书馆 CIP 数据核字（2015）第 197345 号

机械工业出版社（北京市百万庄大街 22 号 邮政编码 100037）
策划编辑：王宗锋 责任编辑：王宗锋 张利萍 版式设计：霍永明
责任校对：陈 越 封面设计：鞠 杨 责任印制：李 洋
三河市国英印务有限公司印刷
2016年 1 月第 1 版第 1 次印刷
184mm×260mm · 16.75 印张 · 412 千字
标准书号：ISBN 978-7-111-51349-0
定价：36.00 元

凡购本书，如有缺页、倒页、脱页，由本社发行部调换

电话服务
服务咨询热线：010-88379833
读者购书热线：010-88379649

网络服务
机 工 官 网：www.cmpbook.com
机 工 官 博：weibo.com/cmp1952
教育服务网：www.cmpedu.com
金 书 网：www.golden-book.com

哈尔滨职业技术学院电气自动化技术专业教材
编审委员会

专业教材编写说明

为更好地适应我国走新型工业化道路，实现经济发展方式转变、产业结构优化升级，建设人力资源强国发展战略的需要，国家教育部、财政部继续推进“国家示范性高等职业院校建设计划”实施工作，2010年开始遴选了100所左右国家骨干高职院校，创新办学体制机制，增强办学活力；以提高质量为核心，深化教育教学改革，优化专业结构，加强师资队伍建设，完善质量保障体系，提高人才培养质量和办学水平；深化内部管理运行机制改革，增强高职院校服务区域经济社会发展的能力。

哈尔滨职业技术学院于2010年11月被教育部、财政部确定为国家骨干高职院校建设单位，创新办学体制机制，在推进校企合作办学、合作育人、合作就业、合作发展的进程中，以专业建设为核心，以课程改革为抓手，以教学条件建设为支撑，全面提升办学水平。电气自动化技术专业及专业群是国家骨干高职院校央财支持的重点专业，本专业借鉴世界先进的CDIO工程教育理念，与哈尔滨博实自动化设备有限公司等企业合作，创新“订单培养、德技并重”的人才培养模式，在人才培养的整个过程中，注重培养学生的职业道德、专业核心技术和岗位核心技能，使学生在掌握扎实的理论知识和熟练的岗位技能的同时，具备良好的人文素养和职业素质，高超的系统工程技术能力，尤其是项目的构思、设计、实现和运行能力，以及较强的自学能力、组织沟通能力和协调能力。本专业通过毕业生跟踪调查，确定专业职业岗位（群）。通过调研，深入分析专业岗位（群），提炼出本专业的职业岗位核心能力，明确岗位对毕业生的知识、能力、素质具体需求，形成电气自动化技术专业人才培养质量要求和《电气自动化技术专业岗位调研报告》。围绕电气自动化技术专业电气技术、工业控制器技术、自动化系统集成技术三个核心技术，注重培养学生具有良好的可持续发展能力，与CDIO工程理念对接，创新构建注重专业核心技术和岗位核心技能培养的项目导向课程体系，以“机床电气设备及升级改造”、“单片机控制技术”、“电机与变频器安装和维护”、“PLC控制系统的设计与应用”、“工业现场控制系统的设计与调试”、“供配电技术”、“自动化生产线安装与调试”7门核心课程改革为龙头带动专业核心课程建设。

CDIO工程教育理念是近年来国际工程教育改革的最新成果，它以产品研发到运行的生命周期为载体，让学生以主动的、实践的、课程之间有机联系的方式学习工程的理论、技术与经验。CDIO工程教育在高职院校开展得较少，适用于CDIO项目式课程教学的高职教材更少。本专业在试点班级进行核心课程改革实施运行，课程实行“做中学”、“学中做”、“教、学、做一体化”教学模式，根据课程教学目标及课程标准要求安排若干个三级项目。学生每3~4人构成团队，在项目实施过程中，学生以团队内合作、团队间协作加竞争的方式进行自主探究式学习，教师仅起指导作用，促使学生完成构思、设计、实现和运行（CDIO）的全过程，每一组在项目完成后都要向全班做汇报，教师、学生要根据完成情况进行评价。本专业在核心课程改革试点总结的基础上，凝练课程改革成果，校企合作开发了《机床电气设备及升级改造》《单片机控制技术》《电机与变频器安装和维护》《PLC控制系统的设计与应用》《工业现场控制系统的设计与调试》《供配电技术》《自动化生产线安装与调试》7部CDIO项目式系列教材。为了更好地满足CDIO项目式课程教学需要，本系列教材均以生产实际项目为典型案例进行编写。项目实施过程按照构思、设计、实现、运行（CDIO）4个基本环节进行，注重核心技术和岗位技能的培养，重点突出对学生职业技能的培养，使学生具有良好的人文素养、职业素质、就业能力以及具备可持续发展能力，满足社会与企业欢迎的高端技能型人才的需要，最大限度地实现学校与企业的零距离对接。

哈尔滨职业技术学院电气自动化技术教材编审委员会

前　言

随着国家骨干院校重点专业建设的需要和社会对高等职业教育应用型人才需求的不断增长，高等职业教育教学改革不断深化，建设具有高职特色的教材已成为当前高等职业院校教学中的重要内容。

本书是根据教育部高等职业院校教育教学改革精神，按照高职院校高端技能型人才培养要求及专业 CDIO 课程改革的需要通过校企合作而编写的。本书是国家骨干院校重点专业电气自动化技术专业 CDIO 式课程体系改革和建设的成果，也是国家级精品资源共享课程“机床电气设备及升级改造”的配套教材。本书以电气自动化技术和机电一体化技术职业岗位需求为导向，按照“订单培养、德技并重”人才培养模式，采用了国外先进的 CDIO 工程教育理念，融入了职业资格考试的内容，本着“学生主体、工学结合、项目导向”的开发思路，重在培养学生 CDIO 工程项目实践应用的职业能力。

本书以机床电气设备及升级改造中常用的九个真实工程项目为载体，是由哈尔滨职业技术学院与哈尔滨电机厂及哈尔滨中航动科燃气轮机成套制造有限公司的技术人员合作开发编写的。

本书适用于“教学做一体化”教学形式，在国家级精品资源共享课的专用网站“爱课程”网配有大量多媒体教学课件、教案、教学录像及相关的立体化教学资源可供广大师生学习和下载，在使用过程中教材内容可根据专业和教学条件进行取舍。

本书通过企业调研，针对行业企业对机床电气设备安装、调试、维护维修和 PLC 改造的需要，以培养高端技能型人才、强化工程项目应用的能力为目的编排选取的内容。书中采用了大量工程案例，以适应 CDIO 项目式课程教学需要。教材内容中所有项目均来源于生产实际，主要包括三相异步电动机单向运行控制电路板的制作、三相异步电动机正反转控制电路板的制作、三相异步电动机减压起动控制电路板的制作、三相异步电动机制动控制电路板的制作、车床电气控制及 PLC 改造、磨床电气控制及 PLC 改造、铣床电气控制及 PLC 改造、钻床电气控制及 PLC 改造、起重机电气控制及 PLC 改造共九个实际项目。

本书建议采用 CDIO 项目式四步进行教学组织实施，项目实施过程包括构思、设计、实现、运行（CDIO）四个基本环节。参考学时为 100～120 学时。

本书由哈尔滨职业技术学院崔兴艳担任主编，哈尔滨职业技术学院王海涛、孙福才担任副主编，参加编写的还有哈尔滨中航动科燃气轮机成套制造有限公司宫洵和杭州和利时自动化有限公司王强。具体分工是：崔兴艳编写了项目一、项目八、项目九；王海涛编写了项目三、项目五；孙福才编写了项目四和项目六；宫洵编写了项目二和项目七；王强编写了附录。全书由崔兴艳统稿。

哈尔滨职业技术学院电气工程学院院长雍丽英教授和哈尔滨电机厂高级工程师李忠元担任本书主审，对书中内容提出了许多宝贵建议，在此表示衷心的感谢。在本书编写过程中，哈尔滨九洲电气有限公司王树庆、哈尔滨圣启自动化有限公司齐兴革、哈尔滨技师学院李传金等行业企业专家提出了许多宝贵的意见，还得到了哈尔滨职业技术学院刘敏副院长、教务处孙百鸣处长的大力支持和精心指导，在此一并表示感谢。

由于编者水平有限，书中不足之处在所难免，恳请广大读者给予批评指正。

编　者

目　录

项目一
三相异步电动机单向运行控制电路板的制作

<table>
<tr><td>项目名称</td><td>三相异步电动机单向运行控制电路板的制作</td><td>参考学时</td><td>16 学时</td></tr>
<tr><td>项目引入</td><td colspan="3">三相异步电动机单向运行的控制电路常用于只需要单方向运转的小功率电动机的控制。它在工农业生产、家用电器、医疗器械和国防设施中得到广泛使用，并广泛用于拖动各种小型鼓风机、水泵、电动葫芦、车床以及带式运输机等生产机械设备等。三相异步电动机的控制电路大多由接触器、继电器、刀开关、按钮等有触点电器组合而成。下图为鼓风机和电动葫芦应用的案例。

鼓风机

鼓风机

电动葫芦</td></tr>
<tr><td>项目目标</td><td colspan="3">1. 通过电动机点动和长动控制电路的安装和调试，能够正确识读电气原理图、掌握单向运行控制电路工作原理；
2. 能根据原理图画出电器元件布置图和安装接线图，掌握电气原理图、电器元件布置图和安装接线图的绘制规则和要领；
3. 正确选择电器元件，熟悉电动机点动和长动的区别，掌握自锁的概念及接线、安装调试的要领和注意事项；
4. 掌握板前明线布线的工艺要求和相应的国家标准，明确电工安全注意事项；
5. 通过该项目的训练，培养学生的信息获取、资料收集整理能力；
6. 会使用万用表、绝缘电阻表等测量工具和常用的安装、调试工具仪器；
7. 提高解决问题、分析问题的能力，及知识的综合运用能力；
8. 具有良好的工艺意识、标准意识、质量意识、成本意识，达到初步的 CDIO 工程项目的实践能力。</td></tr>
<tr><td>项目要求</td><td colspan="3">完成三相异步电动机单向运行控制电路板的制作，包括：根据要求画出三相异步电动机单向运行控制电路原理图、电器元件布置图和安装接线图，并分析其工作原理；选择合适型号的电器元件及导线；采用板前明线布线的方法进行电路板的制作；严格按工艺要求完成安装接线线路检查并排除故障；调试运行。</td></tr>
<tr><td>（CDIO）
项目实施</td><td colspan="3">构思（C）：项目构思与任务分解，学习相关知识，制定计划与流程，建议参考学时为 6 学时；
设计（D）：学生分组设计项目方案，建议参考学时为 2 学时；
实现（I）：绘图、电器元件安装与布线，建议参考学时为 6 学时；
运行（O）：调试运行与项目评价，建议参考学时为 2 学时。</td></tr>
</table>

【项目构思】

项目来源于某工矿企业在生产过程中的单向运行等生产机械的控制，例如小型鼓风机、水泵、电动葫芦、车床以及带式运输机等生产机械设备。这些生产机械要求电动机能实现单方向运转的控制。

三相异步电动机的单向运转控制在生产中应用最广泛，电动机单向运行控制的原理及安装与维修技能是维修电工必须掌握的基础知识和基本技能。通过电动机点动控制、连续运行的两个具体电路来学习单向运行控制电路。

教师首先下发项目工单，布置本项目需要完成的任务及控制要求，介绍本项目的应用情况，进行项目分析，学生进行小组分工，明确项目工作任务，进行任务分解，团队成员讨论项目如何实施，然后制定项目实施工作计划、制定出工艺流程；学习完成项目所需的知识，学习三相异步电动机单向运行控制电路组成的各种低压电器以及工作原理，进行项目方案的设计，电气系统图的绘制，电器元件选择、安装及布线，最后进行电气控制板的检查与调试。通过三相异步电动机单向运行控制电路来学习电动机的点动和自锁控制电路。

项目实施建议教学方法为项目引导法、小组教学法、案例教学法、启发式教学法、实物教学法。项目一的项目工单见表 1-1。

表 1-1　项目一的项目工单

<table>
<tr><td>课程名称</td><td colspan="4">机床电气设备及升级改造</td><td>总学时：108</td></tr>
<tr><td>项目名称</td><td colspan="4">三相异步电动机单向运行控制电路板的制作</td><td>16</td></tr>
<tr><td>班级</td><td></td><td>团队负责人</td><td></td><td>团队成员</td><td></td></tr>
<tr><td>项目描述</td><td colspan="5">根据三相异步电动机单向运行控制电路原理及制作要求，学习相关的知识，常见低压电器和电动机单向运行的原理，安装接线图的绘制。制定安装调试计划并进行决策，制定出合理的计划方案，然后选择合适的电器元件和线材，准备好工具和耗材，与他人合作进行电动机点动和长动控制电路的安装制作并进行调试，调试成功后再进行综合评价。具体任务如下：
1. 电器元件布置图和安装接线图的绘制；
2. 选择电器元件和导线及耗材；
3. 电器元件的检测及安装；
4. 布线；
5. 调试并排除故障；
6. 带负载调试。</td></tr>
<tr><td>相关资料及资源</td><td colspan="5">教材、实训指导书、视频录像、PPT 课件、电气安装工艺及标准等。</td></tr>
<tr><td>项目成果</td><td colspan="5">1. 完成电动机点动和长动控制电路板的制作，实现控制要求；
2. CDIO 项目报告；
3. 评价表。</td></tr>
<tr><td>注意事项</td><td colspan="5">1. 采用板前明线布线一定满足制作要求；
2. 每组在通电试车前一定要经过指导教师的允许才能通电；
3. 安装调试完毕后先断电源后断负载；
4. 严禁带电操作；
5. 安装完毕及时清理工作台，工具归位。</td></tr>
<tr><td>引导性问题</td><td colspan="5">1. 你已经具备完成三相异步电动机点动和长动控制电路板制作的所有资料了吗？如果没有，还缺少哪些？应通过哪些渠道获得？
2. 在完成本次任务前，你还缺少哪些必要的知识？如何解决？
3. 你选择哪种制作方法进行布线？
4. 在进行安装前，你准备好器材了吗？
5. 在安装接线时，你选择导线的规格多大？根据什么进行选择？
6. 你采取什么措施来保证制作质量，符合制作要求吗？
7. 你在安装和调试过程中，会使用哪些工具？
8. 在安装完毕后，你所用到的工具和仪器是否已经归位？</td></tr>
</table>

一、三相异步电动机单向运行控制电路板的制作项目分析

三相异步电动机单向运行的控制在工农业生产、家用电器、医疗器械和国防设施中得到广泛使用。它被广泛用于拖动各种小型鼓风机、水泵、电动葫芦、车床以及带式运输机等生产机械设备等。鼓风机的源动力是电动机，鼓风机的工作过程就是电动机单向运行控制的实例。这就要了解传统的继电器-接触器控制电动机单向运行的控制功能和要求。三相异步电动机单向运行继电器-接触器控制电路盘如图 1-1 所示。

图 1-1　三相异步电动机单向运行继电器-接触器控制电路盘

通过项目训练，学习低压电器的相关知识，能够制定、实施项目工作计划；具有信息获取、资料收集整理的能力。

让我们首先了解三相异步电动机单向运行控制元件及电路吧！

二、三相异步电动机单向运行控制电路板的制作相关知识

三相异步电动机的单向运转控制在生产中应用最广泛，电动机单向运行控制的原理及安装与维修技能是维修电工必须掌握的基础知识和基本技能。通过点动控制、连续运行的两个具体电路来学习单向运行控制电路。三相异步电动机单向运行控制电路如图 1-2 所示。

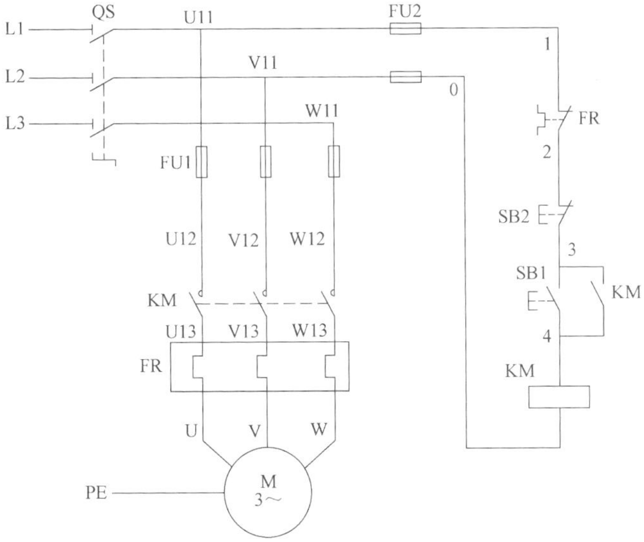

图 1-2　三相异步电动机单向运行控制电路

让我们首先了解低压电器吧!

（一）初步认识低压电器

在我国的经济建设和人民生活中，电能的应用越来越广泛。要实现工业、农业、国防和科学技术的现代化，就更离不开电气化。电器就是广义的电气设备。为了安全、可靠地使用电能，电路中的电器是一种能够根据外界信号的要求，自动或手动地接通或断开电路，断续或连续地改变电路参数，实现电路或非电对象的切换、控制、保护、检测、变换和调节作用的电气设备。简言之，电器就是一种能够控制电的工具。从生产或使用的角度来看，电器可分为高压电器和低压电器两大类。我国的现行标准是将工作在交流额定电压1200V以下、直流额定电压1500V以下的电气线路中的电气设备称为低压电器。低压电器的种类繁多，按其结构、用途及所控制的对象的不同，可以有不同的分类方式，以下介绍分类方式。

低压电器有几种分类方式呢?

1. 低压电器的类型

（1）按用途和控制对象分　按用途和控制对象的不同，可将低压电器分为低压配电电器和低压控制电器。

1）低压配电电器。低压配电电器用在低压电力网中，主要用于低压配电系统，要求系统发生故障时保护动作准确、工作可靠，在规定条件下具有相应的动稳定性与热稳定性，使电器不会被损坏。这类电器包括刀开关、转换开关、低压断路器和熔断器等。对配电电器的主要技术要求是断流能力强，限流效果好。

2）低压控制电器。低压控制电器用在电力拖动及自动控制系统中，包括接触器、起动器和各种控制继电器、主令控制器和万能转换开关等。对低压控制电器的主要技术要求是操作频率高、寿命长、体积小、重量轻、动作迅速与准确、性能可靠，有相应的转换能力。

（2）按操作方式分　按操作方式的不同，可将低压电器分为自动电器和手动电器。

自动电器是通过电磁做功来完成接通、分断、起动、反向和停止等动作的电器。常用的自动电器有接触器、继电器等。

手动电器是通过人力做功来完成接通、分断、起动、反向和停止等动作的电器。常用的手动电器有刀开关、转换开关和主令电器等。

（3）按工作原理分　按工作原理的不同，可将低压电器分为电磁式电器和非电量控制电器。

电磁式电器是根据电磁感应原理来工作的电器，如接触器、各类电磁式继电器、电磁铁等。

非电量控制电器是靠外力或某种非电物理量的变化而动作的电器，如刀开关、行程开关、按钮、速度继电器、压力继电器等。

（4）按执行功能分　按执行功能不同，可将低压电器分为有触点电器和无触点电器。

有触点电器有可分离的动触点、静触点，并利用触点的接通和分断来切换电路。如接触器、刀开关、按钮等。

无触点电器没有可分离的触点，主要利用大功率电力电子元器件的开关功能，即导通和截止，来实现电路的通、断控制。如接近开关、电子式时间继电器等。

另外，低压电器按工作条件还可划分为一般工业电器、船用电器、化工电器、矿用电器、牵引电器及航空电器等几类。对应于不同类型低压电器的防护型式，对其耐潮湿、耐腐蚀、抗冲击等性能的要求是不同的。

低压电器种类繁多，在实际生产中应用较多的是电磁式低压电器，本书中重点介绍电磁式低压电器的结构和应用。

下面让我们了解电磁式低压电器的基本结构吧！

2. 电磁式低压电器的基本结构

各种电磁式电器在工作原理和结构上基本相同。从结构上看，低压电器大都由两个主要部分组成，即感测部分和执行部分。感测部分接收外界输入的信号，并通过转换、放大、判断，做出有规律的反应；而执行部分根据指令信号，输出相应的指令，执行电路的通、断控制，实现控制目的。对于电磁式电器，感测部分由电磁机构组成，而执行部分由触点系统构成。

（1）电磁机构　电磁机构的主要作用是将电磁能量转换成机械能量，带动触点动作，从而接通或分断电路。

1）电磁机构的组成。电磁机构由吸引线圈、铁心（静铁心）、衔铁（动铁心）和空气隙等部分组成。其中吸引线圈、铁心是静止不动的，只有衔铁是可动的。其作用原理是：当线圈中有电流通过时，产生电磁吸力，电磁吸力克服弹簧的反作用力，使衔铁与铁心闭合，衔铁带动连接机构运动，从而带动相应的触点动作，完成对电路的接通与分断控制。

2）电磁机构的形式。常用的电磁机构可分为三种形式，如图 1-3 所示。衔铁绕棱角转动的拍合式铁心，如图 1-3a 所示，这种形式广泛应用于直流电器中；衔铁绕轴转动的拍合式铁心，如图 1-3b 所示，其铁心形状有 E 形和 U 形两种，此种结构多用于触点容量较大的交流电器中；衔铁沿直线运动的双 E 形直动式铁心，如图 1-3c 所示，此种结构多用于交流接触器、继电器中。

a) 衔铁绕棱角转动拍合式　　b) 衔铁绕轴转动拍合式　　c) 衔铁沿直线运动式

图 1-3　常用的电磁机构

3）电磁机构的分类。电磁机构按吸引线圈所通电流性质的不同，电磁机构可分为直流电磁机构和交流电磁机构。

直流电磁机构由于通入的是直流电，其铁心不发热，只有线圈发热，因此，线圈与铁心接触有利于散热，线圈做成无骨架、高而薄的瘦高型，可以改善线圈自身的散热。铁心和衔铁由软钢和工程纯铁制成。

交流电磁机构由于通入的是交流电，铁心中存在磁滞损耗和涡流损耗，这样会使线圈和铁心都发热，因此，交流电磁铁的吸引线圈设有骨架，使铁心与线圈隔离并将线圈制成短而厚的矮胖型，所以线圈匝数少，这样有利于铁心和线圈的散热。铁心用硅钢片叠加而成，以减小涡流损耗。

电磁机构工作时，线圈产生的磁通作用于衔铁，产生电磁吸力，并使衔铁产生机械位移。衔铁在复位弹簧的作用下复位。因此，作用在衔铁上的力有两个：电磁吸力与反力。电磁吸力由电磁机构产生，反力则由复位弹簧和触点弹簧产生。铁心吸合时要求电磁吸力大于反力，即衔铁位移的方向与电磁吸力方向相同；衔铁复位时要求反力大于电磁吸力。

【特别注意】

为了消除交流电磁铁产生的振动和噪声，可在铁心的端面开一小槽，在槽内嵌入铜制短路环，加上短路环后，由于电磁吸力与磁通的二次方成正比，因此由两相磁通产生的合成电磁吸力较为平坦，在电磁铁通电期间电磁吸力始终大于反力，使铁心牢牢吸合，从而可消除振动和噪声。交流电磁铁短路环如图 1-4 所示。

(2) 触点系统　触点是电器的执行部分，起接通和分断电路的作用。触点通常用铜制成。由于铜制的触点表面易产生氧化膜，使触点的接触电阻增大，从而使触点的损耗也增大，易使触点发热导致温度升高，从而使触点易产生熔焊，影响工作的可靠性同时又降低了触点的使用寿命。接触电阻不仅与触点的接触形式有关，而且与接触压力、触点材料及触点表面状况有关。因此，有些小容量电器的触点采用银质材料，以减少接触电阻。因为银的氧化膜电阻率与纯银相似，从而避免触点表面氧化膜电阻率增加而造成触点接触不良。另外，材料的电阻率越小，接触电阻也越小。在金属中银的电阻率最小，但银比铜价格贵，实际生产中常在铜触点的表面镀银，以减小接触电组。

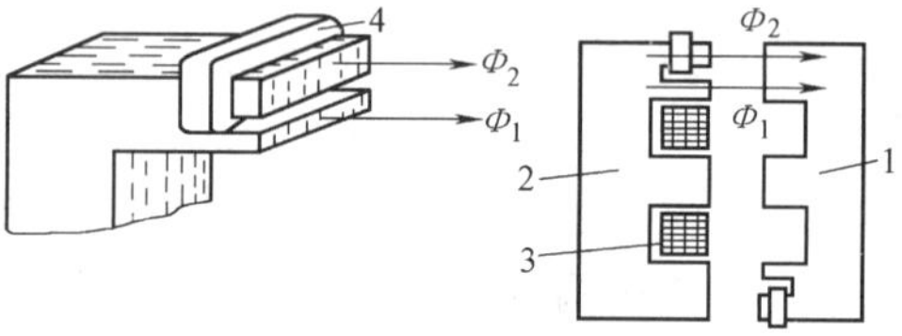

图 1-4　交流电磁铁短路环

1—衔铁　2—铁心　3—线圈　4—短路环

触点主要有两种结构形式：桥式触点和指形触点，如图 1-5 所示。

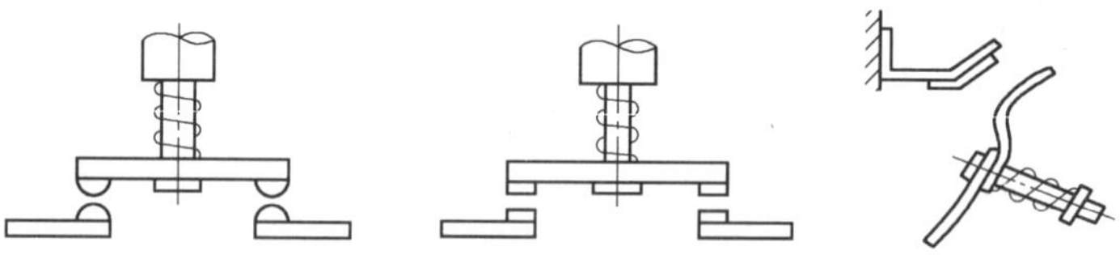

a) 桥式触点(点接触型)　b) 桥式触点(面接触型)　c) 指形触点

图 1-5　触点的结构形式

桥式触点的两个触点串于同一条电路中，电路的通断由两个触点共同完成。桥式触点多为面接触，常用于大容量电器中。

指形触点的接触区为一直线，触点接通或分断时将产生滚动摩擦，以利于去掉氧化膜，同时也可以缓冲触点闭合时的撞击能量，改善触点的电气性能。

为了使触点接触得更紧密，以减小接触电阻，并消除开始接触时产生的振动，可在触点上安装接触弹簧。

当触点切断电路时，如果电路中电压超过 10～20 V 和电流超过 80～100mA，在拉开的两个触点之间将出现强烈的火花，这实际上是一种气体放电的现象，通常称为“电弧”。电弧主要特点是外部有白炽弧光，内部有很高的温度和密度很大的电流，具有导电性。

电弧形成的过程是：当触点间刚出现断口时，触点间的距离极小，电场强度极大，在高热和强电场的作用下，气隙中电子高速运动产生碰撞游离，在游离因素的作用下，触点间的气隙中会产生大量带电粒子使气体导电，形成炽热的电子流，即电弧。

电弧的产生一方面烧蚀触点，降低电器寿命和电器工作的可靠性；另一方面会使分断时间延长，严重时会引起火灾或其他事故。因此在电路中应采取适当措施熄灭电弧。

（3）灭弧装置　在大气中分断电路时，由于电场的存在，触点表面的大量电子逸出会产生电弧，电弧一经产生，就会产生大量热能。电弧的存在既烧蚀了触点的金属表面，降低了电器的使用寿命，又延长了电路的分断时间，所以必须把电弧熄灭。

为使电弧熄灭，可采用将电弧拉长、使弧柱冷却、把电弧分成若干短弧等方法。灭弧装置就是基于这些原理来设计的。常用的灭弧装置有电动力灭弧、磁吹灭弧、金属栅片灭弧和灭弧罩灭弧。根据电流性质的不同，电弧分直流电弧和交流电弧。由于交流电弧有自然过零点，所以容易被熄灭；而直流电弧则不易熄灭。

1）电动力灭弧。桥式结构双断口触点系统的电动力灭弧原理如图 1-6 所示。当触点分断时，在断口处将产生电弧。电弧电流在两电弧之间产生如图 1-6 中所示的磁场。根据左手定则，电弧电流要受到一个指向外侧的电动力 F 的作用，使电弧向外运动并拉长，同时也使电弧温度降低，有助于熄灭电弧。

这种灭弧方法简单，无需专门的灭弧装置，一般用于接触器等交流电器。当交流电弧电流过零时，触点间隙的介质强度迅速恢复，将电弧熄灭。

2）磁吹灭弧。磁吹灭弧原理示意图如图 1-7 所示，在触点电路中串入一个磁吹线圈，该线圈产生的磁通经过导磁夹板引向触点周围。由图 1-7 可见，在弧柱下方，两个磁通是相加的，而在弧柱上方是彼此相减的，因此，在下强上弱的磁场作用下，电弧被拉长并吹入灭弧罩中。引弧角与静触点相连接，其作用是引导电弧向上运动，将热量传递给罩壁，使电弧冷却熄灭。

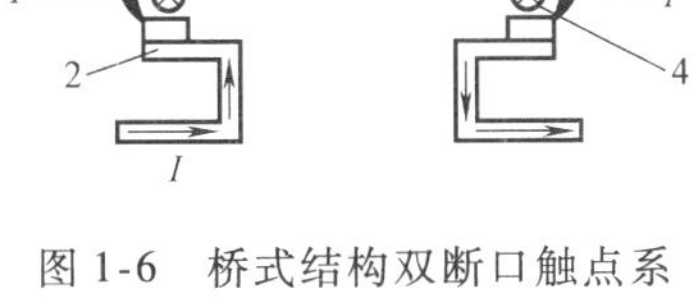

图 1-6　桥式结构双断口触点系统的电动力灭弧原理

1—静触点　2—动触点　3—电弧　4—弧区磁场方向

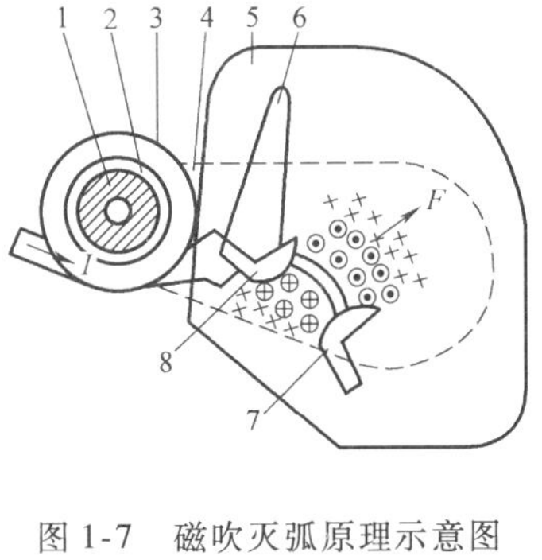

图 1-7　磁吹灭弧原理示意图

1—铁心　2—绝缘套　3—吹弧线圈　4—导磁夹板　5—灭弧罩　6—引弧角　7—动触点　8—静触点

该灭弧装置是利用电弧电流本身灭弧的，因而电弧电流越大，吹弧能力越强。它广泛应用于直流接触器中。

3）金属栅片灭弧。灭弧栅是由多片镀铜薄钢片（称为栅片）组成的，它们安放在电器触点上方的灭弧栅内，彼此之间互相绝缘。当电器的触点分离时，所产生的电弧在吹磁电动力的作用下被推向灭弧栅内。当电弧进入栅片后被分割成一段段串联的短弧，而栅片就是这些短弧的电极。每两片灭弧栅片之间都有 150～250V 的绝缘强度，使整个灭弧栅的绝缘强度大大加强，以致外加电压无法维持，电弧迅速熄灭。除此之外，栅片还能吸收电弧热量，使电弧冷却。基于上述原因，电弧进入栅片就会很快熄灭。由于栅片灭弧装置的灭弧效果在交流时要比直流时强得多，因此在交流电器中常采用栅片灭弧。金属栅片灭弧装置示意图如图 1-8 所示。

4）灭弧罩灭弧。比栅片灭弧更为简单的是采用一个陶土和石棉、水泥做成的耐高温罩灭弧。电弧进入灭弧罩后，可以降低电弧温度和隔离电弧，可用于交流和直流灭弧。

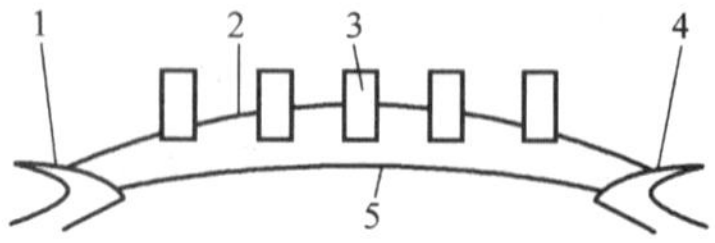

图 1-8　金属栅片灭弧装置示意图
1—静触点　2—短电弧　3—灭弧栅片
4—动触点　5—长电弧

3. 低压电器的主要技术参数

（1）额定工作电压　它是指在规定条件下，能保证电器正常工作的电压值。一般指触点额定电压值。电磁式电器还规定了电磁线圈的额定工作电压。

（2）额定工作电流　它是根据电器的具体使用条件确定的电流值，和额定电压、电源频率、使用类别、触点寿命及防护参数等因素有关，同一个开关电器使用条件不同，其工作电流值也不同。

（3）通断能力　通断能力以控制规定的非正常负载时所能接通和断开的电流值来衡量。接通能力是指开关闭合时不会造成触点熔焊的能力。断开能力是指开关断开时能可靠灭弧的能力。

（4）寿命　低压电器的寿命包括机械寿命和电气寿命。

你知道什么是低压电器吗？

4. 常用低压电器

（1）低压开关

1）刀开关。刀开关是一种手动电器，是低压配电电器中结构最简单、应用最广泛的电器。它主要用于不频繁地手动接通和分断交直流电路或作为隔离开关用；也可用于不频繁接通与分断额定电流以下的负载，如小型电动机等。

刀开关按极数分为单极、双极和三极；按操作方式分为直接手柄操作式、杠杆操作机构式和电动操作机构式；按转换方向分为单投和双投；按灭弧结构分为带灭弧罩和不带灭弧罩的。

刀开关由手柄、触刀、静插座、铰链支座和绝缘底板等组成。为了使用方便和减小体积，往往在刀开关上安装熔丝或熔断器，组成兼有通断电路和保护作用的开关电器，如开启式负荷刀开关、封闭式负荷刀开关等。

① 开启式负荷刀开关。开启式负荷刀开关俗称胶盖瓷底刀开关，由于其结构简单，价格便宜，使用维修方便，故得到广泛应用。它主要适用于交流50Hz，额定电压单相220V、三相380V，额定电流在100A以下的电路中，作为不频繁地接通和分断有负载电路及小容量线路短路保护的开关，也可作为分支电路的配电开关使用。

开启式负荷刀开关由操作手柄、熔丝、触刀、触刀座和底座等组成。这种刀开关装有熔丝，可起短路保护作用。开启式负荷刀开关如图1-9所示。

这种刀开关依靠手动来实现触刀插入插座与脱离插座的控制。为保证触刀与插座在合闸位置有良好接触，它们之间有一定的接触压力，对于额定电流较小的刀开关，插座多用纯铜制成，依靠材料的弹性来产生接触压力；额定电流较大的刀开关，则要通过插座两侧加设弹簧片来增加接触压力。触刀与插座的接触一般为楔形线接触。

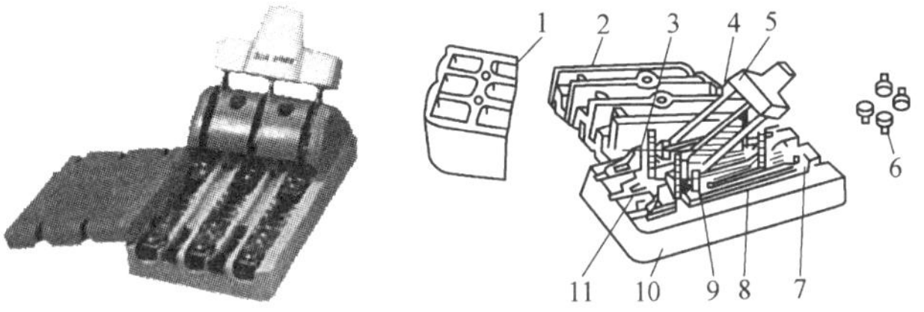

图1-9　开启式负荷刀开关

1—上胶盖　2—下胶盖　3—插座　4—触刀　5—瓷柄　6—胶盖紧固螺母
7—出线座　8—熔丝　9—触刀座　10—瓷底板　11—进线座

为使刀开关分断时有利于灭弧，加快分断速度，有带速断刀刃的刀开关与触刀能速断的刀开关，有的还装有灭弧罩。

【特别提示】

这种刀开关在安装时，手柄要向上，不得倒装或平装，避免由于重力自动下落，引起误合闸。

接线时，应将电源线接在上端，负载线接在下端，这样拉闸后刀开关的刀片与电源隔离，既便于更换熔丝，又可防止可能发生的意外事故。

② 封闭式负荷刀开关。封闭式负荷刀开关又称铁壳开关。它一般用于电力排灌、电热器、电器照明线路的配电设备中，不频繁地接通与分断电路，也可直接用于异步电动机的非频繁全电压起动控制。

封闭式负荷刀开关主要由钢板外壳、触刀、操作机构、熔丝等组成，如图1-10所示。

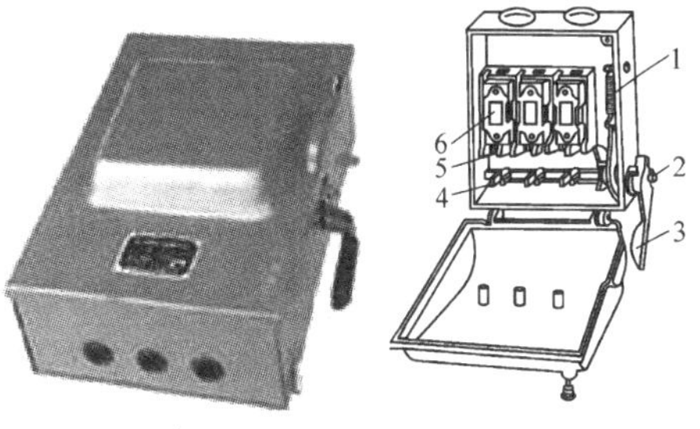

图1-10　封闭式负荷刀开关

1—速断弹簧　2—转轴　3—手柄　4—闸刀
5—夹座　6—熔断器

封闭式负荷刀开关的操作机构有两个特点：一是采用储能合闸方式，即利用一根弹簧以执行合闸和分闸之功能，使开关闭合和分断时的速度与操作速度无关。它既有助于改善开关的动作性能，又能防止触点停滞在中间位置；二是设有联锁装置，以保证开关合闸后便不能打开箱盖，而在箱盖打开后，不能再合开关。

③ 刀开关的主要技术参数。刀开关的主要技术参数有额定电压、额定电流、通断能力、动稳定电流、热稳定电流等。

在电路发生短路故障时，刀开关并不因短路电流产生的电动力作用而发生变形、损坏或触刀自动弹出之类的现象。这一短路电流（峰值）即为刀开关的动稳定电流，可高达额定电流的数十倍。

在电路发生短路故障时，刀开关在一定时间（通常为1s）内通过某一短路电流，并不会因温度急剧升高而发生熔焊现象，这一最大短路电流称为刀开关的热稳定电流。刀开关的热稳定电流亦可高达额定电流的数十倍。

常用的刀开关有HD系列与HS系列，后者为刀形转换开关。转换开关用于转换电路，从一种连接方式转换至另一种连接方式。它们主要用于隔离电源，无灭弧室的可接通与分断电流是$0.3I_N$，而有灭弧室的可接通与断开电流是I_N，但均作为不频繁地接通和分断电路之用。

④ 刀开关的电气符号。刀开关的电气符号如图1-11所示。

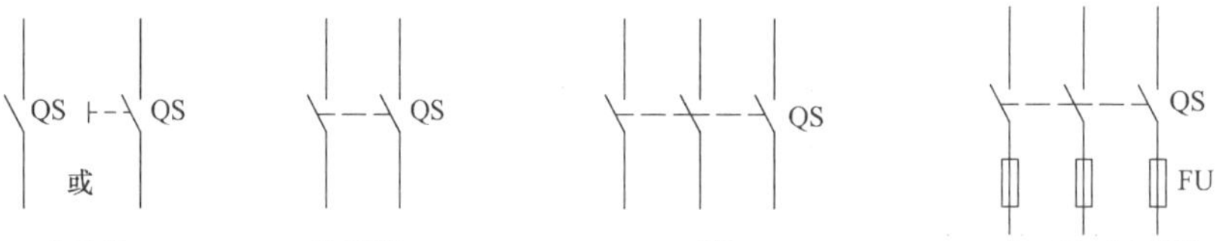

a) 单极　b) 双极　c) 三极　d) 三极刀熔开关

图1-11　刀开关的电气符号

⑤ 刀开关的选用原则。

a. 根据使用场合，选择刀开关的类型、极数、操作方式。

b. 刀开关的额定电压大于或等于线路电压。

c. 刀开关的额定电流应稍大于或等于电路工作电流。对于电动机负载，开启式刀开关的额定电流可按电动机额定电流的3倍选取；封闭式刀开关的额定电流可按电动机额定电流的1.5倍选取。

2）组合开关。组合开关又称为转换开关，是一种多触点、多位置式，可控制多个回路的电器。组合开关实质为刀开关，它的刀片（动触片）是转动的，比刀开关轻巧而且组合性强，能组合成各种不同的电路。它一般用于电气设备中，非频繁地接通与分断电路，换接电源和负载，测量三相电压以及控制小容量异步电动机的正反转和星-三角减压起动用。

① 组合开关的结构组成及工作原理。组合开关由动触点（动触片）、静触点（静触片）、转轴、手柄、定位机构及外壳等组成。

它们的动、静触点都安放在数层胶木绝缘座内，胶木绝缘座可一个接一个地组装起来，多达六层。当转动手柄时，每层的动触点随方形转轴一起转动，从而实现对电路的接通和分断控制。组合开关结构示意图如图 1-12 所示。

a) HZ10系列　　b) HZ3系列　　c) HZ10-10/3型的结构

图 1-12　组合开关结构示意图

1—手柄　2—转轴　3—弹簧　4—凸轮　5—绝缘垫板　6—动触点
7—静触点　8—接线柱　9—绝缘方轴

按动触点与静触点的配置形式，以及绝缘座堆叠层数，组合开关可有几十种接线方式。

② 组合开关的主要技术参数。组合开关的主要技术参数有额定电压、额定电流、允许操作频率、极数、可控制电动机最大功率等。其中额定电流有 10A、25A、60A 等级别。常用型号有 HZ5、HZ10、HZ15 等系列，其中 HZ15 为新型的全国统一设计的更新换代产品。HZ15 已取代了 HZ10 系列。

③ 组合开关的型号含义及电气符号。

a. 组合开关的型号含义如下：

HZ　15 - □/□　□　□

- □ —— 转换电路数:1 或 2
- □ —— 0 表示有断路,1 表示有断路和限位
- □ —— 极数
- □ —— 额定电流(A)
- 15 —— 设计序号
- HZ —— 类组代号:组合开关

b 组合开关在电路中的电气符号表示方法有两种：一种是触点状态图结合通断表（见图 1-13）；另一种与手动刀开关图形符号相似，文字符号不同。如图 1-14 所示。

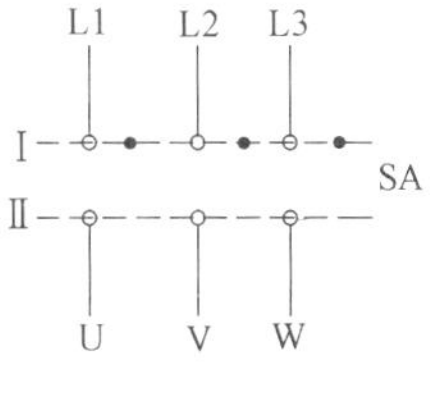

触点	开关位置	
	Ⅰ	Ⅱ
L1-U	+	−
L2-V	+	−
L3-W	+	−

图 1-13　触点状态图及表

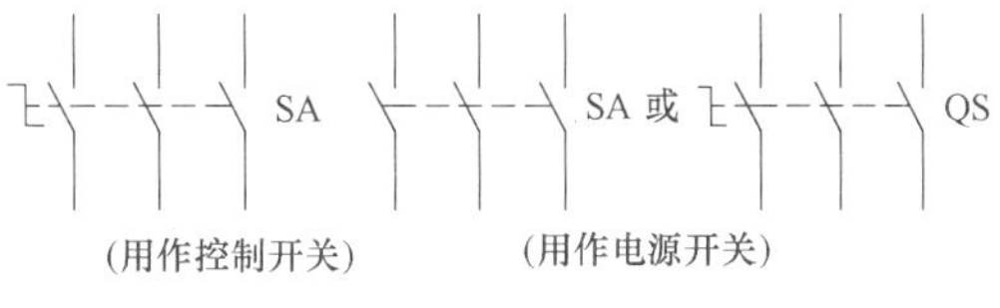

图 1-14　文字符号及图形符号

④ 组合开关的选择。用于照明或电热电路中的组合开关的额定电流应等于或大于被控制电路中各负载电流的总和。用于电动机电路中的组合开关的额定电流一般取电动机额定电流的 1.5 ~2.5 倍。

⑤ 组合开关的常见故障分析，见表 1-2。

表 1-2　组合开关的常见故障分析

故障现象	产生原因	排除方法
手柄转动 90°而内部触点未动	①手柄上三角形或半圆形口磨成圆形 ②操作机构损坏 ③绝缘杆由方形磨成圆形 ④轴与绝缘杆装配不紧	①调换手柄 ②修理操作机构 ③更换绝缘杆 ④紧固轴与绝缘杆
手柄转动而三对静触点和动触点不能同时接通和断开	①开关型号不对 ②修理后触点位置装配不对 ③触点失去弹性或有尘污	①更换开关 ②重新装配 ③更换触点或清除尘污
开关接线柱线间短路	一般由于长期不清扫，铁屑或油污附在接线柱间形成导电层，将胶木烧焦，绝缘破坏形成短路	清扫开关或调换开关

（2）熔断器

1）概述。几种常用的熔断器如图 1-15 所示。

a) RT18系列熔断器　b) 磁插式熔断器　c) 螺旋式熔断器

图 1-15　几种常用的熔断器

熔断器是一种用于过载与短路保护的电器。熔断器是在线路中人为设置的“薄弱环节”，要求它能够承受额定电流，而当电路中短路或过载时能充分显示出它的“薄弱性”来。超出限定值的电流通过熔断器的熔体时将其熔化而分断电路，从而保护电器设备的安全。

熔断器作为保护电器，具有结构简单、体积小、重量轻、使用和维护方便、价格低廉、可靠性高等优点，因此在强电系统和弱电系统中得到广泛应用。

2）熔断器的结构、工作原理及保护特性。熔断器主要由熔体、触点插座和绝缘底板等部分组成。熔体是熔断器的核心部分，常做成丝状或片状，其材料有两类：一类为低熔点材料，如铅锡合金、锌等；另一类为高熔点材料，如银、铜、铝等。熔断器接入电路时，熔体串接在电路中，负载电流流经熔体，由于电流的热效应使温度上升，当电路发生过载或短路时，电流大于熔体允许的正常发热电流，使熔体温度急剧上升，超过其熔点而熔断，将电路切断，有效地保护了电路和设备。

电气设备的电流保护主要有过载延时保护和短路瞬时保护。过载保护与短路保护不仅电流倍数不同，两者的差异也很大。从特性上看，过载需要反时限保护特性，短路则需要瞬动保护特性。从参数要求方面看，过载要求熔化系数小，发热时间常数大；短路则要求较大的限流系数、较小的发热时间常数、较高的分断能力和较低的过电压。从工作原理看，过载动作是物理过程，而短路则主要是电弧的熄火过程。

熔断器在使用时串联在被保护电路中，电流通过熔体时产生的热量与电流的二次方和电流通过的时间成正比，电流越大，则熔体的熔化时间越短，这种特性称为熔断器的安秒特性，即熔断器熔断时间 t 与熔断电流 I 的关系曲线。因 $t \propto 1/I^2$，图中 I_∞ 为最小熔化电流或称临界电流，即通过熔体的电流小于此电流时不会熔断。所以选择的熔体额定电流 I_N 应小于 $I\infty$。通常 $I_\infty / I_N = 1.5 \sim 2$，称为熔化系数。该系数反映熔断器在过载时的保护特性；若要使熔断器能保护小过载电流，熔化系数应低些。为避免电动机起动时的短时过电流，熔体熔化系数应高些。熔断器的安秒特性如图 1-16 所示。

3）熔断器的主要技术参数。熔断器的主要技术参数包括额定电压、熔体的额定电流、熔断器的额定电流、极限分断能力等。

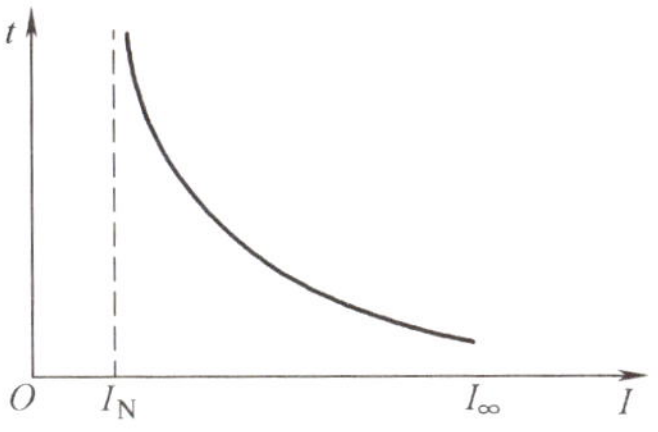

图 1-16 熔断器的安秒特性

① 额定电压。熔断器的额定电压是指熔断器长期工作时和分断后能够承受的电压，它取决于线路的额定电压，其值一般等于或大于所接电路的额定电压。

② 熔体的额定电流。熔体的额定电流是指熔体长期通过而不会熔断的电流。

③ 熔断器的额定电流。熔断器的额定电流是保证熔断器（指绝缘底座）能长期正常工作的电流。

④ 极限分断能力。极限分断能力是指熔断器在规定的额定电压和功率因数（或时间常数）的条件下，能分断的最大短路电流值。

4）熔断器的分类。熔断器的种类很多，按结构分为开启式、半封闭式和封闭式；按有无填料分为有填料式、无填料式；按用途分为工业用熔断器、保护半导体器件熔断器及自复式熔断器等。

5）几种常用的熔断器。常用的熔断器有 RC1A 系列瓷插式熔断器，RL6、RL7 系列螺旋式熔断器和 RLS2 系列螺旋式快速熔断器等。

① RC1A 系列瓷插式熔断器。这是一种常见的结构简单的熔断器，俗称“瓷插保险”。它由瓷盖、瓷底、触点、熔体四部分组成，电流较大时，在灭弧室中垫有石棉编织物，用以防止熔体熔断时金属颗粒喷溅。此种熔断器具有价廉、尺寸小、更换方便等优点。但是，其分断能力较小，电弧声光效应较大，多用于民用和工业企业的照明电路中。

② RL6 系列螺旋式熔断器。它由瓷底座、带螺纹的瓷帽、熔管、瓷套等组成。瓷管内装有熔体并装满石英砂，将熔管置入底座内，旋紧瓷帽，电路就可接通。瓷帽顶部有玻璃圆孔，其内有熔断指示器，当熔体熔断时指示器跳出。

管内石英砂用于熄灭电弧，当产生电弧时，电弧在石英砂中因冷却而熄灭。因此，这种熔断器具有较高的分断能力。常用的有 RL6、RL7 系列螺旋式熔断器。瓷插式和螺旋式熔断器结构示意图如图 1-17 所示。

③ RLS2 系列螺旋式快速熔断器。它是为保护硅整流器件和晶闸管而设计的，主要用于保护半导体器件。此外，还有 RS0、RS3 等系列快速熔断器。

④ 封闭管式熔断器。该熔断器分为无填料管式、有填料管式两种。常用的有 RM10、

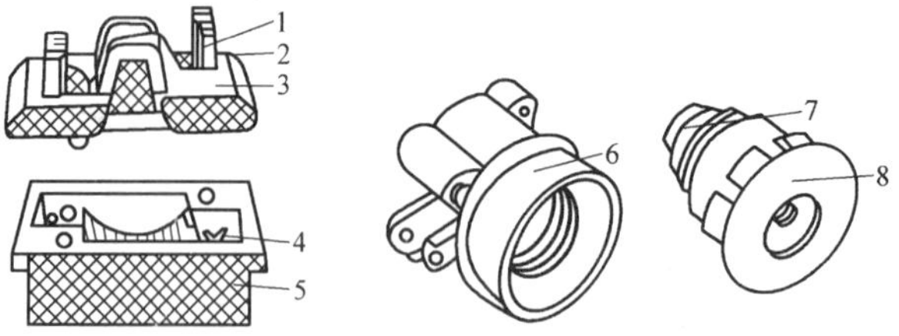

a) 瓷插式熔断器　　b) 螺旋式熔断器

图 1-17　瓷插式和螺旋式熔断器结构示意图

1—动触点　2、7—熔体　3—瓷插件　4—静触点　5—瓷座

6—底座　8—瓷帽

RT12、RT14、RT15 等系列，其中 RM10 为无填料管式熔断器，常用于低压配电网或成套配电设备中；RT12、RT14、RT15 为有填料管式熔断器，填料为石英砂，用来冷却和熄灭电弧，常用于大容量配电网或配电设备中。无填料封闭管式熔断器和有填料封闭管式熔断器如图 1-18 和图 1-19 所示。

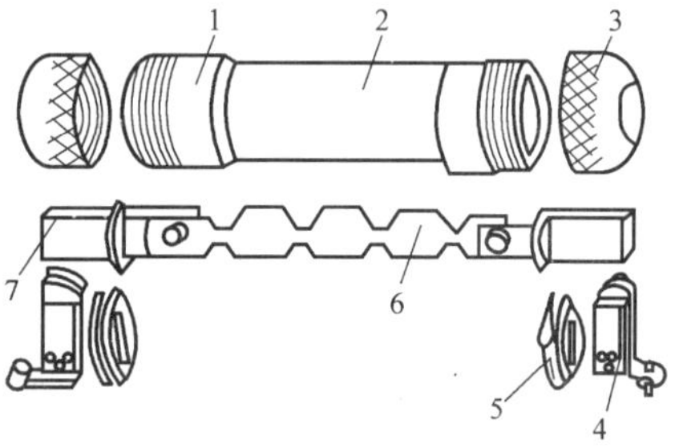

图 1-18　无填料封闭管式熔断器

1—铜圈　2—熔断器　3—铜帽　4—插座

5—特殊垫圈　6—熔体　7—熔片

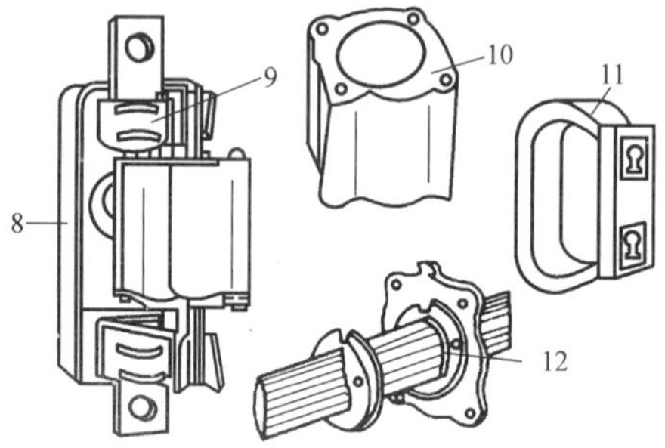

图 1-19　有填料封闭管式熔断器

8—瓷底座　9—弹簧片　10—管体

11—绝缘手柄　12—熔片

⑤ NT 型高分断能力熔断器。随着电网供电容量的不断增加，对熔断器的性能要求更高了。根据 AEC（Advanced Engine Components）公司制造技术标准生产的 NT 型系列产品为低压高分断能力熔断器，额定电压至 660V，额定电流至 1000A，分断能力可达 120kA，适用于工厂电气设备、配电装置的过载和短路保护；NGT 型系列产品为快速熔断器，可用于半导体器件的保护。NT 型熔断器的规格齐全，具有功率小、性能稳定、限流性能好、体积小等优点。它也可作为导线的过载和短路保护。

⑥ 自复式熔断器。自复式熔断器是一种新型熔断器，它利用金属钠作为熔体，在常温下具有高电导率，允许通过正常工作电流。当电路发生短路故障时，短路电流产生高温使金属钠迅速汽化，气态钠呈现高阻态，从而限制了短路电流。当故障消除后，温度下降，金属钠重新固化，恢复其良好的导电性。因此，这种限流元件被称为自复式熔断器或永久熔断器。

自复式熔断器的优点是不必更换熔体，能重复使用，但由于只能限流而不能切断故障电路，故一般不单独使用，均与低压断路器串联配合使用，以提高分断能力。

自复式熔断器实际上是一个非线性电阻。为了抑制分断时出现的过电压，并保证断路器的脱扣机构始终有一动作电流以保证其工作的可靠性，自复式熔断器要并联一个附加电阻。

6）熔断器的型号意义及电气符号。

① 熔断器的型号及含义如下：

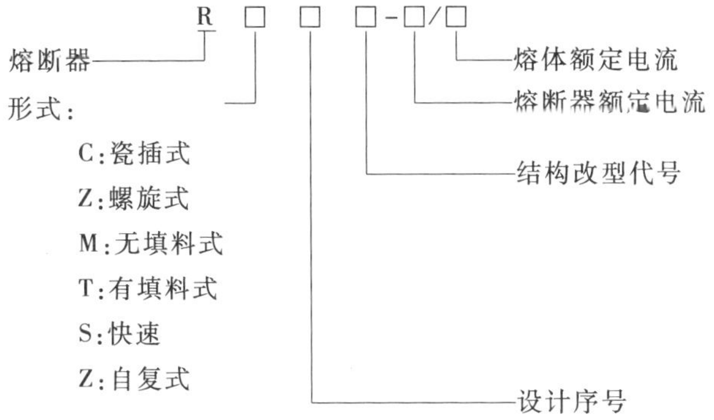

② 熔断器的图形符号及文字符号如图 1-20 所示。

7）熔断器的选择。熔断器的选择主要包括类型、额定电压、熔断器额定电流及熔体额定电流等方面。一般应从以下几个方面选择：

① 熔断器类型的选择。根据线路的要求、使用场合、安装条件和各类熔断器的使用范围来选择。

② 熔断器额定电压的选择。熔断器额定电压必须等于或高于熔断器工作点的电压。

图 1-20　熔断器的图形符号及文字符号

③ 熔体额定电流的选择。

a. 对于照明线路等没有冲击电流的负载，应使熔体的额定电流等于或稍大于电路的工作电流，即

$$I_{FU} \geqslant I \tag{1-1}$$

式中，I_{FU}为熔体的额定电流；I为电路的工作电流。

b. 对于电动机类负载，要考虑起动冲击电流的影响，应按下式计算：

$$I_{FU} \geqslant (1.5 \sim 2.5) I_N \tag{1-2}$$

c. 对于多台电动机由一个熔断器保护时，熔体额定电流应按下式计算：

$$I_{FU} \geqslant (1.5 \sim 2.5) I_{Nmax} + \sum I_N \tag{1-3}$$

式中，I_{Nmax}为容量最大的一台电动机的额定电流；$\sum I_N$为其余电动机额定电流之和。

d. 减压起动的电动机选用熔体的额定电流等于或略大于电动机的额定电流。

④ 熔断器的额定电流选择。熔断器的额定电流根据被保护的电路及设备的额定负载电流选择。熔断器的额定电流必须等于或高于所装熔体的额定电流。

⑤ 熔断器的额定分断能力。熔断器的额定分断能力必须大于电路中可能出现的最大故障电流。

⑥ 熔断器上、下级的配合。为满足选择保护的要求，应注意熔断器上、下级之间的配合，为此，应使上一级（供电干线）熔断器的熔体额定电流比下一级（供电支线）大 1～2 个级差。

8）熔断器使用维护注意事项。

① 安装前检查熔断器的型号、额定电流、额定电压、额定分断能力等参数是否符合规定要求。

② 安装时应使熔断器与底座触刀接触良好，以避免因接触不良造成温升过高，引起熔断器误动作和周围电器元件损坏。

③ 熔断器熔断时，应更换同一型号规格的熔断器。

④ 工业用熔断器应由专职人员更换，更换时应切断电源。

⑤ 使用时应经常清除熔断器表面的尘埃，在定期检修设备时，如发现熔断器有损坏，应及时更换。

9）熔断器的常见故障分析。熔断器常见故障分析见表 1-3。

表 1-3　熔断器常见故障分析

故障现象	可能原因	排除方法
电动机起动瞬间熔体即熔断	1. 熔体安装时受机械损伤 2. 熔体规格太小 3. 被保护的电路短路或接地 4. 有一相电源发生断路	1. 更换新的熔体 2. 更换合适电流的熔体 3. 检查电路，找出故障点并排除 4. 检查熔断器及被保护电路，找出故障点并排除
熔丝未熔断，电路不通	1. 熔体或连接线接触不良 2. 紧固螺钉松脱	1. 旋紧熔体或将接线紧牢 2. 找出松动处螺钉或螺母并旋紧
熔断器过热	1. 接线螺钉松动，导线接触不良 2. 接线螺钉锈死，压不紧线 3. 熔体规格太小，负载过大 4. 环境温度过高	1. 拧紧螺钉 2. 清除锈蚀更换螺钉、垫圈 3. 更换合适的熔体 4. 改善环境条件
瓷绝缘件破损	1. 产品质量不合格 2. 外力破坏 3. 操作时用力过猛 4. 过热引起	1. 断电更换 2. 断电更换 3. 断电更换，注意操作手法 4. 查明原因，排除故障

（3）继电器

1）概述。继电器是根据一定信号的变化来接通或分断小电流电路和电器的自动控制电器。

继电器实际上是一种传递信号的电器，它根据特定形式的输入信号而动作，从而达到控制的目的。继电器一般不用来直接控制主电路，而是通过接触器或其他电器对主电路进行控制，因此同接触器相比较，继电器的触点通常接在控制电路中，触点断流容量较小，一般不需要灭弧装置，但对继电器动作的准确性则要求较高。

继电器一般由三个基本部分组成：检测机构、中间机构和执行机构。

检测机构的作用是接受外界输入信号并将信号传递给中间机构；中间机构对信号的变化进行判断、物理量转换、放大等；当输入信号变化到一定值时，执行机构动作，从而使其所控制的电路状态发生变化，接通或断开某部分电路，达到控制或保护的目的。继电器种类很多，按输入信号可分为电压继电器、电流继电器、功率继电器、速度继电器、压力继电器、温度继电器等；按工作原理可分为电磁式继电器、感应式继电器、电动式继电器、电子式继电器、热继电器等；按用途可分为控制与保护继电器；按输出形式可分为有触点和无触点继电器。按动作时间分有瞬时继电器（动作时间小于0.05s）和延时继电器（动作时间大于0.15s）。

2）电磁式继电器。电磁式继电器是以电磁力为驱动的继电器，是电气控制设备中用得最多的一种继电器。低压控制系统中的控制继电器大部分为电磁式结构。常用的电磁式继电器主要包括电流继电器、电压继电器及中间继电器，电磁式继电器结构图、电流继电器及电压继电器如图1-21～图1-23所示。

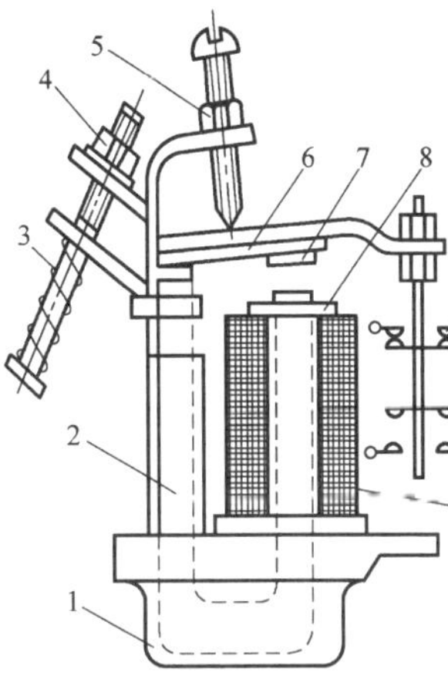

图1-21　电磁式继电器结构图

1—底座　2—铁心　3—反力弹簧　4、5—调节螺钉　6—衔铁　7—非磁性垫片　8—极靴　9—触点系统　10—电磁线圈

电磁式继电器的结构组成和工作原理与电磁式接触器相似，它也是由电磁机构和触点系统两个主要部分组成的。即感测部分是电磁机构，执行部分是触点系统。电磁机构由线圈、铁心、衔铁组成。触点系统由于其触点都接在控制电路中，且电流小，故不装设灭弧装置。它的触点一般为桥式触点，有常开和常闭两种形式。另外，为了实现继电器动作参数的改变，继电器一般还具有改变释放弹簧松紧和改变衔铁开后气隙大小的装置，即反作用调节螺钉。

图1-22　电流继电器

图1-23　电压继电器

当通过电流线圈的电流超过某一定值时，电磁吸力大于反作用弹簧力，衔铁吸合并带动绝缘支架动作，使常闭触点断开，常开触点闭合。可通过调节螺钉来调节反作用力的大小，即可以调节继电器的动作参数值。

继电器与接触器有相同之处，也有不同之处。它们都是用来接通和断开电路。首先，继电器一般用于控制电路中，来控制小电流电路，触点额定电流一般不大于5A，所以不加灭弧装置；而接触器一般用于主电路中，控制大电流电路，主触点额定电流不小于5A，需要加灭弧装置。其次，接触器一般只能对电压的变化做出反应，而各种继电器可以在电量或非电量作用下产生动作。

① 电磁式电流继电器。电流继电器是因电路中电流变化而动作的继电器，主要用于电动机、发电机或其他负载的过载及短路保护，直流电动机磁场控制或失磁保护等。电流继电器的线圈串于被测量电路中，以反映电流的变化。为了不影响电路的正常工作，其线圈匝数少、导线粗、阻抗小。电流继电器除用于电流型保护的场合外，还经常用于按电流原则控制的场合。电流继电器有过电流和欠电流继电器两种。

在电路正常工作时，过电流继电器的衔铁是释放的；一旦电路发生过载或短路故障时，衔铁才吸合，带动相应的触点动作，即常开触点闭合，常闭触点断开。

在电路正常工作时，欠电流继电器的衔铁是吸合的，其常开触点闭合，常闭触点断开；一旦线圈中的电流降至额定电流的10%～20%以下时，衔铁释放，发出信号，从而改变电路的状态。这种继电器用于直流电动机和电磁吸盘的失磁保护。

② 电磁式电压继电器。电压继电器反映的是电压信号。它是根据线圈两端电压的大小而接通或断开电路的继电器。它的线圈并联在被测电路的两端，所以匝数多、导线细、阻抗大。电压继电器按动作电压值的不同，分为过电压和欠电压继电器两种。

在电路电压正常时，过电压继电器的衔铁释放，一旦电路电压升高至额定电压的110%～115%以上时，衔铁吸合，带动相应的触点动作，对电路进行过电压保护；在电路电压正常时，欠电压继电器的衔铁吸合，一旦电路电压降至额定电压的40%～70%以下时，衔铁释放，输出信号，对电路进行欠电压保护，其工作原理与欠电流继电器相似；欠电压继电器在电压减小至额定电压的5%～25%时动作，对电路进行零电压保护。

③ 电磁式中间继电器。电磁式中间继电器实物图如图1-24所示。

中间继电器实质上也是一种电压继电器，只是它的触点对数较多，触点容量较大（额定电流为5～10A），是用来转换控制信号的中间元件。它的输入是线圈的通电或断电信号，输出信号为触点的动作；其主要用途是当其他继电器的触点或触点容量不够时，可借助于中间继电器来扩大它们的触点数或触点容量，主要起扩展控制范围或传递信号的中间转换作用。由于中间继电器触点容量较小，所以一般不能接到主电路中。

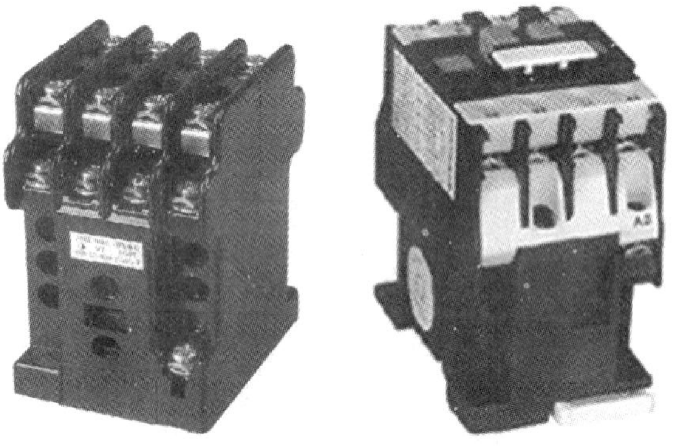

a) JZ7系列　　b) ZC1系列

图1-24　中间继电器实物图

中间继电器的结构和电气符号如图1-25所示。

3）电磁式继电器的主要参数。

① 灵敏度。使继电器动作的最小功率称为继电器的灵敏度。

② 额定电压和额定电流。对于电压继电器，它的线圈额定电压称为该继电器的额定电压；对于电流继电器，它的线圈额定电流称为该继电器的额定电流。

③ 吸合电压和吸合电流。能使继电器衔铁动作的线圈电压（对电压继电器）和电流（对电流继电器）称为吸合电压和吸合电流，用U_{XH}或I_{XH}表示。

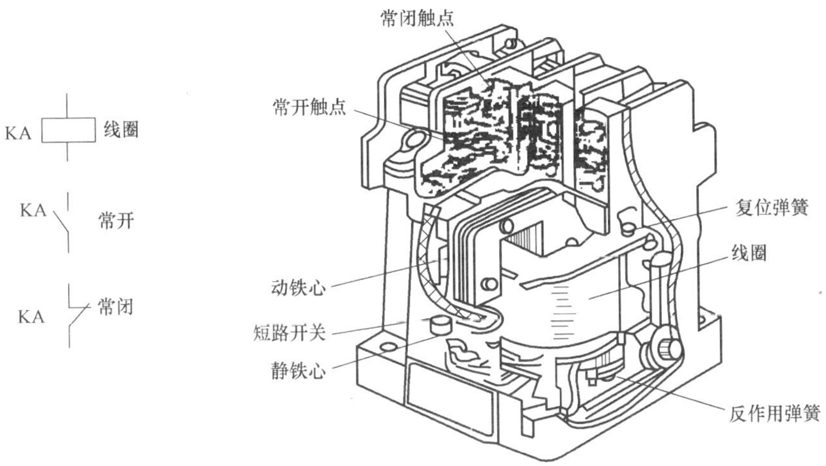

图 1-25　中间继电器的结构和电气符号

④ 释放电压和释放电流。线圈电压降低或电流减小时衔铁释放，使衔铁释放时的线圈电压或电流值称为释放电压和释放电流，用 U_{SF} 或 I_{SF} 表示。

⑤ 吸合时间和释放时间。吸合时间是线圈电流达到整定值，衔铁从开始吸合到完全闭合所需的时间。它们的大小影响继电器的操作频率。释放时间是线圈电流达到释放电流开始到衔铁完全释放所需要的时间。一般继电器的吸合时间和释放时间为 0.05～0.15s，快速继电器可达 0.005～0.05s。

⑥ 整定值。通过调整反作用弹簧来整定电磁式过电流继电器的衔铁吸合电流值或释放值，这个预先整定的吸合值或释放值叫整定值。

⑦ 返回系数。释放电压（或电流）与吸合电压（或电流）的比值叫返回系数，用 K 表示，其表达式为

$$\text{电压继电器的返回系数 } K = U_{SF}/U_{XH}$$

$$\text{电流继电器的返回系数 } K = I_{SF}/I_{XH}$$

返回系数实际上是表示继电器的吸合值与释放值的接近程度。

4）电磁式继电器的整定方法。继电器在使用前，应预先将它们的吸合值、释放值或返回系数整定到控制电路所需的值。电磁式继电器的整定方法有以下几种。

① 调节继电器螺钉上的螺母可以改变反力弹簧的松紧度，从而调节吸合电流（或电压）。反力弹簧调得越紧，吸合电流（或电压）就越大，反之就越小。

② 调节调整螺钉可以改变初始气隙的大小，从而调节吸合电流（或电压）。气隙越大，吸合电流（或电压）就越大，反之就越小。

③ 改变非磁性垫片的厚度可以调节释放电流（或电压）。非磁性垫片越厚，吸合电流（或电压）就越大，反之就越小。

5）电磁式继电器的常用型号。电磁式继电器的常用型号有：JL18、JT18、JZ15、3TH80、3TH82 及 JZC2 等系列。其中 JL18 系列为电流继电器，JT18 系列为直流通用继电器，JZ15 系列为中间继电器，3TH82 与 JZC2 系列类似，为接触器式继电器。

电流继电器、通用继电器、中间继电器型号的含义如下：

JL 18—□ □/□ □

- 电流继电器——JL
- 设计序号——18
- 基本规格代号：用数字表示线圈额定工作电流等级
- 派生代号：J— 交流；Z— 直流；S— 手动复位；F— 高返回系数型
- 辅助规格代号：第一位 — 常开触点数；第二位 — 常闭触点数
- TH 为热带型

JT 18—□□/□

- 通用继电器——JT
- 设计序号——18
- 基本规格代号：第一位 — 常开触点数；第二位 — 常闭触点数
- 派生代号：L— 欠电流继电器；不标时为电压继电器
- 作为延时继电器时，数字 1、3、5 表示延时秒数

JZ 15—□□

- 中间继电器——JZ
- 设计序号——15
- 基本规格代号：第一位数 — 常开触点数；第二位数 — 常闭触点数
- 辅助规格代号：J— 交流操作；Z— 直流操作

6）电磁式继电器的电气符号。电流继电器的电气符号如图 1-26 所示。电流继电器的文字符号为 KI，线圈方格中用 $I>$（或 $I<$）表示过电流（或欠电流）继电器。

电压继电器的电气符号如图 1-27 所示。电压继电器的文字符号为 KV，线圈方格中用 $U>$（或 $U<$）表示过电压（欠电压）继电器。

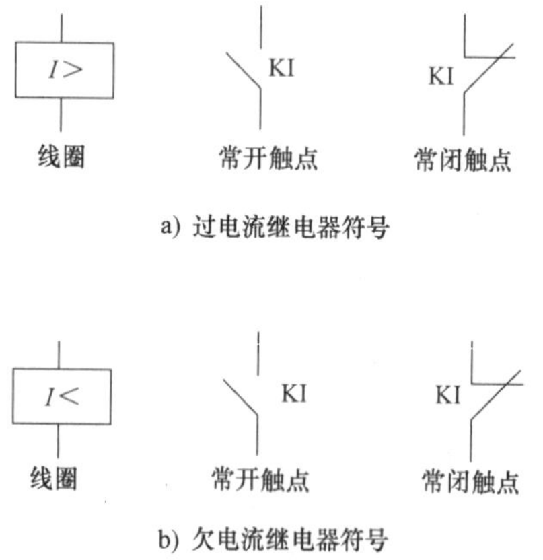

图 1-26　电流继电器的电气符号

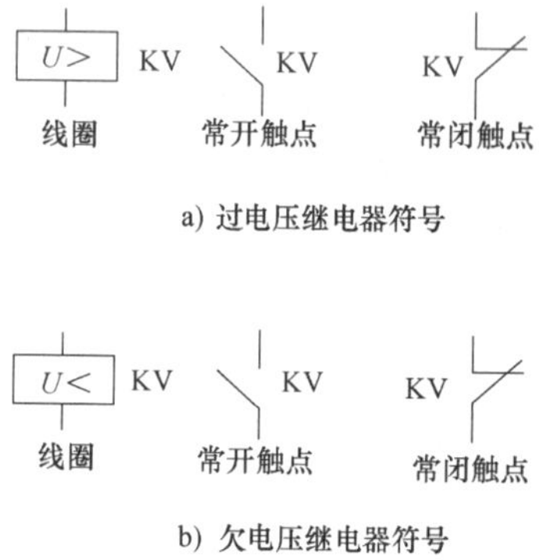

图 1-27　电压继电器的电气符号

中间继电器的电气符号如图 1-28 所示，中间继电器的文字符号为 KA。

继电器是组成各种控制系统的基础元件，选用时应综合考虑继电器的适用性、功能特点、使用环境、额定工作电压及电流等因素，做到合理选择。

（4）热继电器　图 1-29 是常用的热继电器外形。

图 1-28　中间继电器的电气符号

a) JR16系列　　b) T系列

图 1-29　热继电器外形

1）热继电器的结构及工作原理。热继电器是利用电流热效应原理工作的电器，主要用于三相异步电动机的过载、断相及三相电流不平衡的保护。

热继电器的形式有多种，其中以双金属片式最多。双金属片式热继电器主要由热元件、双金属片和触点三部分组成，热继电器结构示意图如图 1-30 所示。

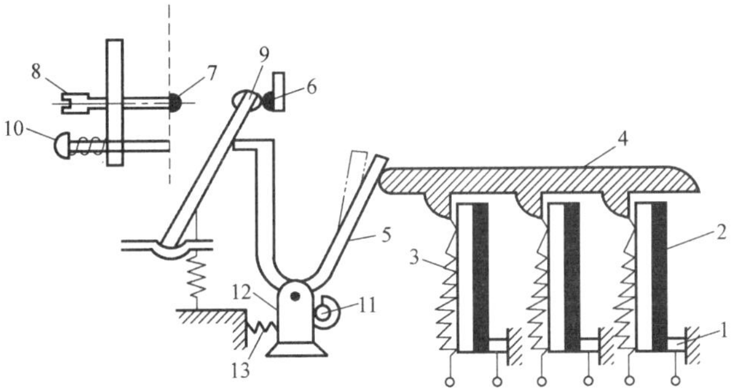

图 1-30　热继电器结构示意图

1—推杆　2—主双金属片　3—热元件　4—导板　5—补偿双金属片　6—常闭静触点
7—常开静触点　8—复位调节螺钉　9—动触点　10—复位按钮
11—调节旋钮　12—支撑杆　13—弹簧

双金属片是热继电器的感测元件，由两种膨胀系数不同的金属片碾压而成。当串联在电动机定子绕组中的热元件有电流通过时，热元件产生的热量使双金属片伸长，由于膨胀系数不同，致使双金属片发生弯曲。电动机正常运行时，双金属片的弯曲程度不足以使热继电器动作。当电动机过载时，流过热元件的电流增大，再加上过载时间长，从而使双金属片的弯曲程度加大，最终使双金属片推动导板而使热继电器的触点动作，切断电动机的控制电路。

热继电器由于存在热惯性，当电路短路时不能立即动作而使电路断开，因此不能用作短路保护。同理，在电动机起动或短时过载时，热继电器也不会马上动作，从而可避免电动机不必要的停车。

2）热继电器型号和含义。

① JR16 和 JR16D。JR16D 是带断相保护型，目前使用较多，其额定电流主要有三个规格：20A、60A、150A，热元件电流值范围为 0.25～160A。特点是带断相保护和温度补偿，可手动或自动复位，但没有动作灵活性检查装置及动作后指示装置，目前已属淘汰产品。

② JR20 型。额定电流范围为 6.3～630A，热元件电流值范围为 0.1～630A。它与 JR16 的不同之处是带有动作灵活性检查装置和动作指示装置。但这种型号的热继电器质量不太稳定。

③ T 系列。它是从德国引进的，可与 B 系列交流接触器配套成 MSB 系列电磁起动器，规格品种较多。

④ 3UA 系列。这是 SIEMENS 公司产品，目前国内可由苏州西门子电器有限公司生产。3UA59 系列是额定电流为 63A 以下产品，使用较为广泛。

热继电器型号及其含义如下：

JR 20—□ □/□

- □（最后）——派生代号：TH 表示热带产品
- □（/前）——特征代号（注）
- □（20—后）——额定电流值
- 20——设计序号
- JR——热过载继电器

注：Z 表示与交流接触器组合安装
L 表示独立安装
GZ 表示标准导轨组合安装
GL 表示标准导轨独立安装

3）热继电器的电气符号。热继电器的电气符号如图 1-31 所示。

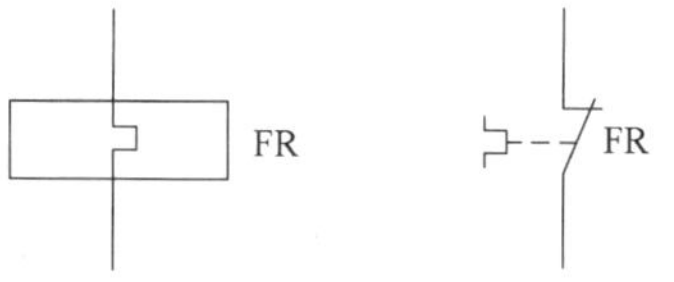

a) 热元件　　b) 常闭触点

图 1-31　热继电器的电气符号

4）热继电器的选用。选用热继电器时，必须了解被保护对象的工作环境、起动情况、负载性质等因素，选择原则是热继电器的安秒特性位于电动机过载特性之下，并尽可能接近。

① 继电器的类型选择。若用热继电器作为电动机断相保护，应考虑电动机的接法。对于星形联结的电动机，当某相断线时，其余未断相绕组的电流与流过热继电器电流的增加比例相同。一般的三相式热继电器，只要整定电流调节合理，是可以对星形联结的电动机实现断相保护的；对于三角形联结的电动机，某相断线时，流过未断相绕组的电流与流过热继电器的电流增加比例则不同，也就是说，流过热继电器的电流不能反映断相后绕组的过载电流。因此，一般的热继电器，即使是三相式也不能为三角形联结的三相异步电动机的断相运行提供充分保护。此时，应选用三相带断相保护的热继电器。带断相保护的热继电器的型号后面有 D、T 或 3UA 字样。

② 热元件的额定电流选择。应按照被保护电动机额定电流的 1.1～1.15 倍选取热元件的额定电流。

③ 热元件的整定电流选择。一般将热继电器的整定电流调整为等于电动机的额定电流；对过载能力差的电动机，可将热元件的整定值调整到电动机额定电流的 0.6～0.8 倍；对起动时间较长、拖动冲击性负载或不允许停车的电动机，热元件的整定电流应调整到电动机额定电流的 1.1～1.15 倍。

5）热继电器的使用和维护。

① 热继电器的额定电流等级不多，但其发热元件编号很多，每一种编号都有一定的电流整定范围。在使用时应使发热元件的电流整定范围中间值与保护电动机的额定电流值相等，再根据电动机运行情况通过旋钮去调节整定值。

② 对于重要设备，一旦热继电器动作后，必须待故障排除后方可重新起动电动机，并采用手动复位方式；若电气控制柜操作地点较远，且从工艺上又易于看清过载情况，则可采用手动复位方式。

③ 热继电器和被保护电动机的周围介质温度尽量相同，否则会破坏已调整好的配合情况。

④ 热继电器必须按照产品说明书中规定的方式安装。当与其他电器安装在一起时，应将热继电器置于其他电器下方，以免其动作特性受其他电器发热的影响。

⑤ 使用中应定期去除尘埃和污垢，并定期通电校验其动作特性。

6）注意事项。

① 使用中应定期清除污垢。双金属片上的锈斑可用布蘸汽油轻轻擦拭。

② 应定期检查热继电器的零部件是否完好、有无松动和损坏现象，可动部件有无卡碰现象等。发现问题及时修复。

③ 应定期清除触点表面的锈斑和毛刺，若触点严重磨损至其厚度的1/3，应及时更换。

④ 热继电器的整定电流应与电动机的情况相适应，若发现其经常提前动作，可适当提高其整定值；若发现电动机温升较高，而热继电器动作滞后，则应适当降低整定值。

⑤ 继电器动作后，必须对电动机和设备情况进行检查，为防止热继电器再次脱扣，一般采用手动复位。其动作原因是电动机过载所致，应采用自动复位。

⑥ 对于易发生过载的场合，一般采用自动复位。

⑦ 应定期检验热继电器的动作特性。

（5）接触器　图1-32是几种常用的接触器。

接触器是用于远距离频繁地接通或断开交直流主电路及大容量控制电路的一种自动切换电器。接触器主要控制对象是电动机，也可以是其他电力负载。

根据接触器主触点通过电流的种类，可分为交流接触器和直流接触器。

1）交流接触器。

① 交流接触器的结构。交流接触器主要由触点系统、电磁机构、灭弧装置和其他部件等组成。交流接触器结构示意图如图1-33所示。

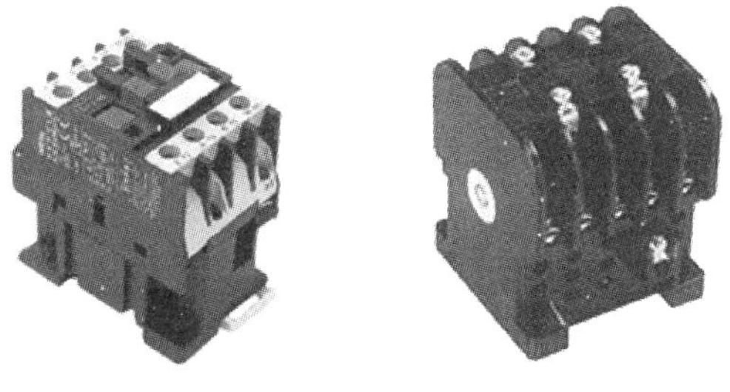

a) CJX系列　　b) CJ10系列

图1-32　接触器实物

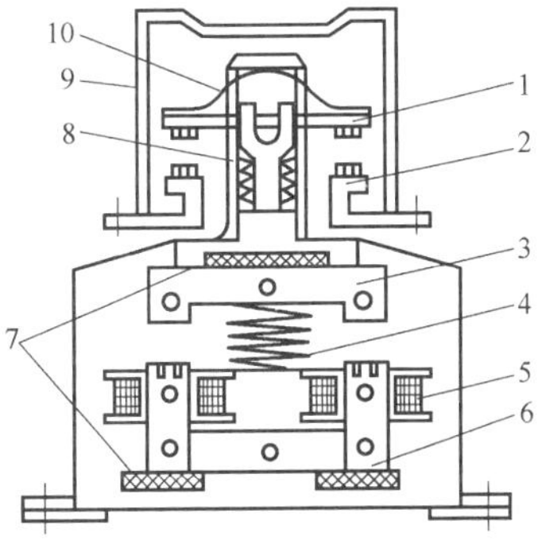

图1-33　交流接触器结构示意图

1—动触点　2—静触点　3—衔铁　4—缓冲弹簧　5—电磁线圈　6—铁心　7—垫毡　8—触点弹簧　9—灭弧罩　10—触点压力簧片

a. 电磁机构。电磁机构的作用是将电磁能转换成机械能，控制触点的闭合和断开。

b. 触点系统。触点是接触器的执行元件，用来接通和断开电路。接触器的触点又有主触点和辅助触点之分。主触点用来接通和分断主电路，辅助触点用来接通和分断控制电路。主触点容量大，有三对或四对常开触点；辅助触点容量小，通常有两对常开和两对常闭触点，且分布在主触点两侧。

c. 灭弧装置。接触器在分断大电流电路时，在动静触点之间会产生较大的电弧，它不仅会烧坏触点，延长电路分断时间，严重时还会造成相间短路，所以在20A以上的接触器上均装有灭弧装置。对于小容量的接触器，常采用双断口触点灭弧、电动力灭弧及陶土灭弧罩灭弧。对于大容量的接触器，采用纵缝灭弧罩及栅片灭弧。

d. 其他部分。交流接触器的其他部分有底座、反力弹簧、缓冲弹簧、触点压力弹簧、传动机构和接线柱等。

② 交流接触器的工作原理。交流接触器的工作原理示意图如图1-34所示。

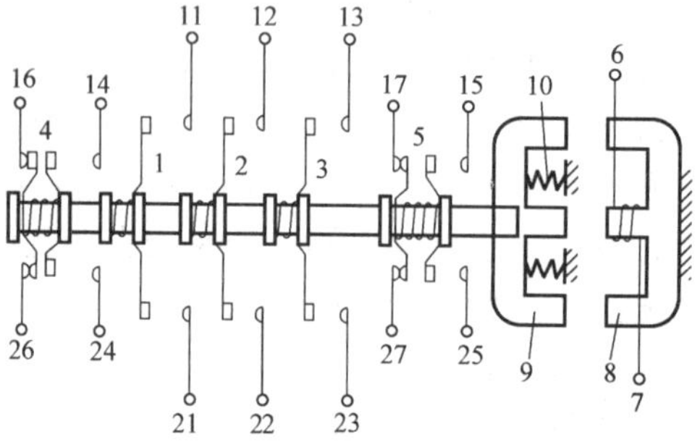

图1-34　交流接触器的工作原理示意图

1、2、3—主触点　4、5—辅助触点　6、7—吸引线圈接线柱　8—铁心　9—衔铁

10—复位弹簧　11～17、21～27—各触点的接线柱

当吸引线圈得电后，线圈电流在铁心中产生磁通，该磁通对衔铁产生克服复位弹簧反力的电磁吸力，使衔铁带动触点动作。触点动作时，一方面常闭触点先断开，常开触点后闭合；另一方面主触点闭合接通主电路。当线圈中的电压值降低到某一数值时（无论是正常控制还是欠电压、失电压故障，一般降至线圈额定电压的85%），铁心中的磁通下降，电磁吸力减小，当减小到不足以克服复位弹簧的反力时，衔铁在复位弹簧的反力作用下复位，使主、辅触点的常开触点断开，常闭触点恢复闭合。这也是接触器的失电压保护功能。

2）直流接触器。直流接触器的结构和工作原理与交流接触器基本相同。

直流接触器主要用来接通和分断额定电压至440V、电流至630A的直流电路或频繁地控制直流电动机起动、停止、反转及反接制动。

直流接触器的结构和工作原理与交流接触器类似，在结构上也是由触点系统、电磁机构和灭弧装置等部分组成的。只不过铁心的结构、线圈形状、触点形状和数量、灭弧方式等方面有所不同而已。

3）接触器的主要技术参数。

① 额定电压：指接触器主触点的额定工作电压。

② 额定电流：指接触器主触点的额定工作电流。

③ 吸引线圈的额定电压：直流线圈常用的电压等级为24V、48V、220V、440V等。交

流线圈常用的电压等级为 36V、127V、220V 及 380V 等。

④ 机械寿命与电气寿命：接触器是需要频繁操作的电器，应有较长的机械寿命和电气寿命，接触器的机械寿命一般为百万次或一千万次；电气寿命一般是机械寿命的5% ~20%。

⑤ 额定操作频率：指每小时允许的操作次数。

⑥ 接通与分断能力：指接触器的主触点在规定的条件下，能可靠地接通和分断的电流值。

⑦ 线圈消耗功率：线圈消耗功率可以分为起动功率和吸持功率。

⑧ 动作值：动作值是指接触器的吸合电压和释放电压。

4）接触器的常用型号及电气符号。

① 接触器的常用型号。常用的交流接触器有 CJ20、CJ24、CJ26、CJ40、CJX1、CJX8、NC2、NC6、B、CDC、CK1 等。常用的直流接触器有 CZ0、CZ18、CZ22 等。

② 接触器型号的含义如下：

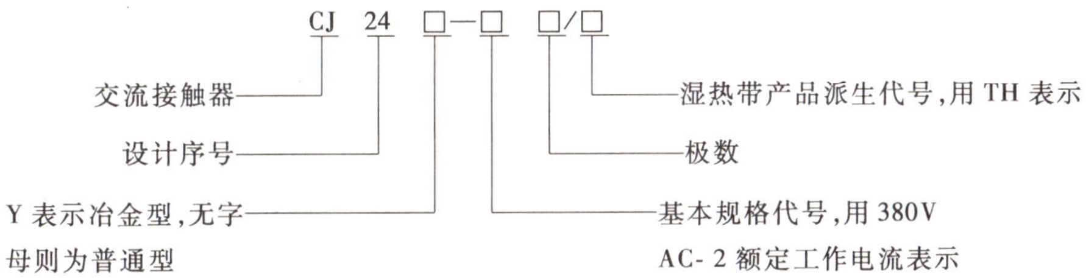

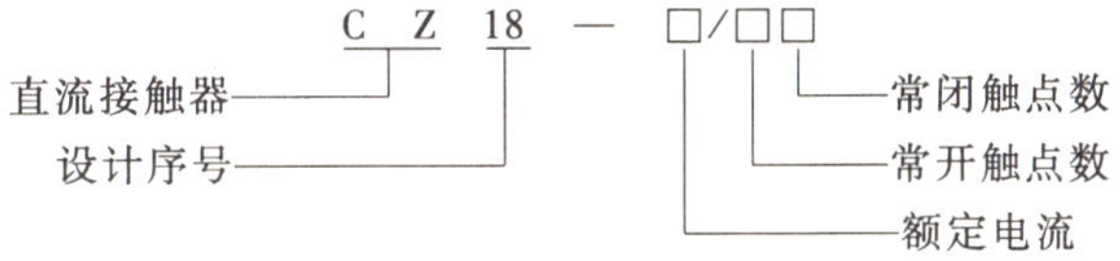

③ 电气符号。接触器的电气符号如图 1-35 所示。

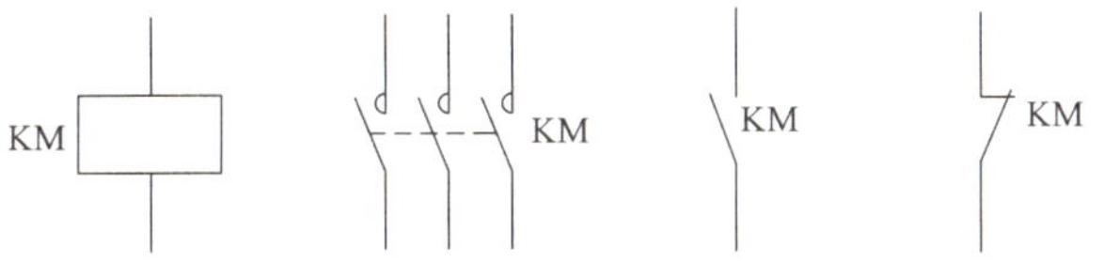

a) 线圈　b) 主触点　c) 常开（动合）辅助触点　d) 常闭（动断）辅助触点

图 1-35　接触器的电气符号

5）接触器的选用。

① 接触器类型的选择。接触器的类型应根据电路中负载电流的种类来选择。即交流负载应选用交流接触器，直流负载应选用直流接触器。

② 接触器主触点额定电压的选择。被选用的接触器主触点的额定电压应大于或等于负载的额定电压。

③ 接触器主触点额定电流的选择。对于电动机负载，接触器主触点额定电流按式（1-4）计算：

$$I_N = \frac{P_N 10^3}{\sqrt{3} U_N \cos\varphi \times \eta} \tag{1-4}$$

式中，P_N 为电动机额定功率（kW）；U_N 为电动机额定线电压（V）。

功率因数 $\cos\varphi$ 取 0.85 ~ 0.9；电动机效率 η 取 0.8 ~ 0.9。

在选用接触器时，其额定电流应大于计算值。也可以根据电气设备手册给出的被控电动机的容量和接触器额定电流对应的数据选择。

在确定接触器主触点电流等级时，如果接触器的使用类别与所控制负载的工作任务相对应，一般应使主触点的电流等级与所控制的负载相当，或者稍大一些。

④ 接触器吸合线圈电压的选择。如果控制电路比较简单，所用接触器数量较少，则交流接触器线圈的额定电压一般直接选用 380V 或 220V。

如果控制电路比较复杂，使用的电器又比较多，为了安全起见，线圈的额定电压可选低一些。

直流接触器线圈的额定电压应视控制电路的情况而定。同一系列、同一容量等级的接触器，其线圈的额定电压有几种，可以选线圈的额定电压与直流控制电路的电压一致。

有时为了提高接触器的最大操作频率，交流接触器也有采用直流线圈的。

（6）低压断路器　常见的低压断路器外形如图 1-36 所示。

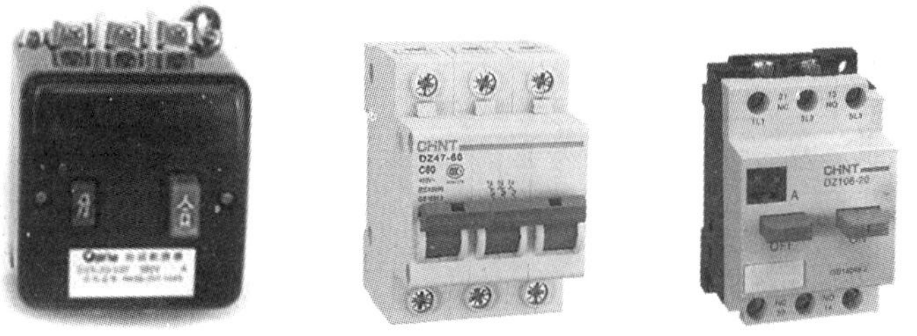

a) DZ5系列　　b) DZ47系列　　c) DZ108系列

图 1-36　低压断路器外形

1）概述。低压断路器（曾称为自动开关）是一种不仅可以接通和分断正常负荷电流和过负荷电流，还可以接通和分断短路电流的开关电器。低压断路器在电路中除起控制作用外，还具有一定的保护功能，如短路、过载、欠电压和漏电保护等。低压断路器可以手动直接操作或电动操作，也可以远方遥控操作。

2）低压断路器的结构及工作原理。

① 低压断路器的结构。低压断路器主要由触点系统、灭弧系统、操作机构和保护装置组成，低压断路器的结构如图 1-37 所示。

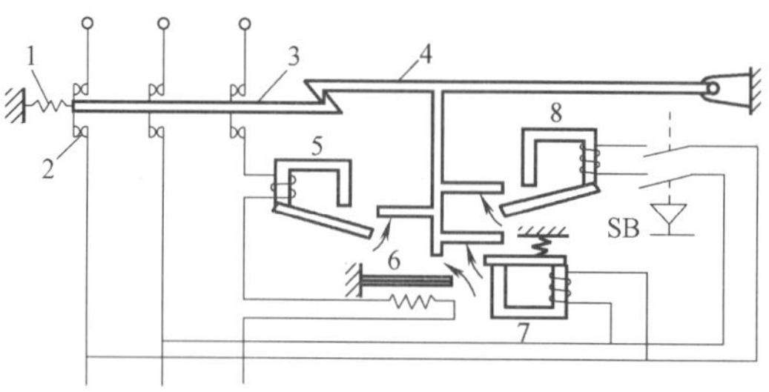

图 1-37　低压断路器的结构

1—弹簧　2—主触点　3—传动杆　4—锁扣　5—过电流脱扣器　6—过载脱扣器　7—欠电压脱扣器　8—分励脱扣器

a. 触点系统（静触点和动触点）：在断路器中用来实现电路接通与分断。触点的基本要求为：能安全可靠地接通和分断极限短路电流及以下的电路电流；能通过长期工作制的工作电流；在规定的电气寿命次数内，接通和分断后不会产生严重磨损。

常用的断路器的触点形式有对接式触点、桥式触点和插入式触点。对接式和桥式触点多为面接触或线接触，在触点上都焊有银基合金镶块。大型断路器每相除主触点外，还有副触点和弧触点。

断路器触点的动作顺序是：断路器闭合时，弧触点先闭合，然后是副触点闭合，最后才是主触点闭合；断路器分断时却相反，主触点承载负荷电流，副触点的作用是保护主触点，弧触点用来承担切断电流时的电弧烧灼，即电弧只在弧触点上形成，从而保证了主触点不被电弧烧蚀，能长期稳定地工作。

b. 灭弧系统：用来熄灭触点间在断开电路时产生的电弧。灭弧系统包括两个部分：一是强力弹簧机构，可使断路器触点快速分开；二是在触点上方设置的灭弧室。

c. 操作机构：包括传动机构和脱扣机构两大部分。传动机构按断路器操作方式的不同可分为手动传动、杠杆传动、电磁铁传动、电动机传动，按闭合方式的不同可分为储能闭合和非储能闭合。自由脱扣机构的功能是实现传动机构和触点系统之间的联系。

d. 保护装置：断路器的保护装置由各种脱扣器组成。断路器的脱扣器类型有欠电压脱扣器、热脱扣器、过电流脱扣器和分励脱扣器等。

欠电压脱扣器用来监视工作电压的波动。当电网电压降低至70%～35%额定电压或电网发生故障时，断路器可立即分断；当电源电压低于35%额定电压时，能防止断路器闭合。带延时动作的欠电压脱扣器，可防止因负荷陡升引起的电压波动造成的断路器不适当地分断，其延时时间可分为1s、3s和5s。

热脱扣器用于过载保护。

过电流脱扣器用于防止过载和负载侧短路保护。

分励脱扣器用于远距离遥控或热继电器动作分断断路器。

一般断路器还具有短路锁定功能，用来防止断路器因短路故障分断后，故障未排除前合闸。在短路条件下，断路器分断，锁定机构动作，使断路器机构保持在分断位置，锁定机构未复位前，断路器合闸机构不能动作，无法接通电路。

断路器除上述四类装置外，还具有辅助触点，一般有常开触点和常闭触点。辅助触点供信号装置和智能式控制装置使用。另外，断路器还有框架（万能式）断路器和塑料底座及外壳（塑壳式）断路器。

② 工作原理。图1-37中，断路器的主触点依靠操作机构手动或电动合闸，主触点闭合后，自由脱扣机构将主触点锁定在合闸位置上。此时，短路脱扣器的线圈和热脱扣器的热元件串联在主电路中，欠电压脱扣器的线圈并联在电路中。当电路发生短路或严重过载时，过电流脱扣器线圈中的电流急剧增加，衔铁吸合，使自由脱扣机构动作，主触点在弹簧作用下分开，从而切断电路。当电路过载时，热脱扣器的热元件使双金属片向上弯曲，推动自由脱扣机构动作。当电路发生失电压故障时，电压线圈中的磁通下降，使电磁吸力下降或消失，衔铁在弹簧作用下向上移动，推动自由脱扣机构动作。分励脱扣器用作远距离分断电路。

③ 低压断路器的分类。低压断路器广泛应用于低压配电系统各级馈出线，各种机械设备的电源控制和用电终端的控制和保护电路中，低压断路器容量范围很大，最小为4A，而

最大可达5000A。

低压断路器的分类方式很多，低压断路器按结构形式分，有万能式和塑壳式断路器；按灭弧介质分，有空气式和真空式；按操作方式分，有手动操作、电动操作和弹簧储能机械操作；按极数分，可分为单极、二极、三极和四极式；按安装方式分，有固定式、插入式、抽屉式和嵌入式等。其中常用的有万能式和塑壳式断路器。

a. 万能式断路器。万能式断路器又称为框架式断路器。其特点是具有一个钢制框架，所有部件都装于框架内，导电部分需加绝缘，部件大都设计成可拆装式的，使于安装和制造。由于其保护方案和操动方式较多，装设地点也很灵活，因此有“万能式”之称。万能式断路器容量较大，可装设多种脱扣器，辅助触点的数量也较多，不同的脱扣器组合可形成不同的保护特性，故可作为选择性或非选择性或具有反时限动作特性的电动机保护。它通过辅助触点可实现远方遥控和智能化控制，其额定电流为630～5000A。它一般用于变压器400V侧出线总开关、母线联络开关或大容量馈线开关和大型电动机控制开关。

我国自行开发的万能式断路器系列有DW15、DW16、CW系列；引进技术的产品有德国AEG公司的ME系列，日本寺崎公司的AH系列，日本三菱公司的AE系列，西门子公司的3WE系列等，以及目前国内各生产厂以各自产品命名的高新技术开关。

b. 塑料外壳式断路器。塑料外壳式断路器简称塑壳式断路器，原称装置式自动空气断路器，其主要特征是所有部件都安装在一个塑料外壳中，没有裸露的带电部分，提高了使用的安全性。新型的塑壳式断路器也可制成选择型。小容量的断路器采用非储能式闭合，手动操作；大容量的断路器的操作机构采用储能式闭合，可以手动操作，亦可由电动机操作。电动机操作可实现远方遥控操作。塑壳式断路器的额定电流一般为6～630A，有单极、二极、三极和四极式。目前已有额定电流为800～3000A的大型塑壳式断路器。

塑壳式断路器一般用于配电馈线控制和保护，小型配电变压器的低压侧出线总开关，动力配电终端和保护及住宅配电终端控制和保护，也可用于各种生产机械的电源开关。

我国自行开发的塑壳式断路器系列有DZ5系列、DZ15系列、DZ20系列、DZ25系列，引进技术生产的有日本寺崎公司的TO、TG和TH-5系列，西门子公司的3VE系列，日本三菱公司的M系列，ABB公司的M611和SO60系列，施耐德公司的C45N系列等，以及生产厂以各自产品命名的高新技术塑壳式断路器。

其派生产品有DZX系列限流断路器，带剩余电流保护功能的剩余电流动作保护断路器及断相保护断路器等。

c. 剩余电流保护断路器。剩余电流保护断路器分为电磁式电流动作型、电压动作型和晶体管电流动作型等。电磁式电流动作型剩余电流保护断路器是常用的剩余电流保护断路器，其结构是在一般的塑壳式断路器中增加了一个能检测剩余电流的感应元件和剩余电流脱扣器。在正常运行时，各相电流的相量和为零，检测电流互感器二次侧无输出。当出现漏电或人身触电时，在检测电流互感器二次线圈上会感应出剩余电流。剩余电流脱扣器受此电流激励，使断路器脱扣而断开电路。

电磁式剩余电流保护断路器是直接动作型的，动作较可靠，但体积较大，制造工艺要求也高。晶体管或集成电路式剩余电流保护断路器是间接动作型的，因而可使检测电流互感器的体积大大缩小，从而也缩小了断路器的体积。随着电子技术的发展，人们现在越来越多地采用了集成电路剩余电流保护断路器。

3）低压断路器的主要技术参数、型号含义及电气符号。

① 低压断路器的主要技术参数。我国低压电器标准规定低压断路器应有下列技术参数。

a. 型式。断路器型式包括相数、极数、额定频率、灭弧介质、闭合方式和分断方式。

b. 主电路额定值。主电路额定值有额定工作电压、额定电流、额定短路接通能力、额定短路分断能力等。万能式断路器的额定电流分主电路的额定电流和壳架等级的额定电流。

c. 额定工作制。断路器的额定工作制可分为 8 小时工作制和长期工作制两种。

d. 断路器辅助电路参数。断路器辅助电路参数主要为辅助触点特性参数。万能式断路器一般具有常开触点、常闭触点各 3 对，供信号装置及控制电路使用；塑壳式断路器一般不具备辅助触点。

e. 其他。断路器特性参数除上述各项外，还包括脱扣器形式及特性、使用类别等。

② 低压断路器的型号含义。目前有 DZ5、DZ10、DZX10、DZ15、DZ20、DM1 等系列产品。

DZ20 系列塑壳式低压断路器的型号含义如下：

DZ　20　□-□　□/□　□　□

- 用途代号：2 表示保护电动机用，无代号表示配电用
- 脱扣方式及附件代号
- 极数
- 操作方式：P 表示电动机操作，Z 表示转动手柄，无代号表示手柄直接操作
- 壳架等级额定电流
- 额定极限短路分断能力，按额定极限短路分断能力高低分为：Y 表示一般型，G 表示最高型，S 表示四极型，J 表示较高型，C 表示经济型
- 设计序号
- 塑壳式断路器

③ 低压断路器的电气符号。断路器的电气符号如图 1-38 所示。

4）低压断路器的选用。

① 选用技术标准。低压断路器的选用应符合 GB 14048.2—2008《低压开关设备和控制设备　第 2 部分：断路器》等国家标准要求。

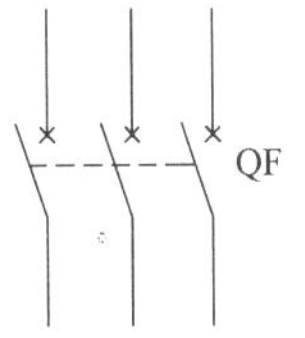

图 1-38　断路器的电气符号

② 选用原则。

a. 断路器类型。应根据电路的额定电流及保护的要求来选用。

b. 断路器的额定工作电压应大于或等于线路或设备的额定工作电压。

c. 断路器的主电路额定工作电流应大于或等于负载工作电流。

d. 断路器的过电流脱扣器的整定电流应大于或等于线路的最大负载电流。

e. 断路器的欠电压脱扣器的额定电压等于主电路额定电压。

f. 断路器的额定通断能力大于或等于电路的最大短路电流。

（7）按钮

1）按钮的结构及工作原理。按钮是一种手动且一般可以自动复位的主令电器。按钮的

作用主要是发布命令控制其他电器的动作和短时接通或断开小电流电路，其外形及结构原理如图 1-39 所示。

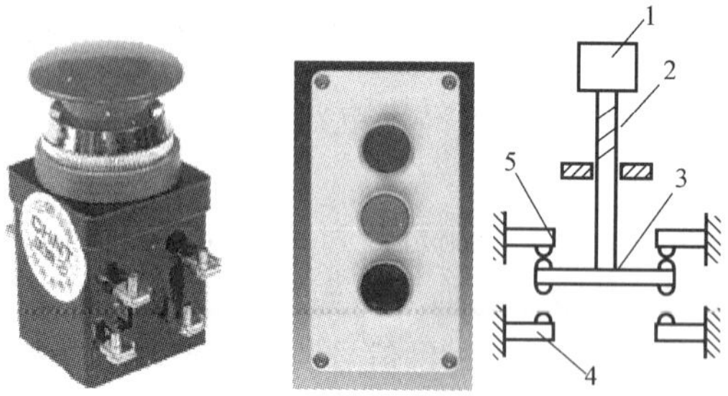

图 1-39　控制按钮的外形及结构原理

1—按钮帽　2—弹簧　3—动触点　4、5—静触点

按钮是一种结构简单、使用广泛的手动主令电器，在控制电路中作远距离手动控制电磁式电器用。由于按钮的触点允许通过的电流较小，一般不超过 5A，因此按钮不用来直接控制主电路的通断，而是用在控制电路中发出“命令”去控制接触器、继电器等，再由它们来控制主电路。

按钮一般由按钮、复位弹簧、触点和外壳等部分组成，图 1-39 所示的按钮中有两对常开触点和两对常闭触点。按下按钮时，常闭触点先断开，常开触点再闭合；按下再放开时，由于复位弹簧的作用，常开触点先恢复断开状态，常开触点再恢复闭合状态。按钮的图形符号及文字符号如图 1-40 所示。图 1-40c 中，用虚线将属于同一按钮下的常开和常闭触点连接起来，表示它们是相互关联的。

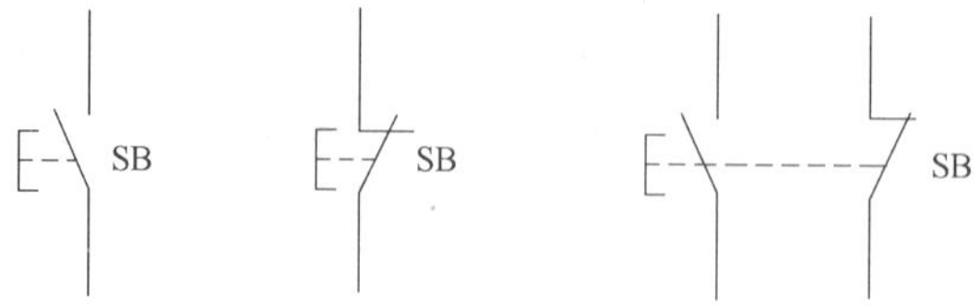

a) 常开触点　b) 常闭触点　c) 复合式触点

图 1-40　按钮的图形符号及文字符号

2）按钮的种类及常用型号。按照按钮的用途和结构的不同，可分为起动按钮、停止按钮、复合按钮等。

GB 5226.1—2008 对按钮颜色做出如下规定：

①“停止”和“急停”按钮的颜色为红色。

②“起动”按钮的颜色为绿色。

③“起动”与“停止”交替动作的按钮为黑色、白色或灰色。

④“点动”按钮为黑色。

⑤“复位”按钮是蓝色（如保护继电器的复位按钮）。

3）按钮型号的含义。目前使用比较多的有：LA10、LA18、LA19、LA20、LAY3 系列等。

LA 系列按钮的型号含义如下：

LA □-□ □

- □（第三个）——派生代号：J 表示蘑菇钮，D 表示带指示灯，X 表示旋钮式，Y 表示钥匙钮，无代号表示平钮式
- □（第二个）——触点数（1 ～ 6）
- □（第一个）——设计序号
- LA——按钮

按钮中的触点形式和数量根据需要可以装配成一常开一常闭形式。接线时，可以只接常开或常闭触点。

4）按钮的选择。按钮的选用有以下几个原则。

① 根据用途选用合适的形式。

② 根据工作状态指示和工作情况要求，选择按钮和指示灯的颜色。

③ 根据控制电路的要求和需要，确定按钮数量。

5）按钮的使用及维护。

① 由于按钮的触点间距较小，若有油污等极易发生短路事故，故使用时应经常保持触点间的清洁。

② 按钮用于高温场合，易使塑料变形老化，导致按钮松动，引起接线螺钉间相碰短路，可视情况在安装时多加一个紧固圈，两个拼紧使用；或者在接线螺钉处加套塑料绝缘管。

③ 带指示灯的按钮由于灯泡要发热，时间长时易使塑料灯罩变形造成调换灯泡困难，故不宜用在通电时间较长之处；如果使用，可适当降低灯泡电压，延长使用寿命。

6）按钮的常见故障分析。

① 按下起动按钮时有触电感觉。故障的原因一般为按钮的防护金属外壳与连接导线接触或按钮帽的缝隙间充满铁屑，使其与导电部分形成通路。

② 停止按钮失灵，不能断开电路。故障的原因一般有接线错误、线头松动或搭接在一起、铁尘过多或油污使停止按钮两常开触点形成短路、胶木烧焦。

③ 按下停止按钮，再按起动按钮，被控电器不能动作。故障的原因一般为被控电路有故障、停止按钮的复位弹簧损坏或按钮接触不良。

（二）三相笼型异步电动机单向运行控制电路的组成及工作原理的分析

1. 电路组成

该电路由电源隔离开关、熔断器、接触器、热继电器、电动机、按钮组成，如图 1-41 所示。电源隔离开关起隔离作用，为检修提供方便。熔断器起短路保护作用。接触器用来控制电动机运转，并带有零电压保护和欠电压保护作用；热继电器起过载保护作用；按钮用来操作。

2. 三相异步电动机单向运行工作原理

（1）三相异步电动机单向点动运行控制电路工作原理　三相异步电动机单向点动运行控制电路如图 1-41 所示。

① 合上电源开关 QS。

② 按下起动按钮 SB，接触器 KM 线圈得电，接触器主触点闭合，电动机 M 单向运行。

③ 松开按钮 SB，KM 线圈失电，KM 主触点断电，电动机 M 停止转动。

由以上分析可知，点动是按下按钮电动机就转动，松开按钮电动机就停止转动。

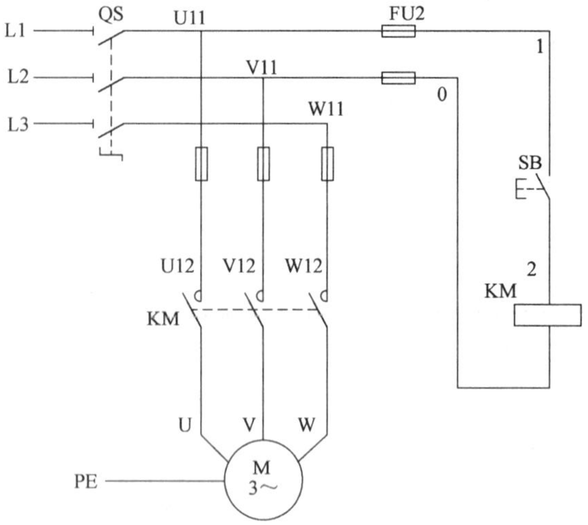

图 1-41　三相异步电动机单向点动运行控制电路

（2）三相异步电动机单向运行长动控制电路工作原理　三相异步电动机单向连续运行控制电路如图 1-42 所示。

① 合上电源开关 QS。

② 按下起动按钮 SB1，接触器 KM 线圈得电，接触器主触点闭合，电动机 M 单向运行。

③ 松开 SB1，自锁或者自保持。这种松开按钮后，依靠接触器自身辅助触点始终保持其线圈得电的动作叫自锁或自保持。

④ 按下停止按钮 SB2，KM 线圈失电，KM 主触点断电，电动机 M 停止转动。

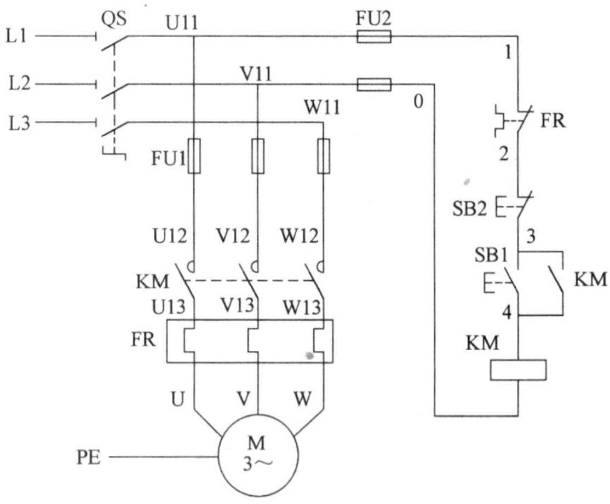

图 1-42　三相异步电机单向连续运行控制电路

3. 控制电路的保护环节

以上电路通过熔断器实现短路保护；通过热继电器实现过载保护；通过接触器触点实现零电压和欠电压保护。

想一想

学生通过搜集三相异步电动机单向运行控制方式、控制原理及电路板制作工艺等资料、小组讨论，制定完成三相异步电动机单向运行控制电路板制作项目构思的工作计划，填写在表 1-4 中。三相异步电动机单向运行控制电路板制作项目构思工作计划单见表 1-4。

表 1-4　三相异步电动机单向运行控制电路板制作项目构思工作计划单

<table>
<tr><td colspan="4">项目构思工作计划单</td></tr>
<tr><td>项目</td><td colspan="2"></td><td>学时：</td></tr>
<tr><td>班级</td><td colspan="2"></td><td></td></tr>
<tr><td>组长</td><td></td><td>组员</td><td></td></tr>
<tr><td>序号</td><td>内容</td><td>人员分工</td><td>备注</td></tr>
<tr><td></td><td></td><td></td><td></td></tr>
<tr><td></td><td></td><td></td><td></td></tr>
<tr><td></td><td></td><td></td><td></td></tr>
</table>

（续）

序号	内容	人员分工	备注
学生确认		日期	

【项目设计】

一、三相异步电动机单向运行控制电路板的制作项目方案的设计

教师指导学生进行项目设计，分析、答疑；指导学生从经济性、合理性和适用性进行项目方案的设计，要考虑项目的成本，反复修改方案，点评修订并确定最终设计方案。

学生分组讨论设计三相异步电动机单向运行控制电路板的制作项目方案、在教师的指导与参与下，学生从多个角度根据工作特点和工作要求所制定的方案计划中，讨论各方案的合理性、可行性与经济性，判断各个方案的综合优劣，进行方案决策，并最终确定实施计划，分配好每个人的工作任务，择优选取出合理的设计方案，完成项目设计方案。经过分组讨论设计，项目的最优设计方案及工艺流程如图 1-43 所示。

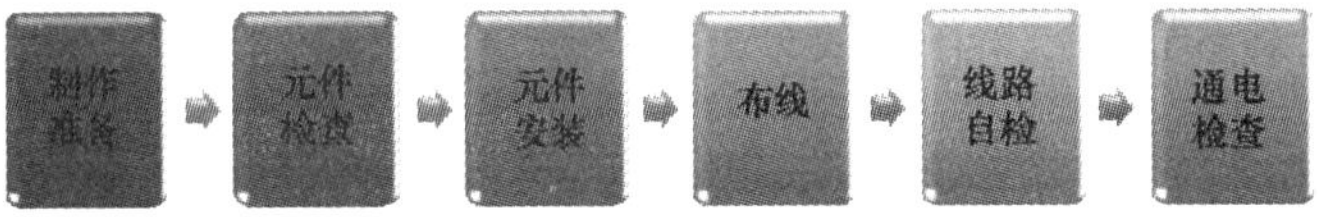

图 1-43　项目的最优设计方案及工艺流程

为了保证控制板安装得正确合理，在制作之前必须制定工作计划。先根据控制要求画出原理图、电器元件布置图和安装接线图，再进行电器元件选择，然后进行电器元件检查，电器元件安装、布线，最后空载调试和带负载调试。

二、电气控制电路图的绘制原则

做一做

电气控制电路图主要由电气原理图、安装接线图及电器元件布置图组成。每一种线路图既有区别又有联系。

（一）电气原理图的绘制和分析

1. 电气原理图绘制原则

电气原理图是表示电路中各电器元件工作关系以及工作原理的图形。它并不按照元器件的实际位置来绘制，也不反映电器元件的大小。它的作用是便于详细了解控制系统的工作原理，指导系统或设备的安装、调试与维修。

电气原理图是根据控制电路工作原理绘制的，具有结构简单、层次分明、便于研究和分析线路工作原理的特征。电气原理图一般分主电路和控制电路两部分。主电路指从电

源到电动机绕组的大电流通过的路径。控制电路由接触器、继电器的线圈和触点等构成，控制电路是小电流电路。除此之外还有辅助电路，辅助电路是指设备中的信号、照明和保护电路等。

三相异步电动机单向连续运行控制电路电气原理图如图 1-44 所示。

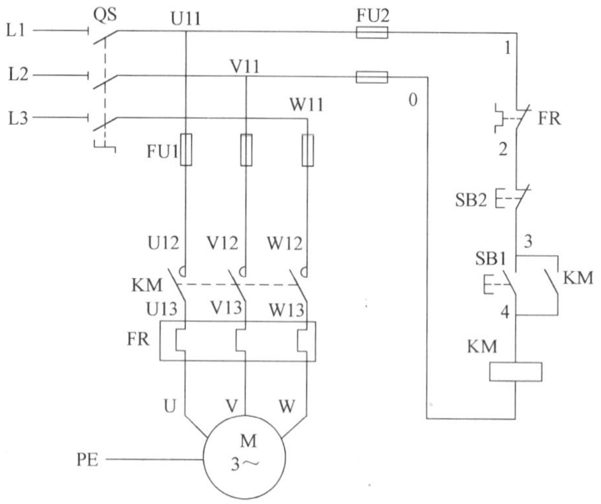

图 1-44 三相异步电动机单向连续运行控制电路电气原理图

绘制电气原理图时应按以下原则绘制：

① 主电路、控制电路和辅助电路要分开画。通常主电路用粗实线表示，画在左边（或上部）；控制电路和辅助电路用细实线表示，画在右边（或下部）。

② 原理图中各电器元件不画实际的外形图，而采用国家规定的统一标准图形符号、文字符号。

③ 同一电器的各个部件可根据需要画在不同的地方，但必须用相同的文字符号标注。

④ 电气原理图中所有电器元件的可动部分通常表示在电器非激励或不工作的状态和位置，其中常见的元器件状态有：

a. 继电器和接触器的线圈处在非激励状态。

b. 断路器和隔离开关在断开位置。

c. 零位操作的手动控制开关在零位状态。

d. 机械操作开关和按钮在非工作状态或不受力状态。

e. 保护类电器元件处在设备正常工作状态。

⑤ 表示导线、信号通路、连接导线等图线都应是交叉和折弯最少的直线。电气原理图中，有直接联系的交叉导线连接点，要用黑圆点表示；无直接联系的交叉导线连接点不画黑圆点。

⑥ 原理图的绘制应布局合理、排列均匀，为了便于看图，可以水平布置，也可以垂直布置。

⑦ 电器元件应按功能布置，并尽可能按工作顺序排列，其布局顺序应该是从上到下、从左到右。

2. 图幅的分区

在图的边框处，竖边方向用大写拉丁字母、横边方向用阿拉伯数字编号，顺序应从左上角开始，分格数应是偶数，建议组成分区的长方形的任何边长都应不小于 25mm、不大于 75mm。

在具体使用时，对水平布置的电路，一般只需标明行的标记；对垂直布置的电路，一般只需标明列的标记；复杂的电路需标明组合标记。图幅分区示例如图 1-45 所示。

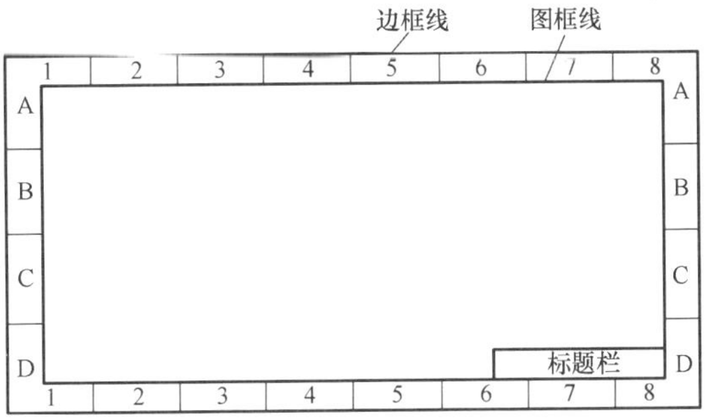

图 1-45　图幅分区示例

3. 符号位置索引

符号位置的索引用图号、页次和图区编号的组合索引法，索引代号的组成如下：

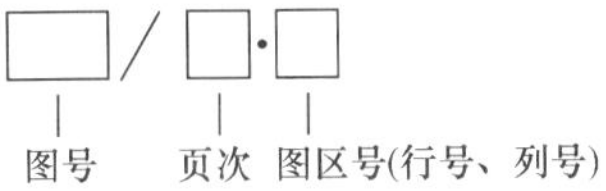

当某图号仅有一页图样时，只写图号和图区的行、列号，在只有一个图号时，则图号可省略。而电器元件的相关触点只出现在一张图样上时，只标出图区号。

（二）电器元件布置图的绘制和分析

电器元件布置图主要是用来标明电气原理图中所有电器元件、电器设备的实际位置，为生产机械电气控制设备的制造、安装提供必要的资料。体积大和较重的电器元件应该安装在电气安装板的下面，发热元件应安装在电气安装板的上面。经常要维护、检修、调整的电器元件安装位置不宜过高或过低。

机床电器元件布置主要由机床电气设备布置图、控制柜及控制板电气设备布置图、操作台及悬挂操纵箱电气设备布置图等组成。电器元件布置图如图 1-46 所示。

（三）电器元件安装接线图的绘制原则及分析

① 电器元件的图形、文字符号应与电气原理图标注完全一致。

② 同一电器元件的各个部件必须画在一起，并用点画线框起来。各电器元件的位置应与实际位置一致。

③ 各电器元件上凡需接线的部件端子都应绘出，控制板内外电器元件的电气连接一般要通过端子排进行，各端子的标号必须与电气原理图上

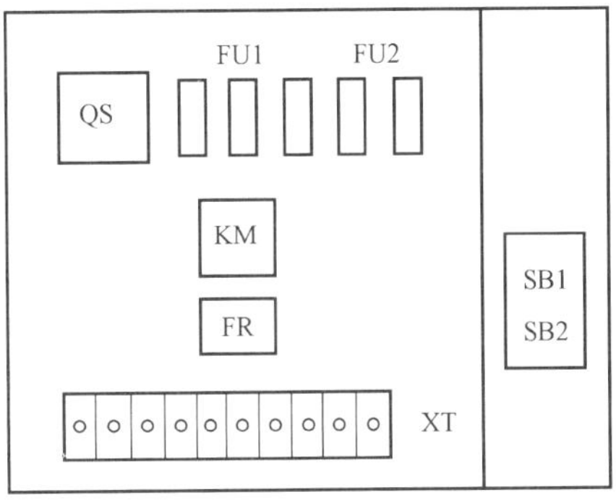

图 1-46　电器元件布置图

的标号一致。

④ 走向相同的多根导线可用单线或线束表示。

⑤ 接线图中应标明连接导线的规格、型号、根数、颜色和穿线管的尺寸等。

图 1-47 所示为三相异步电动机单向运行控制电路电器元件安装接线图。

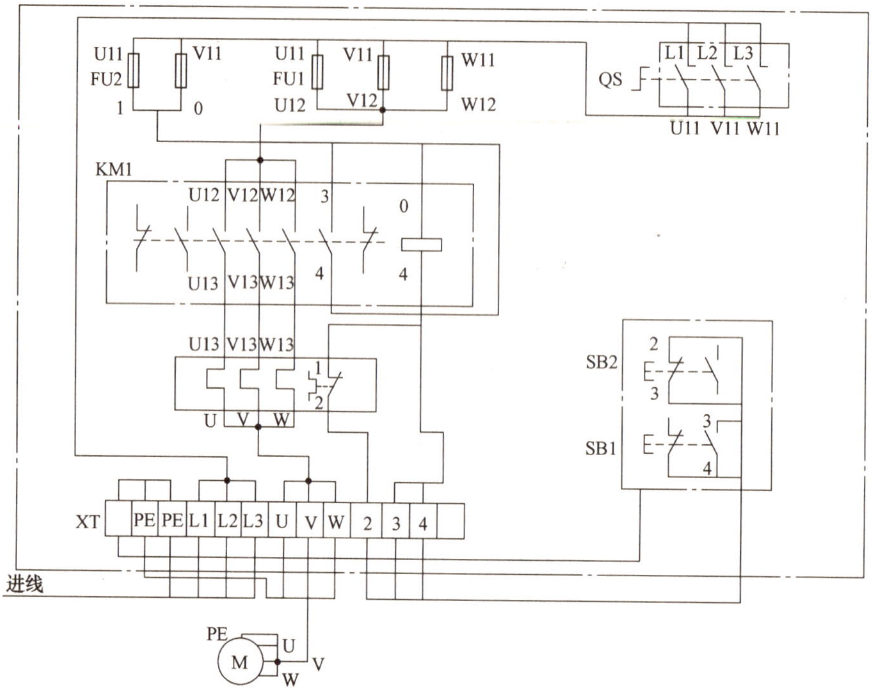

图 1-47　三相异步电动机单向运行控制电路电器元件安装接线图

做一做

填写项目设计记录单，见表 1-5。

表 1-5　三相异步电动机单向运行控制电路板制作项目设计记录单

课程名称	机床电气设备及升级改造				总学时:108
项目名称	三相异步电动机单向运行控制电路板的制作				参考学时:16
班级		团队负责人		团队成员	
项目设计方案一					
项目设计方案二					
项目设计方案三					
最优方案					
电气图					

（续）

课程名称	机床电气设备及升级改造				总学时:108
项目名称	三相异步电动机单向运行控制电路板的制作				参考学时:16
班级		团队负责人		团队成员	
设计方法					
相关资料及资源	校本教材、实训指导书、视频录像、PPT 课件、电气安装工艺及标准等				

【项目实现】

教师：指导学生进行项目实现；讲解项目实施的工艺规程和安全注意事项，低压电器选择的依据；引导学生按照设计方案，合理选择电器元件；指导学生进行三相异步电动机单向运行控制电路板制作。

学生：分组进入实训区，熟悉岗位工作职责及生产环境相关管理规定，在教师指导下按照三相异步电动机单向运行控制电路电气原理图、电器元件安装接线图及电路板制作的工艺流程、接线原则及接线操作规程等进行电路板的安装、接线，完成电路板的制作。

一、三相异步电动机单向运行控制电路电器元件安装

想一想，三相异步电动机单向运行控制电路板安装需要哪些材料呢？

（一）安装前的准备

1. 训练工具、仪表

安装所需工具及仪表如图 1-48 所示。

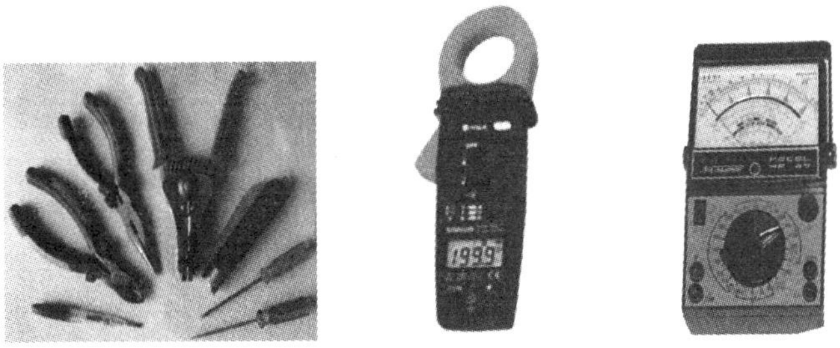

图 1-48　安装所需工具及仪表

① 工具：测试笔、螺钉旋具、斜口钳、尖嘴钳、剥线钳、电工刀等。

② 仪表：绝缘电阻表、万用表。

2. 线材

在器材库里选择相应的线材。器材库如图 1-49 所示。

① 控制板一块。

② 导线及规格：主电路导线由电动机容量确定；控制电路一般采用截面积为 $1mm^2$ 的

铜芯导线（BV）；按钮线一般采用 $0.75mm^2$ 的铜芯线（RV）；导线的颜色要求主电路与控制电路必须有明显的区别。

③ 备好编码套管和扎带。

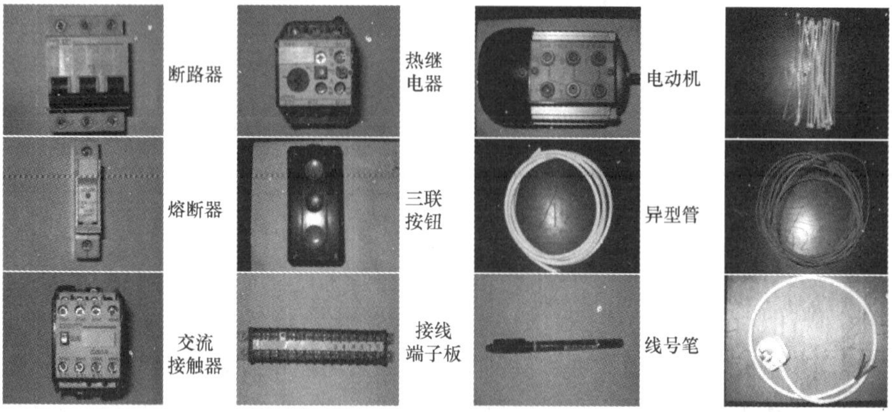

图 1-49　器材库

你知道三相异步电动机单向运行控制电路中所需的低压电器控制元件有哪些吗？各种电器控制元件的型号、技术参数如何，下面我们就来学习一下。

做一做，记下各元器件及线材的参数

3. 元器件的选择

根据原理图、电器元件布置图和电气安装接线图，按照电器元件的选用原则在图 1-50 所示器材库里选出并配齐所有电器元件。

电器元件明细见表 1-6。

表 1-6　电器元件明细表

代号	名称	型号	规格	单位	用途	备注
M	三相异步电动机	Y132S-4	5.5kW、380V、11.6A、△联结、1440r/min	1 台		
QS						
FU1						
FU2						
KM						
SB						
XT						
	主电路导线					
	控制电路导线					
	按钮线					
	接地线					
	行线槽					
	配线板					

想一想，材料都齐了，可以安装电路板了吗？

（二）电器元件检查及安装

1. 电器元件检查

1）外观检查。

① 电器元件的技术数据（如型号、规格、额定电压、额定电流）应完整并符合要求，外观无损伤。

② 电器元件的电磁机构动作是否灵活，有无衔铁卡阻等不正常现象，用万用表检测电磁线圈的通断情况以及各触点的分合情况。

③ 接触器的线圈电压和电源电压是否一致。

④ 对电动机的质量进行常规检查（每相绕组的通断，相间绝缘，相对地绝缘）。

2）万用表检查。万用表检查示意图如图 1-50 所示。

① 万用表选择 $R\times100$ 或者 $R\times1\text{k}$ 档，并进行欧姆调零。

② 将触点两两测量，未按下按钮时阻值为∞，而按下按钮时阻值为 0 的一对为常开触点；相反，不按时阻值为 0，而按下按钮时阻值为∞的一对为常闭触点。

3）用绝缘电阻表检测电器元件绝缘电阻。用绝缘电阻表检测电器元件及电动机的绝缘电阻等有关技术数据是否符合要求。绝缘电阻表外形如图 1-51 所示。

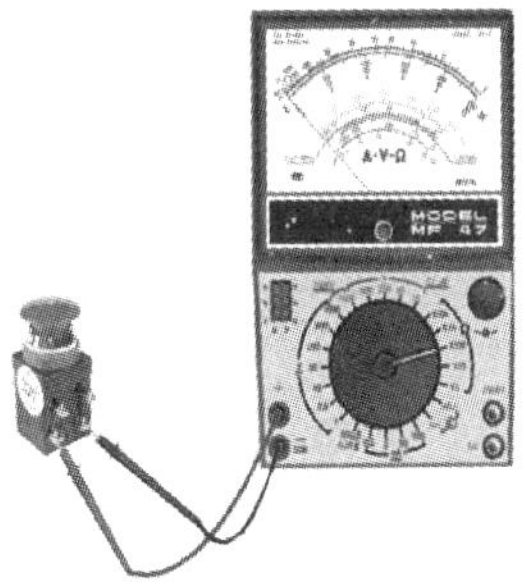

图 1-50　万用表检查示意图

图 1-51　绝缘电阻表外形

2. 安装步骤及工艺要求

在控制板上按电器布置图安装电器元件，工艺要求如下：

① 组合开关、熔断器的受电端子应安装在控制板的外侧。

② 每个电器元件的安装位置应整齐、匀称、间距合理，便于布线及更换。

③ 紧固各电器元件时要用力均匀，紧固程度要适当。

做一做

二、三相异步电动机单向运行控制电路板的布线

按接线图的走线方法进行板前明线布线和套编码套管，板前明线布线的工艺要求如下：

① 布线通道尽可能地少，同路并行导线按主、控制电路分类集中，单层密排，紧贴安装面布线。

② 同一平面的导线应高低一致或前后一致，不能交叉。非交叉不可时，应水平架空跨

越，但必须走线合理。

③ 布线应横平竖直，分布均匀。变换走向时应垂直。

④ 布线时严禁损伤线芯和导线绝缘。

⑤ 在每根剥去绝缘层导线的两端套上编码套管。所有从一个接线端子（或线桩）到另一个接线端子（或接线桩）的导线必须连续，中间无接头。

⑥ 导线与接线端子或接线桩连接时，不得压绝缘层、不反圈及不露铜过长。

⑦ 一个电器元件接线端子上的连接导线不得多于两根。

⑧ 根据电气接线图检查控制板布线是否正确。

⑨ 连接电动机和按钮金属外壳的保护接地线（若按钮为塑料外壳，则按钮外壳不需接地线）。

⑩ 连接电源、电动机等控制板外部的导线。

填写出本项目实现工作记录单，见表 1-7。

表 1-7　项目实现工作记录单

课程名称	机床电气设备及升级改造				总学时:108
项目名称	三相异步电动机单向运行控制电路板的制作				参考学时:16
班级		团队负责人		团队成员	
项目工作情况					
项目实施所遇到的问题					
相关资料及资源					
执行标准或工艺要求					
注意事项					
备注					

【项目运行】

教师：指导学生进行电路控制板的调试、运行，讲解调试运行的注意事项及安全操作规程，并对学生的成果进行评价。

学生：检查三相异步电动机单向运行控制电路接线任务的完成情况，在教师指导下进行调试与运行，发现问题及时解决，直到调试成功为止；分析不足；汇报学习、工作心得，展示工作成果；对项目完成情况进行总结，完成项目报告。

想一想，电路板安装完成了，可以通电了吧？

一、三相异步电动机单向运行控制电路板线路检查

1. 自检

① 按电路原理图或电气接线图从电源端开始，逐段核对接线及接线端子处是否正确，有无漏接、错接之处。检查导线接点是否符合要求，压接是否牢固。接触应良好，以免带负载运行时产生闪弧现象。

② 用万用表检查线路的通断情况。检查时，应选用倍率适当的电阻档，并进行校零，以防短路故障发生。对控制电路的检查（可断开主电路），可将表笔分别搭在 U11、V11 线端上，读数应为“∞”。按下 SB 时，读数应为接触器线圈的电阻值，然后断开控制电路再检查主电路有无开路或短路现象，此时可用手动操作机构来代替接触器通电进行检查。

③ 用绝缘电阻表检查线路的绝缘电阻，应不小于 0.5MΩ。

④ 熔断器的熔体选择合理，热继电器的整定值应调整合适。

2. 指导教师检查

在自检无误后，一定要经过指导教师检查，确保无误后才允许通电试车。

想一想，三相异步电动机单向运行控制电路板出现故障，应怎样处理呢？

二、三相异步电动机单向运行控制电路维护维修

1）检修的一般步骤。

① 确认故障现象的发生，并分清本故障是属于电气故障还是机械故障。

② 根据电气原理图，认真分析发生故障的可能原因，大概确定故障发生的可能部位或回路。

③ 通过一定的技术、方法、经验和技巧找出故障点。这是检修工作的难点和重点。由于电气控制电路结构复杂多变，故障形式多种多样，因此要快速、准确地找出故障点，要求操作人员既要学会灵活运用“看”（看是否有明显损坏或其他异常现象）、“听”（听是否有异常声音）、“闻”（闻是否有异味）、“摸”（摸是否发热）、“问”（向有经验的老师傅请教）等检修经验，又要弄懂电路原理，掌握一套正确的检修方法和技巧。

2）常用分析方法。电气控制电路故障的常用分析方法有：调查研究法、试验法、逻辑分析法和测量法。

① 调查研究法。调查研究法就是通过“看”“听”“闻”“摸”“问”，了解明显的故障现象；通过走访操作人员，了解故障发生的原因；通过询问他人或查阅资料，帮助查找故障点。

② 试验法。试验法是在不损伤电气和机械设备的条件下，以通电试验来查找故障的一种方法。通电试验一般采用“点触”的形式进行。

③ 逻辑分析法。逻辑分析法是根据电气控制电路工作原理、控制环节的动作程序以及它们之间的联系，结合故障现象进行故障分析的一种方法。它以故障现象为中心，对电路进行具体分析，提高了检修的针对性，可收缩目标，迅速判断故障部位，适用于对复杂线路的

故障检查。

④ 测量法。测量法是利用校验灯、验电笔、万用表、蜂鸣器、示波器等对线路进行带电或断电测量的一种方法。在利用万用表电阻档和蜂鸣器检测电器元件及线路是否断路或短路时必须切断电源。同时，在测量时要特别注意是否有并联支路或其他电路对被测线路产生影响，以防误判。最后把故障维修记录填写好，见表 1-8。

表 1-8　故障检查维修记录单

项目名称		检修组别	
检修人员		检修日期	
故障现象			
发现的问题分析			
故障原因			
排除故障的方法			
所需工具和设备			
工作负责人签字			

做一做

三、三相异步电动机单向运行控制电路板的调试

1. 空载调试

在不接负载的情况下通电调试。先合上电源开关，按下起动按钮观察接触器的吸合情况。在自锁状态下，接触器的动作机构应该是吸合的。

2. 带负载调试

① 长动调试。接上电动机，合上电源开关，按下起动按钮观察接触器的吸合情况及电动机的运行情况，松开起动按钮，电动机连续运行。按下停止按钮，电动机停止转动。

② 点动调试。拆下接触器自锁触点，再按下起动按钮，观察接触器的吸合情况及电动机的运行情况，松开起动按钮，电动机停止转动。从而比较出自锁和点动的区别。

试车完毕先拆除电源线后拆除负载线，清理工作台填写好使用记录。

调试成功后，先拆掉负载，再拆掉电源。清理工作台和工具，填写记录单。项目一运行

记录单见表1-9。

表1-9　项目一运行记录单

课程名称	机床电气设备及升级改造				总学时:108
项目名称	三相异步电动机单向运行控制电路板的制作				参考学时:16
班级		团队负责人		团队成员	
项目构思是否合理					
项目设计是否合理					
项目实现遇到了哪些问题					
项目运行时故障点有哪些					
调试中运行是否正常					
备注					

四、三相异步电动机单向运行控制电路板的制作项目验收

项目完成后，应对各组完成情况进行验收和评定，具体验收项目包括：

1）方案设计。

2）绘制电器元件布置图。

3）安装电器元件。

4）布线。

5）通电试车。

6）安全文明生产。

7）提交CDIO项目报告。

三相异步电动机单向运行控制电路板制作考核要求及评分标准见表1-10。

表1-10　三相异步电动机单向运行控制电路板制作考核评价要求及评分标准

测评内容	配分	评分标准	操作时间	扣分	得分
绘制电器元件布置图	10	绘制不正确,每处扣2分	20min		
安装电器元件	20	1. 不按图安装,扣5分 2. 电器元件安装不牢固,每处扣2分 3. 电器元件安装不整齐、不合理,每处扣2分 4. 损坏电器元件,扣10分	20min		

（续）

测评内容	配分	评分标准	操作时间	扣分	得分
布线	50	1. 导线截面积选择不正确，扣5分 2. 不按图接线，扣10分 3. 布线不合要求，每处扣2分 4. 接点松动，露铜过长，螺钉压绝缘层等，每处扣1分 5. 损坏导线绝缘或线芯，每处扣2分 6，漏接接地线，扣5分	60min		
通电试车	20	1. 第一次试车不成功，扣5分 2. 第二次试车不成功，扣5分 3. 第三次试车不成功，扣5分	20min		
安全文明操作		违反安全生产规程，扣5～20分			
定额时间 （3h）	开始时间（　）	每超时2min扣5分			
	结束时间（　）				
总分					

控制电路故障检修评分标准见表1-11。

表1-11　控制电路故障检修评分标准

<table>
<tr><th>项目内容</th><th>配分</th><th colspan="5">评分标准</th><th>扣分</th></tr>
<tr><td rowspan="2">故障分析</td><td rowspan="2">40</td><td colspan="5">1. 不能根据试车的状况说出故障现象，扣5～10分</td><td rowspan="2"></td></tr>
<tr><td colspan="5">2. 不能标出最小故障范围，每个故障扣10分</td></tr>
<tr><td rowspan="7">故障排除</td><td rowspan="7">60</td><td colspan="5">停电未验电，扣5分</td><td rowspan="7"></td></tr>
<tr><td colspan="5">测量仪表、工具使用不正确，每次扣5分</td></tr>
<tr><td colspan="5">检测故障方法、步骤不正确，扣10分</td></tr>
<tr><td colspan="5">不能查出故障，每个故障扣20分</td></tr>
<tr><td colspan="5">查出故障但不能排除，每个故障扣15分</td></tr>
<tr><td colspan="5">损坏电器元件，扣40分</td></tr>
<tr><td colspan="5">扩大故障范围或产生新的故障，每个故障扣40分</td></tr>
<tr><td>安全文明生产</td><td>倒扣</td><td colspan="5">违反安全文明生产规程，未清理场地，扣10～60分</td><td></td></tr>
<tr><td>定额时间</td><td>30 min</td><td>开始时间</td><td></td><td>结束时间</td><td></td><td>实际时间</td><td></td></tr>
<tr><td colspan="2">备注</td><td colspan="4">1. 不允许超时检修故障，但在修复故障时每超时1min扣2分
2. 除定额工时外，各项内容的最高扣分不得超过配分数</td><td>成绩</td><td></td></tr>
</table>

【知识拓展】

安全电压

安全电压，是指为了防止触电事故而由特定电源供电的电压系列，国家标准GB/T

3805—2008《特低电压（ELV）限值》规定我国安全电压额定值的等级为 42V、36V、24V、12V 和 6V，应根据作业场所、操作员条件、使用方式、供电方式、线路状况等因素选用。

一般情况下，12V、24V、36V 是安全电压的三个级别。凡手提照明灯，危险环境和特别危险环境的携带式电动工具，一般采用 42V 或 36V 安全电压；凡金属容器内、隧道内、矿井内等工作地点狭窄、行动不便，以及周围有大面积接地导体的环境，应采用 24V 或 12V 安全电压；除上述条件外，特别潮湿的环境采用 6V 安全电压。

做一做

【工程训练】

训练一：

设计一个单台电动机两地控制的电路，控制要求为：操作人员能够在不同的两地 A 和 B 对电动机 M 进行起动、停止控制。当按下电动机 M 的起动按钮 SB3 或 SB4 时，电动机 M 起动运转；当按下停止按钮 SB1 或 SB2 时，电动机 M 停止运转。

训练二：

设计一个锅炉引风机和鼓风机的 PLC 控制电路，锅炉燃料的燃烧需要充分的氧气，引风机和鼓风机为燃料燃烧提供氧气，控制要求为：引风机首先起动，延时 8s 后鼓风机起动；停止时按起动按钮，鼓风机先停。8s 后引风机后停。

项目二
三相异步电动机正反转控制电路板的制作

项目名称	三相异步电动机正反转控制电路板的制作	参考学时	10 学时
项目引入	三相异步电动机正反转控制电路项目应用非常广泛，该项目来源于某工矿企业在生产过程中的正反转等生产机械的控制。生产中许多机械设备往往要求运动部件能向正反两个方向运动，如机床工作台的前进与后退、起重机的上升与下降、大门的开和关等，这些生产机械要求电动机能实现正反转控制。改变通入电动机定子绕组的三相电源相序，即把接入电动机的三相电源进线中的任意两相对调，电动机即可反转。下图为机床工作台往复运动和大门开和关的应用。  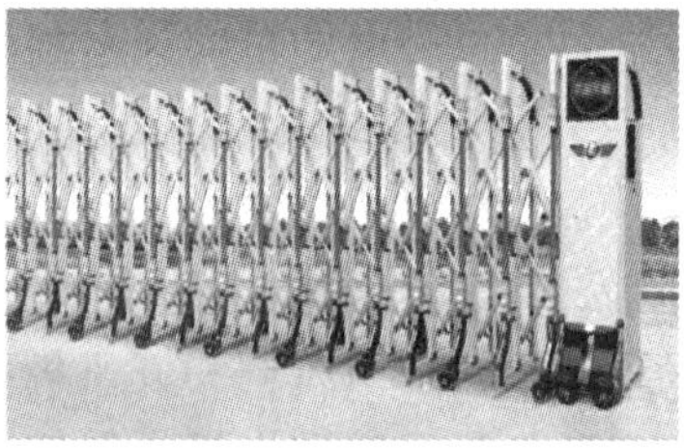		
项目目标	通过三相异步电动机正反转控制电路板的安装和调试，达到如下目标： 1. 正确绘制正反转电气原理图，电器元件布置图和安装接线图，正确选择电器元件； 2. 掌握互锁的概念，熟悉电动机自锁和互锁的区别； 3. 掌握正反转接线、安装调试的要领和注意事项；掌握板前明线布线的工艺要求和相应的国家标准； 4. 明确电工安全操作注意事项； 5. 会使用万用表、绝缘电阻表等测量工具和常用的安装、调试工具仪器； 6. 通过该项目的训练，培养学生信息获取、资料收集整理的能力；提高解决问题、分析问题的能力；知识的综合运用能力； 7. 具有良好的工艺意识、标准意识、质量意识、成本意识，达到初步的 CDIO 工程项目的实践能力。		
项目要求	完成三相异步电动机正反转控制电路板的制作，包括： 1. 根据需求画出三相异步电动机正反转控制电路原理图、电器元件布置图和安装接线图，分析正反转控制电路工作原理； 2. 选择合适型号的电器元件及导线； 3. 采用板前明线布线的方法进行电路板的制作； 4. 严格按工艺要求完成安装接线和调试运行。		
（CDIO） 项目实施	构思（C）：项目构思与任务分解，学习相关知识，制定出工作计划及工艺流程，建议参考学时为 1 学时； 设计（D）：学生分组设计项目方案，建议参考学时为 2 学时； 实现（I）：绘图、电器元件安装与布线，建议参考学时为 6 学时； 运行（O）：调试运行与项目评价，建议参考学时为 1 学时。		

【项目构思】

三相异步电动机正反转控制的原理及安装与维修技能是维修电工必须掌握的基础知识

和基本技能。通过电动机电气互锁控制、机械互锁的两个具体电路来学习正反转控制电路。

在本学习项目中，教师首先下发项目工单，布置本项目需要完成的任务及控制要求，介绍本项目的应用情况，进行项目分析；学生进行小组分工，明确项目工作任务，接着学习三相异步电动机正反转控制电路组成以及工作原理，制定项目实施工作计划、制定出工艺流程。团队成员讨论项目如何实施，然后进行电气原理图的绘制、电器元件选择、安装及布线，最后进行电气控制板的检查与调试。

项目实施建议教学方法为项目引导法、小组教学法、案例教学法、启发式教学法、实物教学法。

项目二的项目工单见表2-1。

表2-1　项目二的项目工单

课程名称	机床电气设备及升级改造			总学时108
项目名称	三相异步电动机正反转控制电路板的制作			参考学时10
班级		团队负责人		团队成员	
项目描述	根据三相异步电动机正反转控制电路原理及制作要求，学习相关的知识，常见低压电器和电动机正反转的原理，安装接线图的绘制。制定安装调试计划并进行决策，制定出合理的计划方案，然后选择合适的电器元件和线材，准备好工具和耗材，与他人合作进行电动机正反转控制电路的安装制作并进行调试，调试成功后再进行综合评价。具体任务如下： 1. 电器元件布置图和安装接线图的绘制； 2. 选择电器元件和导线及耗材； 3. 电器元件的检测及安装； 4. 布线； 5. 调试并排故； 6. 带负载调试； 7. PLC控制正反转的控制程序。			
相关资料及资源	教材、实训指导书、视频录像、PPT课件、电气安装工艺及标准等。			
项目成果	1. 完成电动机正反转控制电路板的制作，实现控制要求； 2. CDIO项目报告； 3. 评价表。			
注意事项	1. 采用板前明线布线一定满足制作要求； 2. 每组在通电试车前一定要经过指导教师的允许才能通电； 3. 安装调试完毕后先断电源后断负载； 4. 严禁带电操作； 5. 安装完毕及时清理工作台，工具归位。			
引导性问题	1. 你已经具备完成三相异步电动机正反转控制电路板制作的所有资料了吗？如果没有，还缺少哪些？应该通过哪些渠道获得？ 2. 在完成本次任务前，你还缺少哪些必要的知识？如何解决？ 3. 你选择哪种制作方法进行布线？ 4. 在进行安装前，你准备好器材了吗？ 5. 在安装接线时，你选择导线的规格多大？根据什么进行选择？ 6. 你采取什么措施来保证制作质量，符合制作要求吗？ 7. 你在安装和调试过程中，会使用哪些工具？ 8. 在安装完毕后，你所用到的工具和仪器是否已经归位？			

一、三相异步电动机正反转控制电路板的制作项目分析

三相异步电动机正反转的控制被广泛用于拖动各种机床工作台往复运动、工厂大门的开和关、电梯的上升和下降、搅拌机、起重机械等控制。通过对三相异步电动机正反转控制电路板的制作，让学生熟悉三相异步电动机正反转控制电路工作原理，掌握电气互锁和机械互锁的概念，从而更好地理解双重互锁的知识点。能根据原理图正确画出电器元件布置图和安装接线图，并能按图进行电器元件的安装和接线，并学会三相异步电动机正反转控制电路常见故障的检修方法，以及检修时的注意事项，最后完成电路板的调试。

通过该项目的训练，学习电动机正反转的相关知识，能够制定、实施项目工作计划；具有信息获取、资料收集整理的能力。

让我们首先了解三相异步电动机正反转控制元件及电路吧！

二、三相异步电动机正反转控制电路板的制作相关知识

三相异步电动机双重互锁正反转运行控制电路配电盘如图 2-1 所示。

三相异步电动机正反转控制电路由哪些电器元件组成呢？

（一）初步认识行程开关

1. 行程开关的结构组成及工作原理

图 2-2 为常见行程开关外形。

图 2-1　三相异步电动机双重互锁正反转运行控制电路配电盘

a) LX19系列　b) LX5系列　c) LXW8系列微动开关

图 2-2　常见行程开关外形

依据生产机械的行程发出命令，以控制其运动方向和行程长短的主令电器称为行程开关。若将行程开关安装于生产机械行程的终点处，用以限制其行程，则称为限位开关或终端开关。

行程开关按动作原理分为机械结构的接触式有触点行程开关和电气结构的非接触式接近开关。机械结构的接触式行程开关是依靠移动机械上的撞块碰撞其可动部件使常开触点闭合，常闭触点断开来实现对电路控制的。当工作机械上的撞块离开可动部件时，行程开关复位，触点恢复其原来状态。

行程开关按其开关动作机构可分为直动式、滚动式和微动式三种。

直动式行程开关如图 2-3 所示，它的动作原理与控制按钮相同，但其缺点是触点分合速度取决于生产机械的移动速度，当移动速度低于 0.4m/min 时，触点分断太慢，易受电弧烧蚀。

为此，应采用盘形弹簧瞬时动作的滚动式行程开关，如图 2-4 所示。

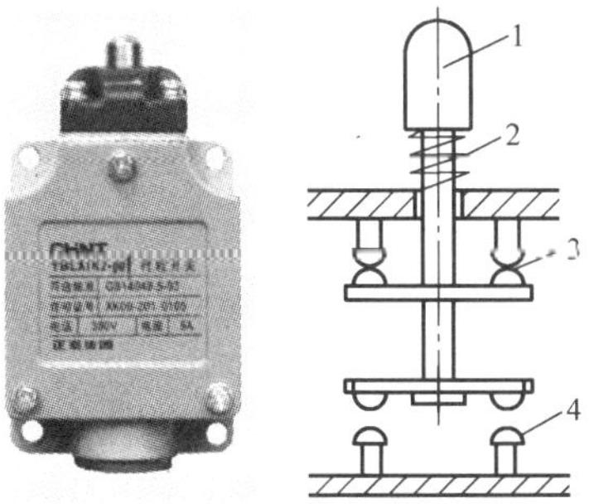

图 2-3　直动式行程开关

1—顶杆　2—复位弹簧　3—动触点　4—静触点

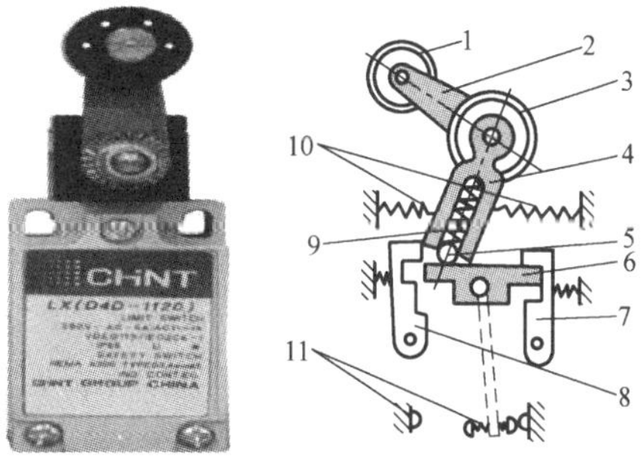

图 2-4　滚动式行程开关

1—滚轮　2—上转臂　3—盘形弹簧　4—推杆　5—小滚轮　6—擒纵件　7、8—压板　9、10—弹簧　11—触点

当滚轮 1 受到向左的外力作用时，上转臂 2 向左下方转动，推杆 4 向右转动，并压缩右边弹簧 10，同时下面的小滚轮 5 也很快沿着擒纵件 6 向右滚动，小滚轮滚动又压缩弹簧 9，当小滚轮 5 滚过擒纵件 6 的中点时，盘形弹簧 3 和弹簧 9 都使擒纵件迅速转动，从而使动触点迅速地与右边静触点分开，并与左边静触点闭合，减少了电弧对触点的烧蚀，适用于低速运动的机械。

微动式行程开关是具有瞬时动作和微小行程的灵敏开关。图 2-5 为 LX31 型微动式行程开关，当开关推杆 6 在机械作用压下时，弓簧片 2 产生变形，储存能量并产生位移，当外力失去后，推杆在弓簧片作用下迅速复位，触点恢复原来状态。由于采用瞬动结构，触点换接速度不受推杆压下速度影响。

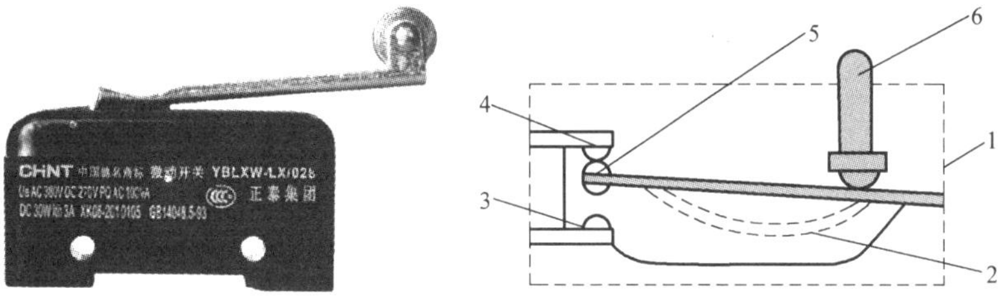

图 2-5　微动式行程开关

1—壳体　2—弓簧片　3—常开触点　4—常闭触点　5—动触点　6—推杆

常用的行程开关有 JLXK1、LX2、LX3、LX5、LX12、LX19A、LXW18、LX22、LX29、LX32 系列，微动式行程开关有 LX31 系列和 JW 型。

2. 行程开关的结构和电气符号

图 2-6 为行程开关的结构和电气符号。

3. 行程开关的选用原则

1）根据应用场合及控制对象选择。

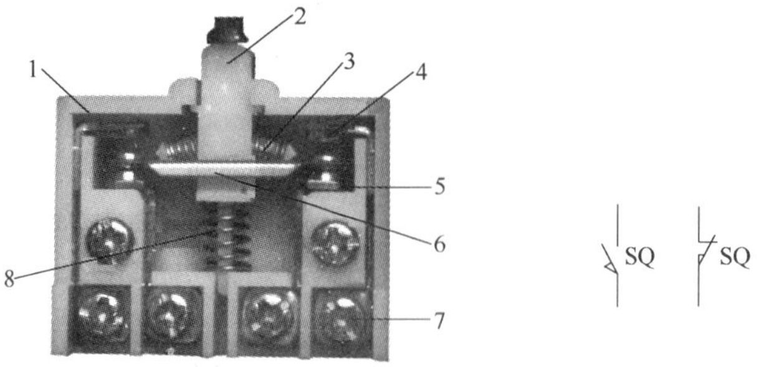

a) 行程开关结构　　b) 行程开关电气符号

图 2-6　行程开关的结构和电气符号

1—外壳　2—推杆　3—弹簧　4—常开触点　5—常闭触点
6—桥式动触点　7—接线桩　8—反力弹簧

2）根据安装使用环境选择防护形式。

3）根据控制电路的电压和电流选择行程开关系列。

4）根据运动机械与行程开关的传力和位移关系选择行程开关的头部形式。

想一想：三相异步电动机是如何实现正反两个方向控制的呢？

（二）三相异步电动机正反转控制电路工作原理分析

从电动机原理得知，改变电动机绕组的电源相序，就可以实现电动机方向的改变。在实际应用中，经常通过两个接触器改变电源相序来实现电动机正反转控制。

实际上，可逆运行控制电路实质上是两个方向相反的单向运行控制电路的组合。但为了避免误操作引起电源相间短路，必须在这两个方向相反的单向运行控制电路中加装联锁机构。

下面介绍用两个接触器改变电源相序来实现电动机正反转控制的电路。

1. 两个接触器自锁正反转控制电路的组成及工作原理

1）电路组成。图 2-7 所示为三相异步电动机两个接触器自锁正反转控制电路。图中，KM1 和 KM2 分别为正、反转接触器，它们的主触点接线的相序不同，KM1 按 U-V-W 相序接线，KM2 按 V-U-W 相序接线，即将 U、V 两相对调，所以两个接触器分别工作时电动机的旋转方向不一样，可实现电动机的可逆运转。

2）工作原理分析。图 2-7 所示控制电路虽然可以完成正、反转的控制任务，但这个电路是有缺点的，合上电源开关 QS，在按下正转按钮 SB2 时，KM1 线圈通电并且自锁，接通正序电源，电动机正转。在按下反转按钮 SB3 时，KM2 线圈通电并且自锁，接通逆序电源，电动机反转。若发生误操作，在按下正转按钮 SB2 后又按下反转按钮 SB3，KM2 线圈通

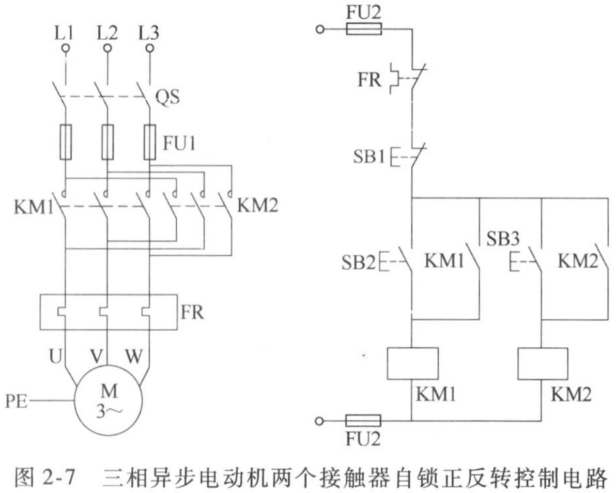

图 2-7　三相异步电动机两个接触器自锁正反转控制电路

电并自锁，此时主电路中将发生 U、V 两相电源短路事故。

2. 接触器互锁正反转控制电路的组成及工作原理

1）电路组成。为了避免误操作引起电源短路事故，要求保证图 2-7 中的两个接触器不能同时工作。因此正反向工作间需要有一种联锁关系。通常采用图 2-8 所示的电路，将其中一个接触器的常闭触点串入另一个接触器线圈电路中，则任一接触器线圈先带电后，即使按下相反方向按钮，另一接触器线圈也无法得电，这种联锁通常称为“互锁”，即二者存在相互制约的关系。

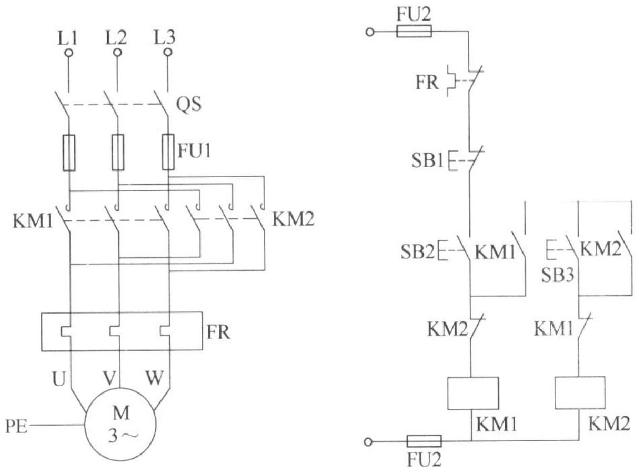

图 2-8　三相异步电动机接触器互锁正反转控制电路

2）工作原理的分析。

合上电源开关 QS。按下正转起动按钮 SB2 时，正转接触器 KM1 线圈通电，主触点闭合，电动机正转，与此同时，由于 KM1 的常闭辅助触点断开而切断了反转接触器 KM2 的线圈电路。因此，即使按反转起动按钮 SB3，也不会使反转接触器的线圈通电工作。同理，在反转接触器 KM2 动作后，也保证了正转接触器 KM1 的线圈电路不能再工作。在正、反两个接触器中互串入一个对方的常闭触点，这对常闭触点称为互锁触点或联锁触点。由于这种联锁是依靠电器元件来实现的，因此由这种两个接触器在同一时间内只允许一个工作的作用叫电气联锁或互锁。

联锁控制的规律

规律一：当要求甲接触器工作时，乙接触器就不能工作，此时应在乙接触器的线圈电路中串入甲接触器的常闭触点。

规律二：当要求甲接触器工作时，乙接触器就不能工作，而乙接触器工作时甲接触器也不能工作，此时要在两个接触器线圈电路中互串入对方的常闭触点。

图 2-8 所示的接触器联锁正反转控制电路也有个缺点，在正转过程中要求反转时必须先按下停止按钮 SB1，让 KM1 线圈断电，互锁触点 KM1 闭合，这样才能按反转按钮使电动机反转，即只能实现电动机的“正—停—反”控制，这给操作带来了不便。

3. 双重联锁正反转控制电路的组成及工作原理

1）电路组成。为了解决图 2-8 中电动机从一个转向不能直接过渡到另一个转向的问题，在生产上常采用复式按钮和触点联锁的双重控制电路，如图 2-9 所示为三相异步电动机双重互锁正反转控制电路。

2）工作原理的分析。在图 2-9 中，不仅由接触器的常闭触点组成电气联锁，还添加了由复式按钮 SB2 和 SB3 的常闭触点组成的机械联锁。这样，当电动机由正转变为反转时，只需按下反转按钮 SB3，便会通过 SB3 的常闭触点断开 KM1 线圈电路，KM1 起联锁作用的触点闭合，接通 KM2 线圈控制电路，实现电动机反转，即可以实现电动机的“正—反—停”控制。

需要强调的是，复式按钮不能替代联锁触点的作用。例如，当主电路中正转接触器 KM1 的触点发生熔焊（即静触点和动触点烧蚀在一起）现象时，由于相同的机械连接，KM1 的触点在线圈断电时不复位，KM1 的常闭触点处于断开状态，可防止反转接触器 KM2 通电使主触点闭合而造成电源短路故障，这种保护作用仅采用复式按钮是做不到的。

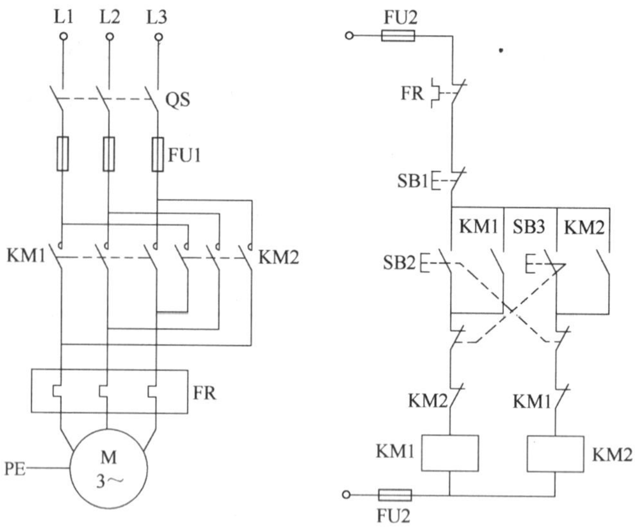

图 2-9　三相异步电动机双重互锁正反转控制电路

这种电路既有“电气联锁”，又有“机械联锁”，故称为“双重联锁”。此种电路既能实现电动机直接正反转的功能，又保证了电路可靠的工作，同时还提高了工作效率，在电力拖动控制系统中得到了广泛应用。

想一想

学生通过搜集三相异步电动机正反转控制电路原理及电路板制作工艺等资料、小组讨论，制定完成三相异步电动机正反转控制电路板的制作项目的工作计划，填写在表 2-2 中。

表 2-2　三相异步电动机正反转控制电路板的制作项目构思工作计划单

<table>
<tr><td colspan="10">项目构思工作计划单</td></tr>
<tr><td colspan="3">项目</td><td colspan="5"></td><td colspan="2">学时：</td></tr>
<tr><td colspan="3">班级</td><td colspan="7"></td></tr>
<tr><td colspan="2">组长</td><td></td><td colspan="3">组员</td><td colspan="4"></td></tr>
<tr><td>序号</td><td colspan="4">内容</td><td colspan="2">人员分工</td><td colspan="3">备注</td></tr>
<tr><td></td><td colspan="4"></td><td colspan="2"></td><td colspan="3"></td></tr>
<tr><td></td><td colspan="4"></td><td colspan="2"></td><td colspan="3"></td></tr>
<tr><td></td><td colspan="4"></td><td colspan="2"></td><td colspan="3"></td></tr>
<tr><td colspan="4">学生确认</td><td colspan="3"></td><td colspan="2">日期</td><td></td></tr>
</table>

【项目设计】

一、三相异步电动机正反转控制电路板的制作项目方案的设计

教师指导学生进行项目设计，分析、答疑；指导学生从经济性、合理性和适用性进行项目方案的设计，要考虑项目的成本，反复修改方案，点评修订并确定最终设计方案。

学生分组讨论设计三相异步电动机正反转控制电路板的制作项目方案，在教师的指导与

参与下，学生从多个角度根据工作特点和工作要求所制定的方案计划中，讨论各方案的合理性、可行性与经济性，判断各个方案的综合优劣，进行方案决策，并最终确定实施计划，分配好每个人的工作任务，择优选取出合理的设计方案，完成项目设计方案。经过分组讨论设计，项目的最优设计方案及工艺流程如图 2-10 所示。

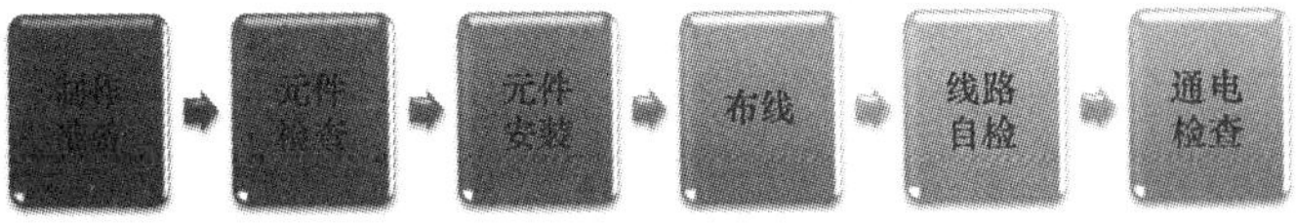

图 2-10　项目的最优设计方案及工艺流程

为了保证控制板安装得正确合理，在制作之前必须制定工作计划。先根据控制要求画出原理图、电器元件布置图和安装接线图，再进行电器元件选择，然后进行电器元件检查，电器元件安装、布线，最后空载调试和带负载调试。

做一做

二、电气控制电路图的绘制

（一）电气原理图的绘制

按照电气原理图的绘制原则绘制出三相异步电动机电气互锁正反转控制电气原理图。

绘制三相异步电动机电气互锁正反转控制电气原理图(可参照图 2-8 绘制)：

（二）电器元件布置图和安装接线图的绘制

根据原理图绘制电器元件布置图和电气安装接线图。

绘制三相异步电动机电气互锁正反转控制电路电器元件布置图和电气安装接线图：

做一做

填写项目设计记录单，见表 2-3。

表 2-3　三相异步电动机正反转控制电路板的制作项目设计记录单

课程名称	机床电气设备及升级改造				总学时：
项目名称	三相异步电动机正反转控制电路板的制作				项目学时：
班级		团队负责人		团队成员	
项目设计方案一					
项目设计方案二					
项目设计方案三					
最优方案					
电气图					
设计方法					
相关资料及资源	校本教材、实训指导书、视频录像、PPT 课件、电气安装工艺及标准等				

【项目实现】

教师：指导学生进行项目实现；讲解项目实施的工艺规程和安全注意事项，低压电器选择的依据；引导学生按照设计方案，合理选择电器元件；指导学生进行三相异步电动机正反转电路控制板制作。

学生：分组进入实训区，熟悉岗位工作职责及生产环境相关管理规定，在教师指导下按照三相笼型异步电动机正反转控制电路原理图、安装接线图及电路板制作的工艺流程、接线原则及接线操作规程等进行电路板的安装、接线，完成控制板的制作。

一、三相异步电动机正反转控制电路电器元件安装

想一想，三相异步电动机正反转控制电路板安装所需的材料准备齐了吗？

1）按要求准备好训练工具、仪表及器材。

你知道正反转控制电路中所需的低压电器控制元件有哪些吗？各种电器控制元件的型号、技术参数如何，下面我们就来学习一下。

做一做，记下各电器元件及线材的参数

2）电器元件的选择。

按照电器元件的选用原则配齐三相异步电动机正反转控制电路所有电器元件。所需电器元件明细见表2-4。

表2-4　电器元件明细表

代号	名称	型号	规　　格	单位	数量	用途	备注
M	三相异步电动机	Y132S-4	5.5kW、380V、11.6A、△联结、1440r/min	台	1		
QS	刀开关						
FU1	熔断器						
KM1、KM2	接触器						
FR	热继电器						
SB1～SB3	按钮						
XT	接线端子板						
BV	主电路导线						
BV	控制电路导线						
BV	按钮线						
BVR	接地线						
	配线板						

3）检查电器元件的质量是否符合要求。

4）安装电器元件。

注意与电器元件布置图一致，低压断路器、熔断器进线端朝向配电板外侧，热继电器靠下侧。

做一做

二、三相异步电动机正反转控制电路板的布线

三相异步电动机正反转控制电路安装步骤图2-11所示。

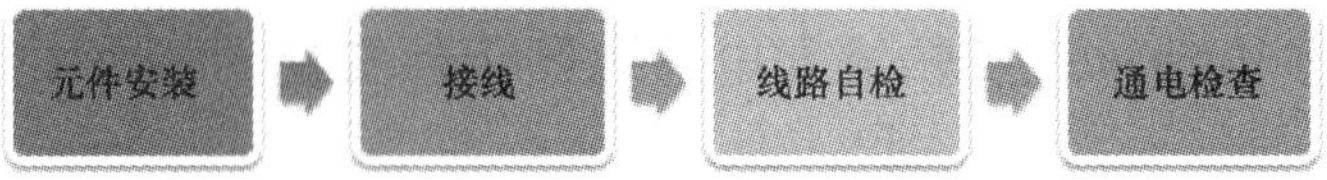

图 2-11　三相异步电动机正反转控制电路安装步骤

按电气安装接线图进行板前明线布线和套编码套管，其工艺要求与项目一相同。

填写出本项目实现工作记录单，见表 2-5。

表 2-5　项目实现工作记录单

课程名称	机床电气设备及升级改造				总学时：108
项目名称	三相异步电动机正反转控制电路板的制作				学时：
班级		团队负责人		团队成员	
项目实施所遇到的问题					
项目执行情况					
相关工具及资源					
工作成果					
注意事项					
备注					

【项目运行】

教师：指导学生进行电路板的调试、运行，讲解调试运行的注意事项及安全操作规程，并对学生的成果进行评价。

学生：检查三相异步电动机正反转控制电路接线任务的完成情况，在教师指导下进行调试与运行，发现问题及时解决，直到调试成功为止；分析不足；汇报学习、工作心得，展示工作成果；对项目完成情况进行总结，完成项目报告。

想一想，电路板安装完成了，可以通电了吧？

一、三相异步电动机正反转控制电路板线路检查

1. 自检

其检查步骤同项目一。首先按电路原理图或电气安装接线图从电源端开始，逐段核对接

线及接线端子处是否正确，有无漏接、错接之处。检查导线接点是否符合要求，压接是否牢固。接触应良好，以免带负载运行时产生闪弧现象。其次用万用表检查线路的通断情况，然后用绝缘电阻表检查线路的绝缘电阻应不小于 0.5MΩ。最后再看熔断器的熔体选择是否合理，热继电器的整定值应调整合适。

2. 指导教师检查

在自检无误后，一定要经过指导教师检查，确保无误后才允许通电试车。

二、三相异步电动机正反转控制电路维护维修

1. 维修方法

可按项目一的步骤进行维修，可用电阻法和电压法检查故障。注意在利用万用表电阻档和蜂鸣器检测电器元件及线路是否断路或短路时必须切断电源。同时，在测量时要特别注意是否有并联支路或其他电路对被测线路产生影响，以防误判。

2. 维修训练

1）设置故障。在主电路设置电气故障 1 处，在控制电路中人为设置电气故障 2 处。

2）学生检修。学生在检修的过程中，可以互设故障，教师可进行启发性的示范指导。

3）清理现场。清理现场，做好维修记录，填写在表 2-6 中。

表 2-6　故障检查维修记录单

项目名称		检修组别	
检修人员		检修日期	
故障现象			
发现的问题分析			
故障原因			
排除故障的方法			
所需工具和设备			
工作负责人签字			

做一做

三、三相异步电动机正反转控制电路板的调试

1. 空载调试

在不接负载的情况下通电调试。先合上电源开关，按下正转起动按钮观察正转接触器的吸合情况。然后再按反转起动按钮，观察反转接触器的吸合情况。再同时按下正反两个方向

按钮，两个接触器都不吸合。

2. 带负载调试

接上电动机，合上电源开关，按下正转起动按钮观察接触器的吸合情况及电动机的运行情况，松开按钮电动机连续运行。按下反转起动按钮观察接触器的吸合情况及电动机的运行情况，松开按钮电动机连续运行。按下停止按钮，电动机停止转动。

试车完毕先拆除电源线后拆除负载线，清理工作台填写好使用记录。

调试成功后，先拆掉负载，再拆掉电源。清理工作台和工具，填写表 2-7。

表 2-7 项目运行记录单

课程名称	机床电气设备及升级改造				总学时：108
项目名称	三相异步电动机正反转控制电路板的制作				参考学时：
班级		团队负责人		团队成员	
项目构思是否合理					
项目设计是否合理					
项目实现中遇到了哪些问题					
项目运行时故障点有哪些					
调试过程中运行是否正常					
相关资料及资源	校本教材、实训指导书、视频录像、PPT 课件、电气安装工艺及标准等				
备注					

四、三相异步电动机正反转控制电路板制作项目验收

项目完成后，应对各组完成情况进行验收和评定，具体验收项目包括：

1）方案设计。

2）绘制电器元件布置图。

3）安装电器元件。

4）布线。

5）通电试车。

6）安全文明生产。

三相异步电动机正反转控制电路板制作考核要求及评分标准见表 2-8。

表 2-8　三相异步电动机正反转电气控制电路板制作考核要求及评分标准

<table>
<tr><th>测评内容</th><th>配分</th><th>评分标准</th><th>操作时间</th><th>扣分</th><th>得分</th></tr>
<tr><td>绘制电器元件布置图</td><td>10</td><td>绘制不正确,每处扣 2 分</td><td>20min</td><td></td><td></td></tr>
<tr><td>安装电器元件</td><td>20</td><td>1. 不按图安装,扣 5 分
2. 电器元件安装不牢固,每处扣 2 分
3. 电器元件安装不整齐不合理,每处扣 2 分
4. 损坏电器元件,扣 10 分</td><td>20min</td><td></td><td></td></tr>
<tr><td>布线</td><td>50</td><td>1. 导线截面选择不正确,扣 5 分
2. 不按图接线,扣 10 分
3. 布线不合要求,每处扣 2 分
4. 接点松动,露铜过长,螺钉压绝缘层等,每处扣 1 分
5. 损坏导线绝缘或线芯,每处扣 2 分
6. 漏接接地线,扣 5 分</td><td>60min</td><td></td><td></td></tr>
<tr><td>通电试车</td><td>20</td><td>1. 第一次试车不成功,扣 5 分
2. 第二次试车不成功,扣 5 分
3. 第三次试车不成功,扣 5 分</td><td>20min</td><td></td><td></td></tr>
<tr><td colspan="2">安全文明操作</td><td colspan="2">违反安全生产规程,扣 5 ~ 20 分</td><td></td><td></td></tr>
<tr><td rowspan="2">定额时间
(3h)</td><td>开始时间
(　　)</td><td colspan="2" rowspan="2">每超时 2min,扣 5 分</td><td rowspan="2"></td><td rowspan="2"></td></tr>
<tr><td>结束时间
(　　)</td></tr>
<tr><td colspan="2">合计总分</td><td colspan="4"></td></tr>
</table>

电气控制电路故障检修评分标准见表 2-9。

表 2-9　评分标准

<table>
<tr><th>项目内容</th><th>配分</th><th colspan="4">评分标准</th><th>扣分</th></tr>
<tr><td rowspan="2">故障分析</td><td rowspan="2">40</td><td colspan="4">1. 不能根据试车的状况说出故障现象,扣 5 ~ 10 分</td><td rowspan="2"></td></tr>
<tr><td colspan="4">2. 不能标出最小故障范围,每个故障扣 10 分</td></tr>
<tr><td rowspan="7">故障排除</td><td rowspan="7">60</td><td colspan="4">停电未验电,扣 5 分</td><td rowspan="7"></td></tr>
<tr><td colspan="4">测量仪表、工具使用不正确,每次扣 5 分</td></tr>
<tr><td colspan="4">检测故障方法、步骤不正确,扣 10 分</td></tr>
<tr><td colspan="4">不能查出故障,每个故障扣 20 分</td></tr>
<tr><td colspan="4">查出故障但不能排除,每个故障扣 15 分</td></tr>
<tr><td colspan="4">损坏电器元件,扣 40 分</td></tr>
<tr><td colspan="4">扩大故障范围或产生新的故障,每个故障扣 40 分</td></tr>
<tr><td>安全文明生产</td><td>倒扣</td><td colspan="4">违反安全文明生产规程,未清理场地,扣 10 ~ 60 分</td><td></td></tr>
<tr><td>定额时间</td><td>30min</td><td>开始时间</td><td></td><td>结束时间</td><td></td><td>实际时间</td></tr>
<tr><td colspan="2">备注</td><td colspan="3">1. 不允许超时检修故障,但在修复故障时每超时 1min 扣 2 分
2. 除定额工时外,各项内容的最高扣分不得超过配分数</td><td>成绩</td><td></td></tr>
</table>

【知识拓展】

自动往复循环正反转控制电路的工作原理

前面分析的双重联锁正反转控制电路虽然线路安全可靠，但电动机正反转控制时从正转到反转或从反转到正转都是通过手动操作完成的。

在生产中，某些机床的工作台需要自动往复运行，而自动往复运行通常利用行程开关来控制。

图 2-12 为机床工作台自动往复运行示意图。

在床身两端固定有行程开关 SQ1、SQ2，用来表明加工的起点与终点。在工作台上安有撞块 A 和 B，其随运动部件工作台一起移动，分别压下 SQ2、SQ1，来改变控制电路状态，实现电动机的正反向运转，实现工作台的自动往复运行。

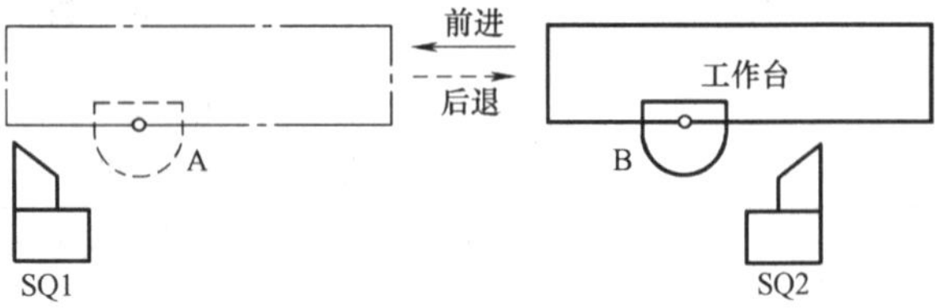

图 2-12　机床工作台自动往复运行示意图

图 2-13 为机床工作台自动往复循环控制电路。

图中 SQ1 为反向转正向行程开关，SQ2 为正向转反向行程开关，电路工作原理：合上主电路与控制电路电源开关，按下正转起动按钮 SB2，KM1 线圈通电并自锁，电动机正转起动旋转，拖动工作台前进向右移动，当移动到位时，撞块 B 压下 SQ2，其常闭触点断开，常开触点闭合，前者使 KM1 线圈断电，后者使 KM2 线圈通电并自锁，电动机由正转变为反转，拖动工作台由前进变为后退，工作台向左移动。后退到位时，撞块 A 压下 SQ1，使 KM2 断电，KM1 通电，电动机由反转变为正转，拖动工作台变后退为前进，如此周而复始实现自动往返工作。当按下停止按钮 SB1 时，电动机停止，工作台停下。

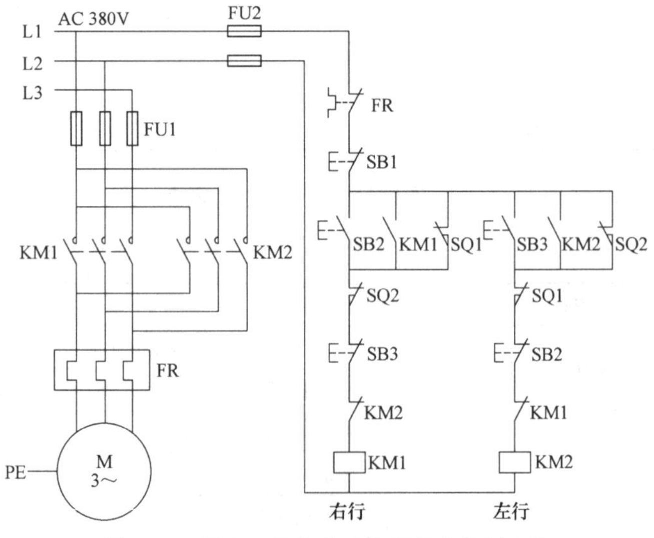

图 2-13　机床工作台自动往复循环控制电路

【工程训练】

设计一个工厂加热炉大门自动开关的控制电路，控制要求为：上料时门自动打开，上完料后门自动关闭，要求设计出硬件电路，并进行控制板的安装与调试。

项目三

三相异步电动机减压起动控制电路板的制作

项目名称	三相异步电动机减压起动控制电路板的制作	参考学时	8 学时
项目引入	项目来源于某大型机械加工企业大型设备起动的控制，合理地选择起动装置将给企业带来很大的经济效益。减压起动可以减小对电网电压的波动，减小对电动机的冲击以及对同一个电网其他设备运行的影响，因此得到了广泛应用。大中型笼型异步电动机的轻载或空载起动均采用减压起动。下面是减压起动在龙门刨床和卧式镗床的应用。  		
项目目标	通过三相异步电动机减压起动控制电路板的制作和调试，能够正确绘制三相异步电动机减压起动控制电路电气原理图、电器元件布置图和安装接线图，正确选择电器元件，熟悉电动机减压起动的类型及优缺点，掌握Y-△减压起动的概念及接线、安装调试的要领和注意事项，掌握板前明线布线的工艺要求和相应的国家标准，明确电工安全操作注意事项。通过该项目的训练，培养学生信息获取、资料收集整理能力；会使用万用表、绝缘电阻表等测量工具和常用的安装、调试工具仪器；提高解决问题、分析问题能力，知识的综合运用能力。具有良好的工艺意识、标准意识、质量意识、成本意识，达到初步的 CDIO 工程项目的实践能力。		
项目要求	完成三相异步电动机减压起动控制电路板的制作，包括： 1. 根据需求画出三相异步电动机减压起动控制电路原理图、电器元件布置图和安装接线图，并分析三相异步电动机减压起动控制电路原理； 2. 选择合适型号的电器元件及导线； 3. 采用板前明线布线的方法进行电路板的制作，严格按工艺要求完成安装接线和调试运行。		
(CDIO) 项目实施	构思（C）：项目构思与任务分解，学习相关知识，建议参考学时为 1 学时 设计（D）：学生分组设计项目方案，建议参考学时为 2 学时 实现（I）：绘图、电器元件安装与布线，建议参考学时为 4 学时 运行（O）：调试运行与项目评价，建议参考学时为 1 学时		

【项目构思】

三相异步电动机减压起动被广泛应用于各种金属切削机床、起重机、锻压机、传送带、铸造机械、功率不大的通风机及水泵等的控制，故该项目目前主要应用于电机厂、电缆厂、矿井、纺织、建筑等大多行业企业机床、起重机、通风机或水泵等的控制。

在本学习项目中，教师首先下发项目工单，介绍本项目的应用情况。学生明确三相异步电动机减压起动控制电路板制作的工作任务及控制要求，进行项目分析，学生进行小组分工，团队成员讨论项目如何实施，进行任务分解，制定项目实施工作计划以及工艺流程；接着学习三相异步电动机减压起动控制电路组成的各种低压电器以及工作原理，然后进行电气系统图的绘制、电器元件选择、安装及布线，最后进行电气控制板的检查与调试。

项目实施建议教学方法为项目引导法、小组教学法、案例教学法、启发式教学法、实物教学法。表 3-1 为本项目工单。

表 3-1　项目三项目工单

<table>
<tr><td>课程名称</td><td colspan="4">机床电气设备及升级改造</td><td>总学时：108</td></tr>
<tr><td>项目名称</td><td colspan="4">三相异步电动机减压起动控制电路板的制作</td><td>参考学时：8</td></tr>
<tr><td>班级</td><td></td><td>团队负责人</td><td></td><td>团队成员</td><td></td></tr>
<tr><td>项目描述</td><td colspan="5">根据三相异步电动机减压起动控制电路原理及制作要求，学习相关的知识，常见低压电器和电动机Y-△减压起动的原理，安装接线图的绘制。制定安装调试计划并进行决策，制定出合理的计划方案，然后选择合适的电器元件和线材，准备好工具和耗材，与他人合作进行电动机减压起动控制电路的安装制作并进行调试，调试成功后再进行综合评价。具体任务如下：
1. 电器元件布置图和安装接线图的绘制；
2. 选择电器元件、导线及耗材；
3. 电器元件的检测及安装；
4. 布线；
5. 调试并排除故障；
6. 带负载调试。</td></tr>
<tr><td>相关资料及资源</td><td colspan="5">教材、实训指导书、视频录像、PPT 课件、电气安装工艺及标准等。</td></tr>
<tr><td>项目成果</td><td colspan="5">1. 电动机Y-△减压起动控制电路板；
2. CDIO 项目报告；
3. 评价表。</td></tr>
<tr><td>注意事项</td><td colspan="5">1. 采用板前明线布线一定满足工艺要求；
2. 每组在通电试车前一定要经过指导教师的允许才能通电；
3. 安装调试完毕后先断电源后断负载；
4. 严禁带电操作；
5. 安装完毕及时清理工作台，工具归位。</td></tr>
<tr><td>引导性问题</td><td colspan="5">1. 你已经具备完成三相异步电动机Y-△减压起动控制电路板制作的所有资料了吗？如果没有，还缺少哪些？应通过哪些渠道获得？
2. 在完成本次任务前，你还缺少哪些必要的知识？如何解决？
3. 你选择哪种制作方法进行布线？
4. 在进行安装前，你准备好器材了吗？
5. 在安装接线时，你选择导线的规格多大？根据什么进行选择？
6. 你采取什么措施来保证制作质量，符合制作要求吗？
7. 你在安装和调试过程中，你会使用哪些工具？
8. 在安装完毕后，你所用到的工具和仪器是否已经归位？</td></tr>
</table>

一、三相异步电动机减压起动控制电路板的制作项目分析

三相异步电动机在起动过程中起动电流较大，所以容量大的电动机必须采取一定的方式起动以降低起动电流，星形-三角形换接起动就是一种简单方便的减压起动方式。星形-三角形起动可通过手动和自动操作控制方式实现。

对于正常运行的定子绕组为三角形联结的笼型异步电动机来说，如果在起动时将定子绕组接成星形，待起动完毕后再接成三角形，就可以降低起动电流，减轻它对电网的冲击。这样的起动方式称为星形-三角形减压起动，或简称为星-三角（Y-△）起动。

采用星-三角起动时，起动电流只是原来按三角形联结直接起动时的 1/3。如果直接起动时的起动电流以 6 ~ $7I_e$ 计，则在星-三角起动时，起动电流才 2 ~ 2.3 倍。起动电流降低了，起动转矩也降为原来按三角形联结直接起动时的 1/3。

由此可见，采用星-三角起动方式时，电流特性很好，而转矩特性较差，所以只适用于无载或者轻载起动的场合。换句话说，由于起动转矩小，星-三角起动的优点还是很显著的，因为基于这个起动原理的星-三角起动器，同任何别的减压起动器相比较，其结构最简单，价格也最便宜。除此之外，星-三角起动方式还有一个优点，即当负载较轻时，可以让电动机在星形联结下运行。此时，额定转矩与负载可以匹配，这样能使电动机的效率有所提高，并因此节约了电力消耗。

通过对三相异步电动机星形-三角形减压起动控制电路板的制作，让学生认识时间继电器，掌握三相异步电动机减压起动控制电路的工作原理，熟练绘制三相异步电动机星形-三角形减压起动控制电气系统图，熟练安装及布线，熟悉三相异步电动机星形-三角形减压起动控制电路板的调试，并学会三相异步电动机常见故障的检修方法，同时了解用 PLC 控制星形-三角形减压起动的工作过程，最后完成电路板的调试。

Y-△减压起动也称为星形-三角形减压起动，简称星-三角减压起动。这一线路的设计思想仍是按时间原则控制起动过程。所不同的是，在起动时将电动机定子绕组接成星形，每相绕组承受的电压为电源的相电压（220V），减小了起动电流对电网的影响。而在其起动后期则按预先整定的时间换接成三角形联结，每相绕组承受的电压为电源的线电压（380V），电动机进入正常运行。凡是正常运行时定子绕组接成三角形的笼型异步电动机，均可采用这种线路。图 3-1 是三相异步电动机减压起动的继电器-接触器控制电路图。

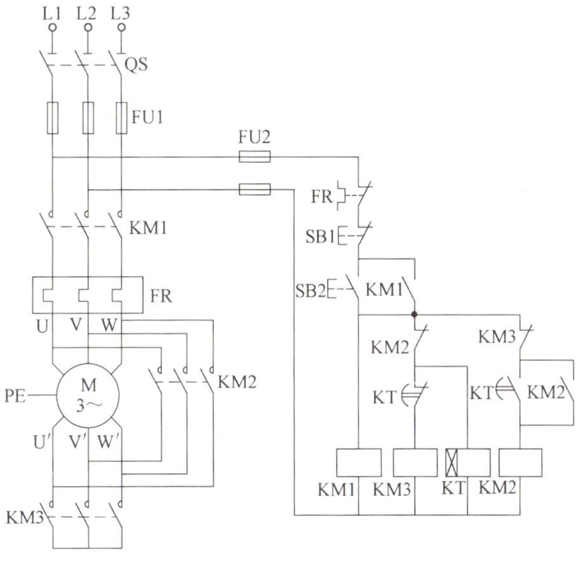

图 3-1　三接触器式星-三角减压起动的控制电路

通过本项目的训练，学习低压电器的相关知识，能够制定、实施项目工作计划；具有信息获取、资料收集整理能力。

让我们首先了解三相异步电动机减压起动控制元件及电路吧！

二、三相异步电动机减压起动控制电路板制作的相关知识

对于大型生产机械，当电动机容量较大，不允许采用全压直接起动时，应采用减压起

动。有时为了减小或限制起动时对机械设备的冲击，即使允许采用直接起动的电动机，也往往采用减压起动。当三相异步电动机容量较大（10kW）时，起动时会产生较大的起动电流，将引起电网电压的下降，因此必须采取减压起动的方法，限制起动电流。图 3-2 所示为三相笼型异步电动机减压起动控制电路配电盘。

三相异步电动机减压起动控制电路由哪些电器元件组成呢？

从图 3-2 所示的配电盘上，我们可以知道三相笼型异步电动机减压起动电路不仅由我们所熟悉的低压断路器、熔断器、交流接触器、热继电器、按钮、接线端子板等构成，还有我们不熟悉的电器元件——时间继电器。

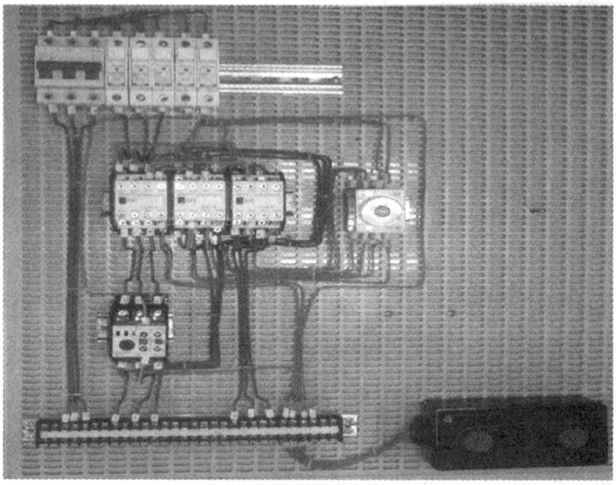

图 3-2　三相笼型异步电动机Y-△减压起动控制电路配电盘

（一）初步认识时间继电器

1. 时间继电器的结构组成及工作原理

在电力拖动控制系统中，不仅需要立即动作的继电器，也需要一定延时动作的继电器。要想实现减压起动控制，当按照时间原则进行控制时离不开时间继电器，下面我们来学习时间继电器。

继电器感测部分在感受外界信号后，经过一段时间才能使执行部分动作的继电器，叫作时间继电器。它是一种根据电磁原理和机械动作原理来实现触点系统延时接通或断开的自动切换电器。

时间继电器的种类很多，按照动作原理与结构分为电磁式、空气阻尼式、电动式和电子式等；按延时方式分为通电延时型和断电延时型。图 3-3 为时间继电器外形。

a) 直流电磁式　　b) 空气阻尼式　　c) 晶体管式　　d) 数显式

图 3-3　几种时间继电器外形

（1）直流电磁式时间继电器　直流电磁式时间继电器是利用电磁线圈断电后磁通延缓变化的原理而工作的。为达到延时目的，常在继电器电磁系统中增设阻尼圈来实现。在直流电磁式电压继电器的铁心上增加一个阻尼铜套，构成直流电磁式时间继电器。当线圈通电时，因磁路中的气隙大、磁阻大、磁通小，阻尼铜套的作用不明显，其固有动作时间约为0.2s，相当于瞬间动作。而当线圈断电时，磁通变化量大，阻尼铜套的作用显著，使衔铁延时释放，从而实现延时作用。这种时间继电器的延时时间长短是通过改变铁心与衔铁间非磁性垫片的厚度（粗调）或改变释放弹簧的松紧（细调）来调节的。垫片越厚延时越短，反之越长；而弹簧越紧则延时越短，反之越长。因非导磁性垫片的厚度一般为0.1mm、0.2mm、0.3mm，具有阶梯性，故用于粗调，由于弹簧松紧可连续调节，故用于细调。

延时的长短由磁通衰弱速度决定，它取决于阻尼圈的时间常数 L/R。因此为了获得较大的延时，总是设法使阻尼圈的电感尽可能大，电阻尽可能小。对要求延时达到3s的继电器，采用在铁心上套铝管的方法；对要求延时达到5s的继电器，则采用铜管。为了扩大延时范围，还可采用释放时将线圈短接的方法。此时，为防止电源短路，应在线圈回路中串一电阻 R，由于工作线圈也参与阻尼作用，故其延时可进一步加长。

改变安装在衔铁上的非磁性垫片的厚度及反力弹簧的松紧程度，也可调节延时的长短。

直流电磁式时间继电器具有结构简单、运行可靠、寿命长、允许通电次数多等优点，但也存在下列缺点：

① 仅适用于直流电路，若用于交流电路需加整流装置。

② 仅能在断电时获得延时，而继电器通电时，其固有动作时间约为0.2s，可以说是瞬动的，这就限制了它的应用。

③ 延时时间较短，延时精度不高，体积大。

常用的直流电磁式时间继电器有JT3和JT18系列。

（2）空气阻尼式时间继电器　空气阻尼式时间继电器也称气囊式时间继电器，是利用空气阻尼原理获得延时的。空气阻尼式时间继电器由电磁机构、延时机构、触点系统三部分组成。空气阻尼式时间继电器有通电延时型和断电延时型，其电磁机构可以是交流的，也可以是直流的。图3-4为JS7系列空气阻尼式时间继电器实物。

a) 通电延时型

b) 断电延时型

图3-4　JS7系列空气阻尼式时间继电器实物

图3-5为空气阻尼式时间继电器的结构示意图。图3-5a通电延时型时间继电器，当线圈1通电后，铁心2将衔铁3吸合，同时推板5使微动开关16立即动作。活塞杆6在塔形弹簧8的作用下，带动活塞12及橡胶膜10向上移动，由于橡胶膜下方气室的空气稀薄，形成负压，因此活塞杆6不能迅猛上移。当空气由14进入时，活塞杆6才逐渐上移，当移到最上端时，杠杆7才使微动开关15动作。延时时间为自电磁铁吸合线圈1通电时刻起到微动开关15动作为止的这段时间。通过调节螺杆13改变进气孔的大小，就可调节延时时间。

当线圈1断电时，衔铁3在复位弹簧4的作用下将活塞12推向最下端。因活塞被往下推时，橡胶膜下方气室内的空气，都通过橡胶膜 10、弱弹簧 9 和活塞 12 肩部形成的单向阀，经空气室缝隙顺利排掉，因此延时与不延时的微动开关 15 与 16 都能迅速复位。

将电磁机构翻转 180°安装后，可得到图 3-5b 所示的断电延时型时间继电器。它的工作原理与通电延时型相似，微动开关 15 是在吸合线圈 1 断电后延时动作的。

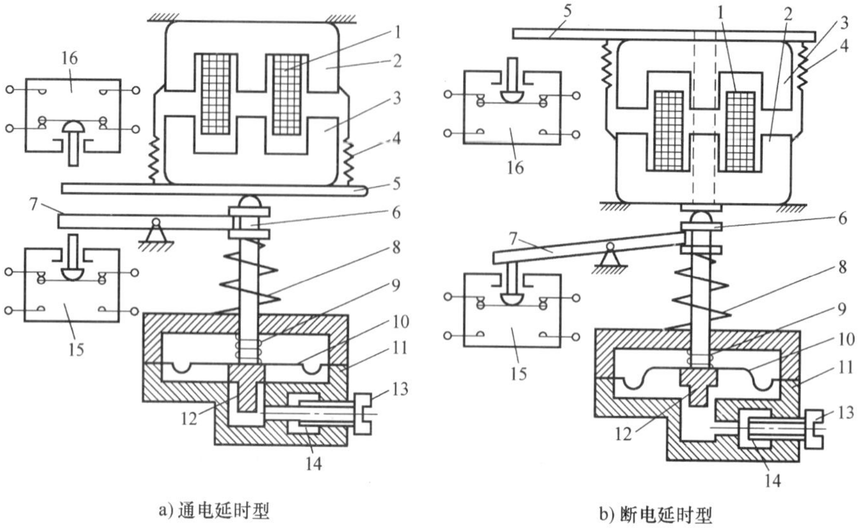

图 3-5　JS7-A 系列时间继电器的结构示意图

1—线圈　2—铁心　3—衔铁　4—复位弹簧　5—推板　6—活塞杆　7—杠杆　8—塔形弹簧　9—弱弹簧　10—橡胶膜　11—空气室壁　12—活塞　13—调节螺杆　14—进气孔　15、16—微动开关

空气阻尼式时间继电器结构简单、寿命长、价格低，还有不延时的触点，但准确度低。延时误差大，一般用于延时精度要求不高的场合。

（3）电动式时间继电器　电动式时间继电器是由微型同步电动机拖动减速机构，经机械机构获得触点延时动作的时间继电器，其常用的有 JS11 系列。

JS11 系列电动式时间继电器由微型同步电动机、离合电磁铁、减速齿轮组、差动轮系、复位游丝、触点系统、脱扣机构和延时整定装置等部分组成。它具有通电延时型与断电延时型两种，这里所指的通电与断电是在微型同步电动机接通电源之后，离合电磁铁线圈的通电与断电。图 3-6 为 JS11 系列通电延时型电动式时间继电器结构示意图。

当同步电动机 7 接通电源后，经减速齿轮 z2、z3 绕轴空转，但轴并不转动。若需延时，接通离合电磁铁线圈电路，使离合电磁铁 12 动作，将齿轮 z3 刹住。这样齿轮 z2 在继续转动的过程中，还同时沿着齿轮 z3 的伞形齿，以轴为圆心同轴一起做圆周运动，一旦固定在轴上的凸轮 8 随轴转动到适当位置，即预选延时的位置时，将推动脱扣机构 9，使延时触点 10 动作，并用一常闭触点来切断同步电动机 7 的电源。当需继电器复位时，可将离合电磁铁 12 的线圈电源切断，这时所有机构将在复位游丝 4 作用下返回动作前的状态，为下次延时做准备。

延时长短可通过改变整定装置中定位指针来调整，对于通电延时型时间继电器，应在离合电磁铁线圈断电情况下进行。

由于应用机械延时原理，所以电动式时间继电器延时范围宽，以 JS11 系列为例，其延

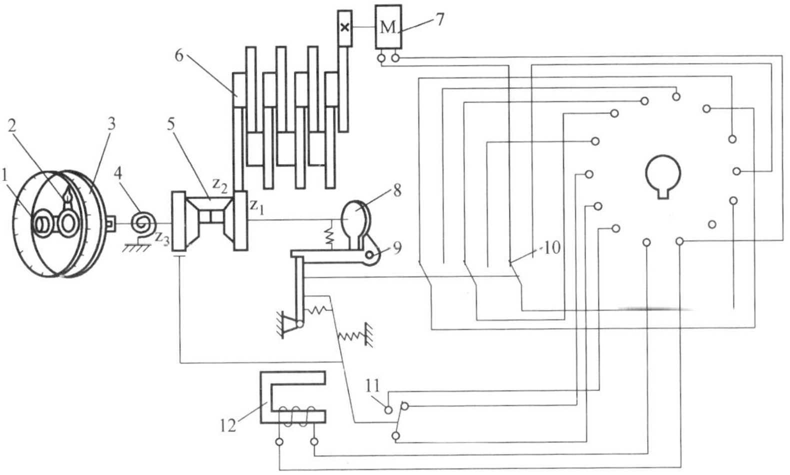

图 3-6 JS11 系列通电延时型电动式时间继电器结构示意图

1—延时调整处 2—指针 3—刻度盘 4—复位游丝 5—差动轮系 6—减速齿轮 7—同步电动机 8—凸轮 9—脱扣机构 10—延时触点 11—瞬动触点 12—离合电磁铁

时可在 0～72h 范围内调整，而且延时的整定偏差和重复偏差较小，一般在最大整定值的 ±1% 之内。

同其他类型的时间继电器相比，电动式时间继电器具有延时值不受电源电压波动及环境温度变化的影响，延时范围大，延时直观等优点；其主要缺点有机械结构复杂，成本高，不适宜频繁操作，延时误差受电源频率影响等。

（4）电子式时间继电器 电子式时间继电器外形如图 3-7 所示。

电子式时间继电器按延时原理分为晶体管式时间继电器和数字式时间继电器，多用于电力传动及各种顺序控制系统中。它具有延时范围宽、精度高、体积小、工作可靠等优点，并随电子技术的飞速发展，应用必将日益广泛。

图 3-7 电子式时间继电器外形

1）晶体管式时间继电器。晶体管式时间继电器是利用电容对电压的阻尼作用来实现延时的。其中 JS20 系列电子式时间继电器可分为单结晶体管电路及场效应晶体管电路两种。

JS20 系列电子式时间继电器产品齐全，延时时间长，线路较简单，延时调节方便，温度补偿性能好，电容利用率高，用 100μF 的电容可获得 1h 的延时，性能也较稳定，延时误差小，触点容量较大；但也存在延时易受温度与电源波动的影响，抗干扰性差，修理不便，价格较高等缺点。另外还有 JSS 系列数字式时间继电器以及引进的 ST3P 系列电子式时间继电器与 SCF 系列高精度电子式时间继电器等。

2）数字式时间继电器。它有通电延时、断电延时、定时吸合、循环延时等功能。数字式时间继电器较之晶体管式时间继电器来说，延时范围可成倍增加，调节精度可提高两个数量级以上，控制功率和体积更小，适用于各种需要精确延时的场合以及各种自动化控制电路中。这种时间继电器功能多，延时形式多和供用户选择范围广，这是晶体管式时间继电器不可比拟的。

2. 时间继电器的图形符号和文字符号

时间继电器的图形符号和文字符号如图 3-8 所示。

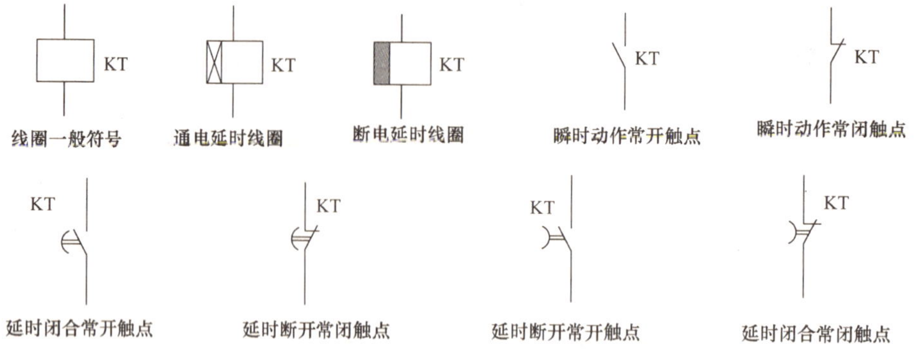

图 3-8　时间继电器的图形符号和文字符号

3. 时间继电器检测

安装前的检测包括不带电检测和带电检测两项。

1）用万用表不带电测试时间继电器的线圈电阻、常开触点、常闭触点。

2）线圈电阻正常时，根据时间继电器线圈的额定电压值，按图 3-9 连接好测试线路，带电测试延时时间，观察触点动作情况。注意按照时间继电器要求的线圈电压在 1 和 2 之间加上合适的电压。如本项目中所用的时间继电器是 AC 380V，所以端子 1 和 2 分别与 L1、L2 相连接。

3）安装接线端的识别。观察时间继电器接线示意图，如图 3-10 所示，②和⑦为电压输入端，①和④、⑤和⑧为常闭触点，①和③、⑧和⑥为常开触点。接线完毕，然后将时间继电器插入底座。

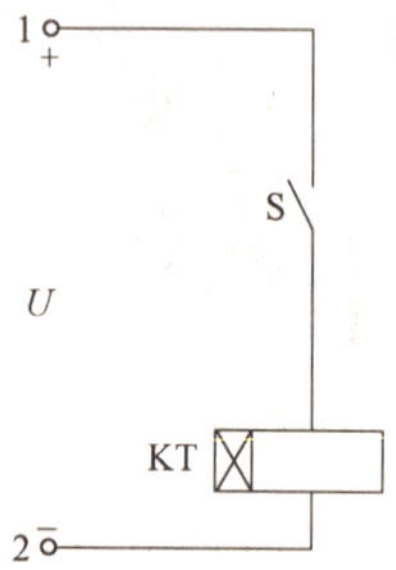

图 3-9　检测电路

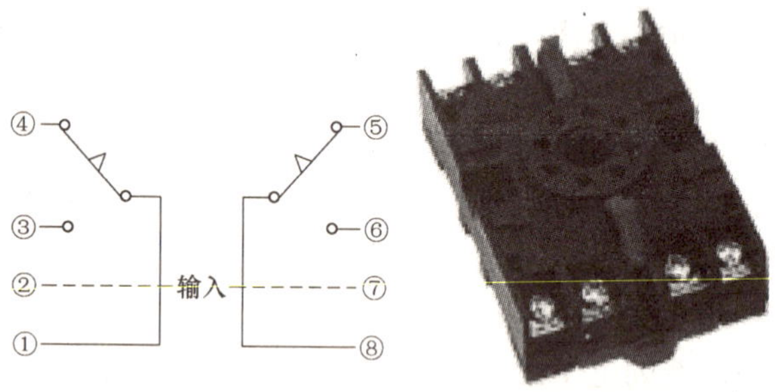

图 3-10　继电器接线示意图

4）时间整定（例如调整 15s）。

a. 拔出旋钮开关端盖。

b. 取下正反两面印有时间刻度的时间刻度片。

c. 按照图 3-11 对应时间范围调整两个白色拨码开关位置。

d. 将满量程 60s 的刻度片放在最上面，盖好旋钮开关的端盖。

e. 调整整定时间为 15s，旋转端盖使红色刻度线对应 15s。

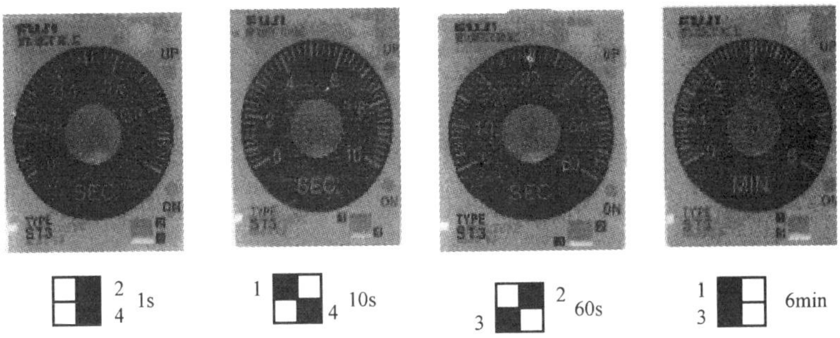

图 3-11　时间继电器的时间范围调整

4. 时间继电器的选择

1）时间继电器延时方式有通电延时型和断电延时型两种，因此选用时确定采用哪种延时方式更方便组成控制电路。

2）凡对延时精度要求不高的场合，一般采用价格较低的直流电磁式或空气阻尼式时间继电器；对延时精度要求很高的场合，则采用电动式或电子式时间继电器。

3）应注意电源参数变化的影响。如在电源波动较大的场合，采用空气阻尼式或直流电磁式时间继电器比采用电子式时间继电器好；而在电源波动不大的场合，则不宜采用电动式时间继电器。

4）应注意环境温度变化的影响。通常在环境温度变化较大处，不宜采用空气阻尼式和电子式时间继电器。

5）对操作频率也要加以注意。因为操作频率过高不仅会影响电气寿命，还可能导致延时误动作。

想一想：三相异步电动机为什么要采取减压起动的控制方式，它是如何进行减压起动的呢?

（二）三相异步电动机减压起动控制电路的工作原理

三相笼型异步电动机采用全电压起动，控制电路简单，但当电动机容量较大，不允许采用全压直接起动时，应采用减压起动。有时为了减小或限制起动时对机械设备的冲击，即便是允许采用直接起动的电动机，也往往采用减压起动。

当三相异步电动机容量较大（10kW）时，起动时会产生较大的起动电流，将引起电网电压的下降，因此必须采取减压起动的方法，限制起动电流。

所谓减压起动，是利用起动设备将电压适当降低后加到电动机的定子绕组上进行起动，待电动机起动运转后，再使电压恢复到额定值正常运行。由于电流随电压的降低而减小，从而限制了起动电流。不过，由于电动机的转矩与电压二次方成正比，故电动机起动转矩也会降低。

因此，减压起动适用于空载或轻载下起动。

三相异步电动机有哪些减压起动方式呢?

三相笼型异步电动机的减压起动方法有：定子串电阻或电抗器减压起动、自耦变压器减压起动、Y-△减压起动、延边三角形减压起动等。当电动机转速上升到接近额定转速时，再将电动机定子绕组电压恢复到额定电压，电动机进入正常运行。下面讨论几种常用的减压起动控制电路。

1. 三相异步电动机定子绕组串电阻减压起动控制电路的控制原理

（1）定子绕组串电阻减压起动控制原理　起动电阻一般采用由电阻丝绕制的板式电阻或铸铁电阻，它的阻值小，功率大，允许通过较大的电流。图 3-12 为起动电阻实物。

三相笼型异步电动机定子绕组串电阻起动，在起动时使绕组电压降低，从而减小起动电流。待电动机转速接近额定转速时，再将串接电阻短接，使电动机在额定电压下运行。这种起动方式由于不受电动机接线形式的限制，设备简单、经济，故获得广泛应用。对于做点动控制的电动机，也常用串电阻减压方式来限制电动机起动电流。

图 3-12　起动电阻实物

（2）三相异步电动机定子绕组串电阻减压起动控制电路的工作原理　图 3-13a、b 为定子绕组串电阻减压起动的主电路和控制电路。该电路是利用时间继电器控制起动电阻的切除。时间继电器的延时时间按起动过程所需时间整定。当合上刀开关 QS，按下起动按钮 SB2 时，KM1 立即通电吸合，使电动机在定子绕组串起动电阻的情况下起动，与此同时，时间继电器 KT 通电开始计时，当达到时间继电器的整定时间时，其延时闭合的常开触点闭合，使 KM2 线圈通电，KM2 的主触点闭合，将起动电阻短接，电动机在额定电压下进入稳定的正常运转状态。由图可以看出，电路在起动结束后，KM1、KT 线圈一直通电，这不仅消耗电能，而且减少电器的使用寿命，这是不必要的。

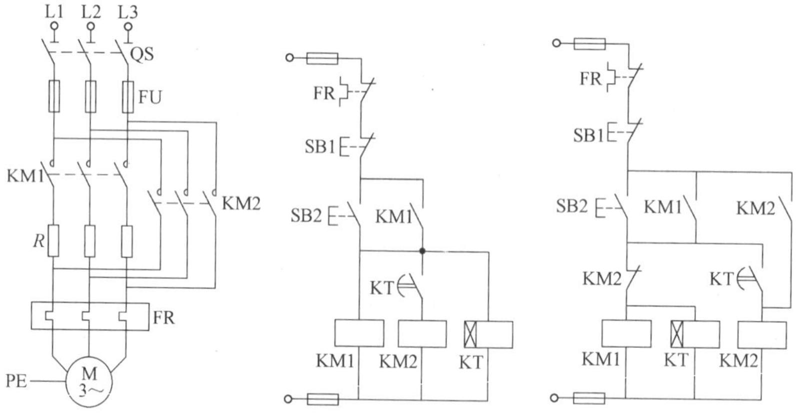

a) 主电路　b) 改进前的控制电路　b) 改进后的控制电路

图 3-13　三相笼型异步电动机定子绕组串电阻减压起动控制电路

图 3-13c 是在控制电路图上进行改进得到的。控制方法是：在接触器 KM1 和时间继电器 KT 的线圈电路中串入 KM2 的常闭触点，这样当 KM2 线圈触点通电时，其常闭触点断开使 KM1、KT 线圈断电。

定子所串电阻一般采用由电阻丝绕制的板式电阻或铸铁电阻，它的阻值小、功率大，允许通过较大的电流。由于起动电阻只在起动时应用，而起动时间又很短，所以实际选用的电阻功率可以为计算值的 1/4 ~ 1/3。

定子串电阻减压起动的方法虽然设备简单，但能量损耗较大。为了节省能量可采用电抗器代替电阻，但其成本较高，它的控制电路与电动机定子串电阻的控制电路相同。

2. 三相异步电动机星形-三角形减压起动控制电路工作原理

对于正常运行时定子绕组接成三角形的三相笼型电动机，可采用星形-三角形减压起动方法达到限制起动电流的目的。

Y 系列的笼型异步电动机 4kW 以上的均为三角形联结，都可采用星形-三角形起动方法。

（1）星形-三角形减压起动的控制原理 在起动时，先将电动机的定子绕组接成星形，使电动机每相绕组承受的电压为电源的相电压，是额定电压的 $1/\sqrt{3}$，起动电流是三角形直接起动的 1/3；当转速上升到接近额定转速时，再将定子绕组的接线方式改接成三角形，电动机就进入全电压正常运行状态。星形-三角形切换控制方法如图 3-14 所示。

a) 电动机定子绕组星接　　b) 电动机定子绕组角接

图 3-14 星形-三角形切换控制方法

图 3-15 为星形-三角形切换控制原理图。在起动时，电动机绕组接成星形，正常运行时再改接成三角形，达到了减压起动的目的。

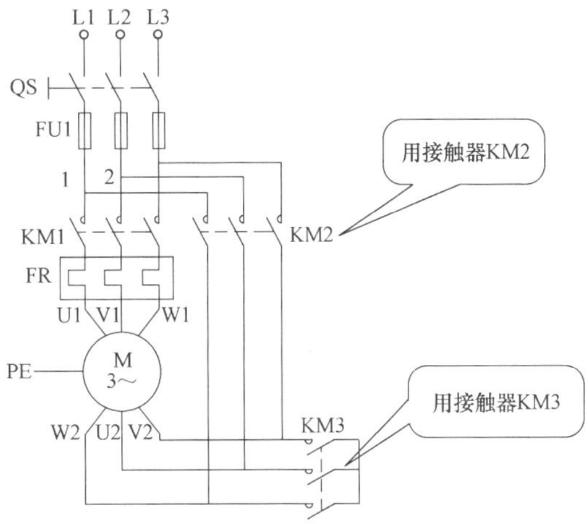

图 3-15 星形-三角形减压起动切换控制原理

（2）三接触器式星形-三角形减压起动控制电路的工作原理 三接触器式星形-三角形减压起动的控制电路如图 3-16 所示。图中 U1U2、V1V2、W1W2 为电动机的三相绕组，当 KM3 的常开触点闭合，KM2 的常开触点断开时，相当于 U2、V2、W2 连接在一起，为星形联结；当 KM3 的常开触点断开，KM2 的常开触点闭合时，相当于 U1 与 W2、V1 与 U2、W1 与 V2 连接在一起，三相绕组头尾连接，为三角形联结。

电路的工作原理分析：当合上刀开关 QS 以后，按下起动按钮 SB2，接触器 KM1 线圈、KM3 线圈以及通电延时型时间继电器 KT 线圈接通，电动机接成星形起动：同时通过 KM1 的常开辅助触点自锁。时间继电器开始定时。当电动机接近于额定转速，即时间继电器 KT 延时时间已到时，KT 延时断开的常闭触点断开。切断 KM3 线圈电路，KM3 断电释放，其主触点闭点和辅助触点复位：同时。KT 延时闭合的常开触点闭合，使 KM2 线圈通电自锁，主触点闭合，电动机连接成三角形运行。时间继电器 KT 线圈也因 KM2 常闭触点断开而失电，时间继电器的触点复位，为下一次起动做好准备。图中的 KM2、KM3 常闭触点是联锁控制，防止 KM2、KM3 线圈同时通电而造成电源短路。

图 3-16 所示的控制电路适用于电动机容量较大（一般为 13kW 以上）的场合。当电动机的容量较小（4～13kW）时，通常采用两个接触器的星形-三角形减压起动控制电路。

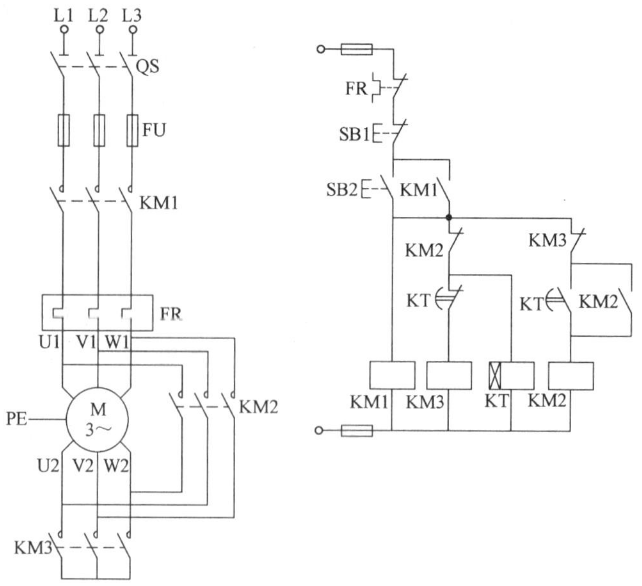

a) 主电路　　b) 控制电路

图 3-16　三接触器式星形-三角形减压起动的控制电路

（3）两接触器式星形-三角形减压起动控制电路的工作原理

两接触器式星形-三角形减压起动控制电路如图 3-17 所示。

电路的工作原理分析：按下起动按钮 SB2，时间继电器 KT 和接触器 KM1 线圈通电，利用 KM1 的辅助常开触点自锁，主触点接通主电路，时间继电器开始延时，而 KM2 线圈因 SB1 常闭触点和 KM1 常闭触点的相继断开而始终不通电，KM2 的常闭触点闭合，电动机接成星形起动。当电动机的转速接近于额定转速，即时间继电器延时时间已到时，其延时打开的常闭触点断开，KM1 线圈断电，电动机瞬时断电。KM1 的常闭触点及 KT 的延时常开触点闭合，接通 KM2 的线圈电路，KM2 通电动作并自锁，主电路中的常闭辅助触点断开，主触点闭合，电动机定子绕组连接成三角形。同时 KM2 的常开辅助触点闭合，再次接通 KM1 线圈，KM1 主触点闭合接通三相电源，电动机进入正常运转状态。

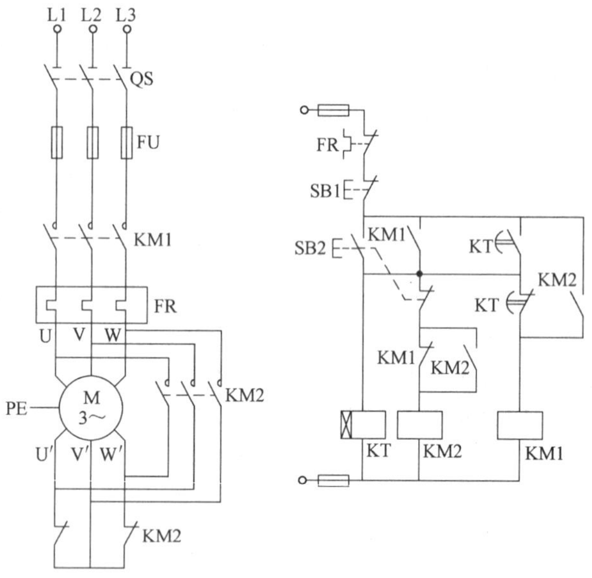

a) 主电路　　b) 控制电路

图 3-17　两接触器式星形-三角形减压起动控制电路

由于本线路主电路中所用 KM2 常闭触点为辅助触点，因此只适用于功率较小的电动机。

三相笼型异步电动机星形-三角形减压起动具有投资少、线路简单的优点。但是，在限制起动电流的同时，起动转矩也为三角形直接起动时转矩的 1/3。因此，它只适用于空载或轻载起动的场合，并且适用于电动机正常运行时定子绕组为三角形联结的笼型异步电动机。

3. 自耦变压器减压起动控制电路

图 3-18 为自耦变压器外形与接线图。电动机在起动时，先经自耦变压器降压，限制起

动电流，当转速接近额定转速时，切除自耦变压器转入全压运行。

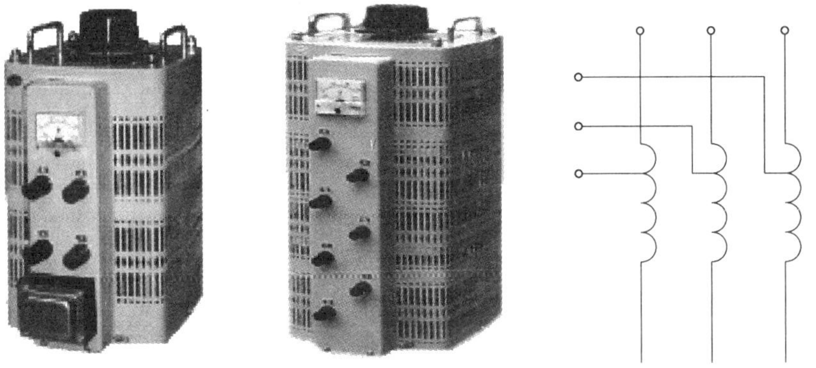

a) 单相　　　b) 三相　　　c) 接线图

图 3-18　自耦变压器外形与接线图

（1）自耦变压器减压起动的控制原理　起动时，将电动机定子绕组接到自耦变压器的二次侧，这样电动机定子绕组得到的电压为自耦变压器的二次电压，改变自耦变压器抽头的位置可以获得不同的起动电压。由电动机原理可知：当利用自耦变压器将起动电压降为额定电压的 $1/K$ 时，起动电流减少到 $1/K^2$，同时起动转矩也降为直接起动的 $1/K^2$。因此，自耦变压器减压起动常用于空载或轻载起动。

在实际应用中，自耦变压器一般有 65%、85% 等的中间抽头。当起动完毕时，自耦变压器被切除，额定电压（即自耦变压器的一次电压）直接加到电动机的定子绕组上，电动机进入全电压正常运行状态。

（2）自耦变压器减压起动控制电路的工作原理　图 3-19 为自耦变压器减压起动控制电路。其中，自耦变压器为星形联结，KM1、KM2 为降压接触器，KM3 为正常运行接触器，

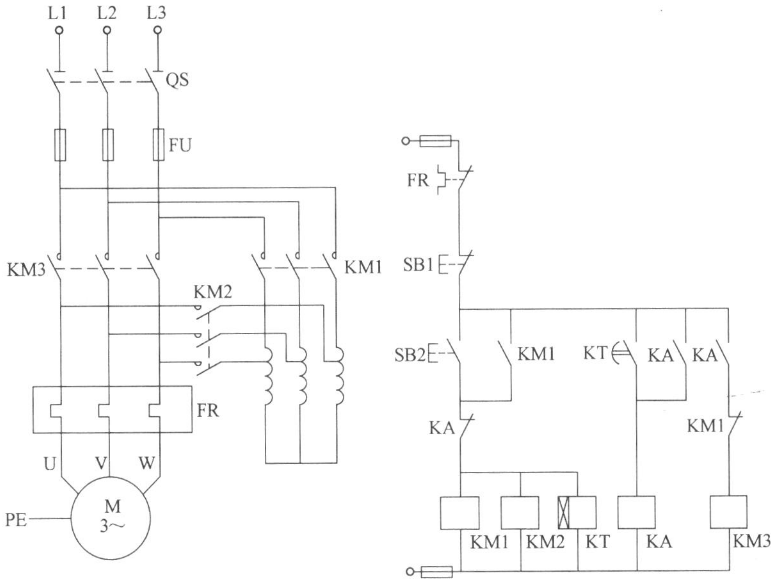

a) 主电路　　　b) 控制电路

图 3-19　自耦变压器减压起动控制电路

KT 为时间继电器，KA 为中间继电器。

合上电源开关 QS，按下起动按钮 SB2，KM1、KM2 线圈及 KT 的线圈通电并通过 KM1 的常开辅助触点自锁，KM1、KM2 的主触点将自耦变压器接入，电动机定子绕组经自耦变压器供电进行减压起动。同时，时间继电器 KT 开始延时。当电动机转速上升到接近额定转速时，对应的 KT 延时结束，其延时闭合的常开触点闭合。中间继电器 KA 通电动作自锁，KA 的常闭触点断开使 KM1、KM2、KT 的线圈均断电，将自耦变压器切除，KA 的常开触点闭合使 KM3 线圈通电动作，主触点接通电动机的电路，电动机在全电压下运行。

由以上分析可知，自耦变压器减压起动方法适用于电动机容量较大、正常工作接成星形或三角形的电动机。起动转矩可以通过改变抽头的连接位置进行改变。它的缺点是自耦变压器的价格较贵，而且不允许频繁起动。

一般情况下工厂常用的自耦变压器起动是采用成品的补偿器。自耦变压器减压起动分为手动与自动操作两种。手动的补偿器有 QJ3、QJ5 等型号，自动操作的补偿器有 XJ01 型和 CT2 系列等。QJ3 型手动控制补偿器有 65%、80% 两组抽头。可以根据起动时的负载大小来选择，出厂时接在 65% 的抽头上。XJ01 型补偿减压起动器适用于 14～28kW 的电动机，其控制电路如图 3-20 所示。

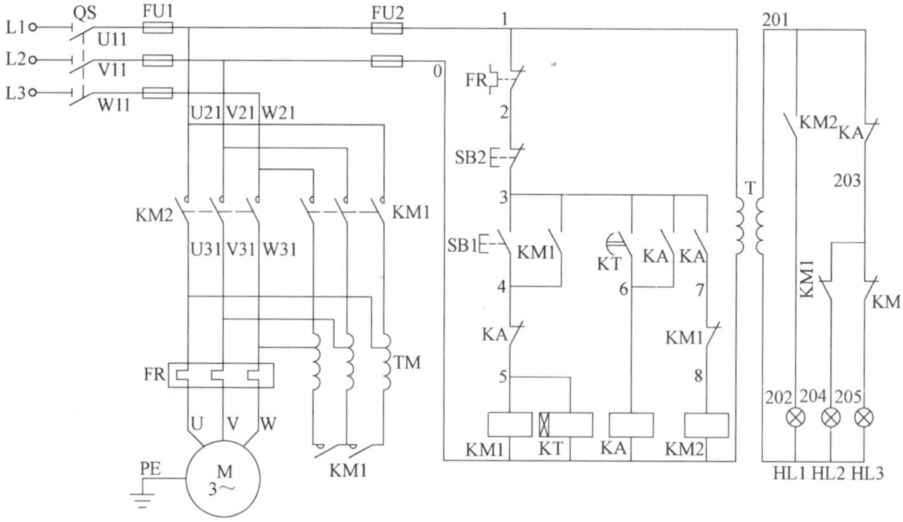

图 3-20　XJ01 自耦补偿减压起动控制电路

电路的工作原理为：起动时先合上电源开关 QS，HL3 亮，表明电源电压正常。按下起动按钮 SB1，接触器 KM1、时间继电器 KT 线圈通电并自锁，KM1 的常开主触点闭合将自耦变压器接入电路，电动机减压起动，同时指示灯 HL2 亮，显示电动机正在进行减压起动。当电动机转速上升到接近额定转速时，对应的时间继电器延时结束，KT 延时闭合的常开触点（3-6）闭合，中间继电器 KA 线圈通电并自锁，其常闭触点（4-5）断开，使 KM1 线圈断电，切除自耦变压器；KA 常闭触点（201-203）断开，指示灯 HL2 熄灭；而触点 KA（3-7）闭合，使 KM2 的线圈通电吸合，KM2 的主触点接通电动机主电路，电动机在全电压下运行，同时指示灯 HL1 亮，表明电动机减压起动结束，进入正常运行状态。

4. 延边三角形减压起动控制电路

延边三角形减压起动的方法是在每相定子绕组中引出一个抽头，电动机起动时将一部分定子绕组接成三角形，另一部分定子绕组接成星形，使整个绕组接成延边三角形，其绕组连接示意图如图 3-21 所示。经过一段时间，电动机起动结束后，再将定子绕组接成三角形全压运行。

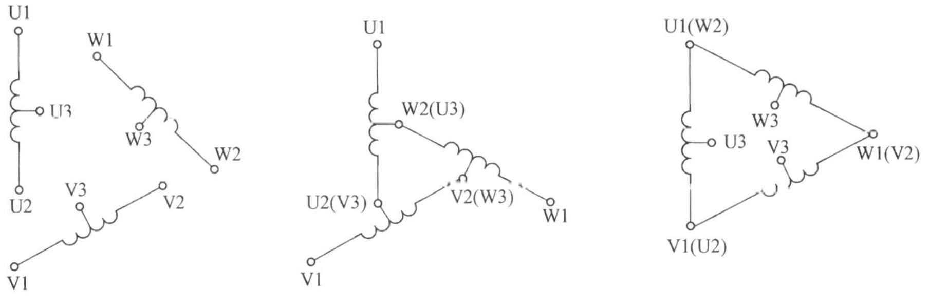

a) 原始状态　　b) 起动时　　c) 正常运转时

图 3-21　延边三角形电动机定子绕组示意图

延边三角形减压起动控制电路如图 3-22 所示。

合上电源开关 QS，按下起动按钮 SB1，KM1 线圈得电并自锁，KM1 主触点闭合，接通电动机的三相电源，同时接触器 KM3 和时间继电器 KT 得电，KM3 主触点闭合，KM3 常闭触点（5-6）断开，电动机延边三角形减压起动，时间继电器延时时间一到，KT 的延时常开触点（4-5）闭合，常闭触点（7-8）断开，KM3 断电，减压起动结束，KM3 常闭触点（5-6）复位，KM2 线圈得电并自锁，KM2 主触点闭合，电动机三角形运行，进行到正常工作状态。KM2 得电后，KM2 的常闭触点（4-7）断开，使 KM3 和 KT 线圈断电，节省电量消耗，同时 KM3 与 KM2 进行了电气互锁。

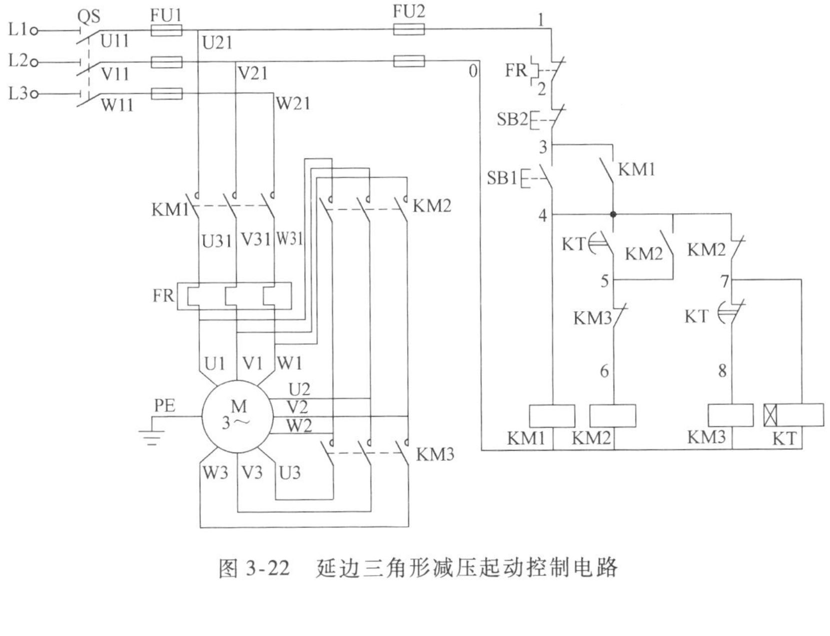

图 3-22　延边三角形减压起动控制电路

三相异步电动机的几种减压起动方式有何区别呢？

5. 三相异步电动机减压起动各种方法的比较

表 3-2 为三相异步电动机减压起动方法比较。

表 3-2　三相异步电动机减压起动方法比较

起动方法	适用范围	特点
直接起动	电动机容量小于 10kW	不需起动设备，但起动电流大
定子串电阻	电动机容量大于 10kW，起动次数不太多的场合	线路简单、价格低、电阻消耗功率大、起动转矩小
星形-三角形起动	额定电压为 380V，正常工作时为△联结的电动机，轻载或空载起动	起动电流和起动转矩为正常工作时的 1/3
自耦变压器	电动机容量较大，要求限制对电网的冲击电流	起动转矩大，设备投入较高
延边三角形	仅适用于绕组有中间抽头的特殊电动机	起动转矩大于星形-三角形起动电路

想一想

学生通过搜集三相异步电动机减压起动控制方式、Y-△减压起动控制原理及电路板制作工艺等资料、小组讨论，制定完成三相异步电动机减压起动控制电路板制作项目的工作计划，填写在表 3-3 中。

表 3-3　三相异步电动机减压起动控制电路板制作项目构思工作计划单

<table>
<tr><td colspan="6">项目构思工作计划单</td></tr>
<tr><td colspan="2">项目</td><td colspan="3"></td><td>学时：</td></tr>
<tr><td colspan="2">班级</td><td colspan="4"></td></tr>
<tr><td>组长</td><td></td><td>组员</td><td colspan="3"></td></tr>
<tr><td>序号</td><td colspan="2">内容</td><td>人员分工</td><td colspan="2">备注</td></tr>
<tr><td></td><td colspan="2"></td><td></td><td colspan="2"></td></tr>
<tr><td></td><td colspan="2"></td><td></td><td colspan="2"></td></tr>
<tr><td></td><td colspan="2"></td><td></td><td colspan="2"></td></tr>
<tr><td colspan="2">学生确认</td><td colspan="2"></td><td>日期</td><td></td></tr>
</table>

【项目设计】

一、三相异步电动机减压起动控制电路板的制作项目方案设计

教师指导学生进行项目设计，分析、答疑；指导学生从经济性、合理性和适用性进行项目方案的设计，要考虑项目的成本，反复修改方案，点评修订并确定最终设计方案。

学生分组讨论设计三相异步电动机减压起动控制电路板的制作项目方案，在教师的指导与参与下，学生从多个角度根据工作特点和工作要求所制定的方案计划中，讨论各方案的合理性、可行性与经济性，判断各个方案的综合优劣，进行方案决策，并最终确定实施计划，分配好每个人的工作任务，择优选取出合理的设计方案，完成项目设计方案。经过分组讨论

设计，项目的最优设计方案及工艺流程如图 3-23 所示。

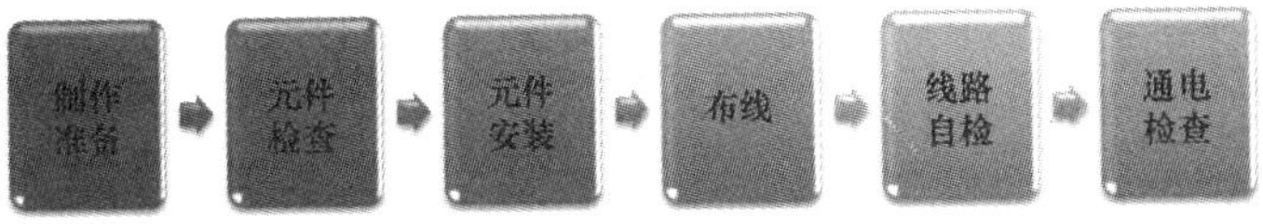

图 3-23　项目的最优设计方案及工艺流程

为了保证控制板安装得正确合理，在制作之前必须制定工作计划。先根据控制要求画出原理图、电器元件布置图和安装接线图，再进行电器元件选择，然后进行电器元件检查，电器元件安装、布线，最后进行空载调试和带载调试。

做一做

二、三相异步电动机减压起动电气控制电路图的绘制

（一）电气控制原理图的绘制和分析

在绘制三相异步电动机星形-三角形减压起动控制电路接线图时应遵循以下原则：

① 电器元件的图形、文字符号应与电气原理图标注完全一致。

② 同一电器元件的各个部件必须画在一起，并用点画线框起来。各电器元件的位置应与实际位置一致。

③ 各电器元件上凡需接线的部件端子都应绘出，控制板内外电器元件的电气连接一般要通过端子排进行，各端子的标号必须与电气原理图上的标号一致。

④ 走向相同的多根导线可用单线或线束表示。

⑤ 接线图中应标明连接导线的规格、型号、根数、颜色和穿线管的尺寸等。

绘制三相异步电动机减压起动控制电路原理图(可参照图 3-16 绘制)：

（二）电器元件布置图的绘制和分析

电器元件布置图绘制时应注意体积大的和较重的电器元件应该安装在电气安装板下面，发热元件应安装在电气安装板的上面。经常要维护、检修、调整的电器元件安装位置不宜过高或过低。

绘制三相异步电动机减压起动控制电路电器元件布置图：

（三）电器元件安装接线图的绘制原则及分析

在绘制三相异步电动机星形-三角形减压起动控制电路接线图时应遵循以下原则：

① 在接线图中，一般都应标出项目的相对位置、项目代号、端子间的连接关系、端子号、等线号、等线类型、截面积等。

② 同一控制盘上的电器元件可直接连接，而盘内电器元件与外部电器元件的连接必须通过接线端子板进行。

③ 安装接线图中各电器元件图形符号与文字符号均应以原理图为准，并保持一致。

④ 安装接线图中的互连关系可用连续线、中断线或线束表示，连接导线应注明导线根数，导线截面积等。一般不表示导线实际走线途径，施工时由操作者根据实际情况选择最佳走线方式。

各组学生可根据原理图和电器元件布置图自行绘制安装接线图。

绘制三相异步电动机减压起动控制电路安装接线图：

做一做

请同学们阅读完资料后，填写表3-4。

表3-4　三相异步电动机减压起动控制电路板制作项目设计记录单

课程名称	机床电气设备及升级改造				总学时：108
项目名称	三相异步电动机减压起动控制电路板的制作				项目学时：8
班级		团队负责人		团队成员	
项目设计方案一					
项目设计方案二					
项目设计方案三					
最优方案					
电气图					
设计方法					
相关资料及资源	校本教材、实训指导书、视频录像、PPT课件、电气安装工艺及标准等				

【项目实现】

教师：指导学生进行项目实施；讲解项目实施的工艺规程和安全注意事项，低压电器选择的依据；引导学生按照设计方案，合理选择电器元件；指导学生进行三相异步电动机减压起动控制电路板制作。

学生：分组进入工作区，熟悉岗位工作职责及生产环境相关管理规定，在教师指导下按照三相笼型异步电动机减压起动控制电路原理图、安装接线图及电路板制作的工艺流程、接线原则及接线操作规程等进行电路板的安装、接线，完成电路板的制作。

一、三相异步电动机星形-三角形减压起动控制电路电器元件安装

想一想，三相异步电动机减压起动控制电路板安装所需的材料准备齐了吗？

（一）安装工作准备

1. 训练工具、仪表及器材的准备

按电路图准备好训练工具、仪表及器材。

做一做，记下各电器元件及线材的参数

2. 电器元件的选择

请将三相异步电动机星形-三角形减压起动控制电路板制作所需电器元件及线材填写在表3-5中。

表3-5　电器元件明细表

代号	名称	型号	规　　格	单位	数量	用途	备注
M	三相异步电动机	Y132S-4	5.5kW、380V、11.6A、△联结、1440r/min	台	1		
QS	刀开关						
FU1	熔断器						
KM1、KM2及KM3	接触器						
KT	时间继电器						
FR	热继电器						
SB1～SB2	按钮						
XT	接线端子板						
BV	主电路导线						
BV	控制电路导线						
BV	按钮线						
BVR	接地线						
	配线板						

想一想，材料都齐了，可以安装电路板了吗？

在安装电器元件前，还要对电器元件进行检查，包括外观检查和用仪表进行好坏的检查及极性或端子的判别。

（二）电器元件检查及安装

按电器元件检查要求进行检查，然后按电器元件安装工艺要求进行电器元件安装。

做一做

二、三相异步电动机星形-三角形减压起动控制电路板的布线

按接线图的走线方法进行板前明线布线和套编码套管，具体工艺要求与项目一相同。

想一想，在安装Y-△减压起动控制电路板时应注意些什么呢？

【注意事项】

① 电动机及按钮的金属外壳必须可靠接地（若按钮为塑料外壳，则按钮外壳不需要接地线）。

② 按钮内接线时，用力不可过猛，以防螺钉打滑。

③ 按钮内部的接线不要接错，起动按钮必须接常开按钮（可用万用表的电阻档判别）。注意 SB2 要接成复合按钮的形式。

④ 用Y-△减压起动的电动机，必须有 6 个出线端子（即接线盒内的连接片要拆开），并且定子绕组在三角形联结时的额定电压应该等于 380V。

⑤ 接线时要保证电动机三角形联结的正确性，即三角形接触器主触点闭合时，应保证定子绕组的 U1 与 W2、V1 与 U2、W1 与 V2 相连接。

⑥ 星形接触器的进线必须从三相定子绕组的末端引入，若误将其首端引入，则在星形接触器吸合时会产生三相电源短路事故。

⑦ 时间继电器的常开触点不能接错（用万用表电阻档检测）。

⑧ 编码套管套装要正确。

做一做

填写出本项目实现工作记录单见表 3-6。

表 3-6　三相异步电动机减压起动控制电路板制作项目实现记录单

课程名称	机床电气设备及升级改造				总学时：108
项目名称	三相异步电动机减压起动控制电路板的制作				学时：8
班级		团队负责人		团队成员	
项目工作情况					

（续）

项目实施所遇到的问题	
执行标准或工艺要求	
工具及设备使用情况	
注意事项	
备注	

【项目运行】

教师：指导学生进行电路板的调试、运行，讲解调试运行的注意事项及安全操作规程，并对学生的成果进行评价。

学生：检查三相笼型异步电动机减压起动控制电路接线任务的完成情况，在教师指导下进行调试与运行，发现问题及时解决，直到调试成功为止；分析不足；汇报学习、工作心得，展示工作成果；对项目完成情况进行总结，完成项目报告。

想一想，电路板安装完成了，可以通电了吧？

一、三相异步电动机星形-三角形减压起动控制电路板线路检查

三相异步电动机控制电路板安装完成后，不要急于通电试车，应先对线路板进行自检，无误后，再报告老师请求指导教师检查，确认无误后才允许通电试车。

做一做

二、三相异步电动机星形-三角形减压起动控制电路板的调试

1. 空载调试

在不接电动机的情况下，合上电源开关，按下起动按钮 SB2，观察接触器 KM1、KM3 和 KT 线圈是否吸合，过一会儿观察接触器吸合的变化情况，应是 KM1、KM2 吸合。按下 SB1，接触器复位。

2. 带载调试

在接上电动机的情况下，合上电源开关，按下起动按钮 SB2，观察接触器 KM1、KM3 和 KT 线圈是否吸合，过一会儿观察接触器吸合的变化情况，应是 KM1、KM2 吸合。按下 SB1，接触器复位。电动机停止转动。

通电完毕先拆除电源线，后拆除负载线。

想一想，三相异步电动机Y-△减压起动控制电路板起动中出现故障，应怎样处理呢？

三、三相异步电动机星形-三角形减压起动控制电路维护维修

（一）故障设置

① 星形联结时，起动过程正常，但随后电动机发出异常声音，转速也急剧下降。

分析现象：接触器切换动作正常，表明控制电路接线无误。问题出现在接上电动机后，从故障现象分析，很可能是电动机主电路接线有误，使电路由Y联结转到△联结时，送入电动机的电源顺序改变了，电动机由正常起动突然变成了反序电源制动，强大的反向制动电流造成了电动机转速急剧下降和异常声音。

处理故障：核查主电路接触器及电动机接线端子的接线顺序。

② 线路空载试验工作正常，接上电动机试车时，一起动电动机，电动机就发出异常声音，转子左右颤动，立即按 SB2 停止，停止时 KM2 和 KM3 的灭弧罩内有强烈的电弧现象。

分析现象：空载试验时接触器切换动作正常，表明控制电路接线无误。问题出现在接上电动机后，从故障现象分析是由于电动机断相所引起的。电动机在Y起动时有一相绕组未接入电路，造成电动机单相起动，由于断相，绕组不能形成旋转磁场，使电动机转轴的转向不定而左右颤动。

处理故障：检查接触器接点闭合是否良好，接触器及电动机端子的接线是否紧固。

③ 空载试验时，一按起动按钮 SB1，KM2 和 KM3 就噼叭噼叭切换不能吸合。

分析现象：一起动 KM2 和 KM3 就反复切换动作，说明时间继电器没有延时动作，一按 SB1 起动按钮，时间继电器线圈得电吸合，KT 触点也立即动作，造成了 KM2 和 KM3 的相互切换，不能正常起动。分析问题出现在时间继电器的触点上。

处理故障：检查时间继电器的接线，发现时间继电器的触点使用错误，接到时间继电器的瞬动触点上了，所以一通电，触点就动作，将线路改接到时间继电器的延时触点上故障排除。

（二）检修训练

1. 设置故障

在主电路设置电气故障 1 处，在控制电路中人为设置电气故障 2 处。

2. 学生检修

学生在检修的过程中，可以互设故障，教师可进行启发性的示范指导。

3. 清理现场

清理现场，做好维修记录，填写在表 3-7 中。

表 3-7 故障检查维修记录单

项目名称		检修组别	
检修人员		检修日期	
故障现象			
发现的问题分析			

（续）

故障原因	
排除故障的方法	
所需工具和设备	
工作负责人签字	

做一做，填写项目运行记录单

请各组同学按要求完成三相异步电动机减压起动控制电路板的制作与调试，并填写在表3-8中。

表3-8　项目三的项目运行记录单

课程名称	机床电气设备及升级改造				总学时：
项目名称	三相异步电动机减压起动控制电路板的制作				学时：
班级		团队负责人		团队成员	
项目构思 是否合理					
项目设计 是否合理					
项目实现遇到 了哪些问题					
项目运行时故 障点有哪些					
调试中运行 是否正常					
相关资料及资源	校本教材、实训指导书、视频录像、PPT课件、电气安装工艺及标准等				
备注					

四、三相异步电动机星形-三角形减压起动控制电路板的制作项目验收

项目完成后，应对各组完成情况进行验收和评定，具体验收项目包括：

三相异步电动机星三角减压起动电气控制电路板制作考核要求及评分标准如下：

1）绘制电器元件布置图和安装接线图的正确性。

2）电器元件选择得是否合理。

3）电器元件安装的规范性。

4）布线应符合工艺要求。

5）通电试车是否成功。

三相异步电动机星形-三角形减压起动控制电路板制作的考核要求及评分标准见表3-9。

表3-9 三相异步电动机星形-三角形减压起动控制电路板制作考核要求及评分标准

测评内容	配分	评分标准	操作时间	扣分	得分
绘制电器元件布置图	10	绘制不正确，每处扣2分	20min		
安装电器元件	20	不按图安装，扣5分	20min		
		电器元件安装不牢固，每处扣2分			
		电器元件安装不整齐、不合理，每处扣2分			
		损坏电器元件，扣10分			
布线	50	导线截面选择不正确，扣5分	60min		
		不按图接线，扣10分			
		布线不合要求，每处扣2分			
		接点松动，露铜过长，螺钉压绝缘层等，每处扣1分			
		损坏导线绝缘或线芯，每处扣2分			
		漏接接地线，扣5分			
通电试车	20	第一次试车不成功，扣5分	20min		
		第二次试车不成功，扣5分			
		第三次试车不成功，扣5分			
安全文明操作		违反安全生产规程，扣5～20分			
定额时间（3h）	开始时间（　）	每超时2min，扣5分			
	结束时间（　）				
总分					

三相异步电动机星形-三角形减压起动控制电路故障检修的评分标准见表3-10。

表3-10 三相异步电动机星形-三角形减压起动控制电路板故障检修评分标准

项目内容	配分	评分标准	扣分
故障分析	40	不能根据试车的状况说出故障现象，扣5～10分	
		不能标出最小故障范围，每个故障扣10分	
故障排除	60	断电不能检验电器元件的好坏，扣5分	
		测量仪表、工具使用不正确，每次扣5分	
		检测故障方法、步骤不正确，扣10分	
		不能查出故障，每个故障扣20分	
		查出故障但不能排除，每个故障扣15分	
		损坏电器元件，扣40分	
		扩大故障范围或产生新的故障，每个故障扣40分	

（续）

<table>
<tr><td>项目内容</td><td>配分</td><td colspan="5">评 分 标 准</td><td>扣分</td></tr>
<tr><td>安全文明生产</td><td>倒扣</td><td colspan="5">违反安全文明生产规程，未清理场地，扣 10 ~ 60 分</td><td></td></tr>
<tr><td>定额时间</td><td>30min</td><td>开始时间</td><td></td><td>结束时间</td><td></td><td>实际时间</td><td></td></tr>
<tr><td colspan="2">备注</td><td colspan="4">不允许超时检修故障，但在修复故障时每超时 1min 扣 2 分
除定额工时外，各项内容的最高扣分不得超过配分数</td><td>成绩</td><td></td></tr>
</table>

【知识拓展】

三相异步电动机减压起动控制电路板制作中，如何正确选择电器元件呢？

一、电器元件选择知识

（一）电器元件选择的依据

控制电路图中所列的所有电器元件都是按照被控对象（负载）的功率大小及其他相关要素进行选择的，即：主电路中电器元件（如 QS、FU1、KM1、KM2、KM3、FR 等）均按照电动机 M 的铭牌数据之一的额定电流的大小进行选择；而控制电路中元件（如 FU2、KT、SB1、SB2 等）则按照控制电路的电压等级、辅助触点的类型、需要的数量等按照市场提供低压电器的标称型号进行选用。

（二）电器元件选择的方法

1. 组合开关的选择

组合开关的选择参照表 3-11，注意事项如下：

① 用于照明或电热电路的组合开关的额定电流应等于或大于被控制电路中各负载电流的总和。

② 用于电动机控制的组合开关的额定电流一般取电动机额定电流的 1.5 ~ 2.5 倍。

表 3-11　HZ10 及 HZ5 系列组合开关的主要技术数据

<table>
<tr><td>型　　号</td><td>额定电流/A</td><td colspan="2">控制电动机的最大容量
和额定电流</td><td>说　　明</td></tr>
<tr><td rowspan="2">HZ10-10</td><td>6（单极）</td><td rowspan="2">3kW</td><td rowspan="2">7A</td><td rowspan="4">属于全国统一设计的产品（建议使用）</td></tr>
<tr><td>10</td></tr>
<tr><td>HZ10-25</td><td>25</td><td>5.5kW</td><td>12A</td></tr>
<tr><td>HZ10-60</td><td>60</td><td colspan="2"></td></tr>
<tr><td>HZ10-100</td><td>100</td><td colspan="2"></td><td></td></tr>
<tr><td>HZ5-10</td><td>10</td><td>1.7kW</td><td></td><td rowspan="4">HZ1 ~ HZ5 系列为非全国统一设计系列</td></tr>
<tr><td>HZ5-20</td><td>20</td><td>4kW</td><td></td></tr>
<tr><td>HZ5-40</td><td>40</td><td>7.5kW</td><td></td></tr>
<tr><td>HZ5-60</td><td>60</td><td>10kW</td><td></td></tr>
</table>

2. 熔断器的选择

螺旋式熔断器的选择参照表3-12，注意事项如下：

① 根据使用场合选择熔断器的类型。电网配电一般用管式熔断器，电动机保护一般用螺旋式熔断器，照明电路一般用瓷插式熔断器，保护电力半导体器件则应选择快速熔断器。

② 熔断器的额定电流必须等于或大于所装熔体的额定电流。

③ 用于电动机短路保护的FU1熔体额定电流选 $I_{N熔体}=(1.5\sim2.5)I_N$（经验公式：三相异步电动机的额定电流 I_N = 电动机的额定功率值 ×2）（本式中仅表示数值，不包含单位）。

④ 用于控制电路短路保护的FU2的熔体因各类继电器、接触器线圈的阻抗较大，容量较小，电流较小，可直接选择2～6A的熔体。

表3-12 螺旋式熔断器的技术数据

型　号	额定电压/V	额定电流/A	熔体额定电流/A
RL1	500	15	2,4,6,10,15
		60	15,20,30,35,40,50,60
		100	60,80,100
		200	100,125,150,200
RL2	500	25	2,4,6,10,15,20,25
		60	25,35,50,60
		100	80,100

3. 接触器的选择

交流接触器的选择参照表3-13，注意事项如下：

① 主触点的额定电流应大于或稍大于电动机的额定电流。并且接触器使用在频繁起动、制动及正反转的场合，应将接触器主触点的额定电流降低一个等级使用。

② 为节省变压器，可直接选用380V或220V的线圈电压，线路复杂且考虑安全时，可采用36V或110V电压的线圈。

表3-13 CJ10系列交流接触器的主要技术数据

型　号	主触点额定电流/A	可控制电动机最大功率/kW	
		220V	380V
CJ10-10	10	2.2	4
CJ10-20	20	5.5	10
CJ10-40	40	11	20
CJ10-60	60	17	30

注：在规格栏写明线圈电压等级，有36V、110V（127V）、220V、380V可供选择。

4. 中间继电器的选择

中间继电器的选择注意事项如下：

① 中间继电器的触点对数较多且没有主辅之分，触点额定电流一般为5A。

② 线圈额定电压有12V、24V、36V、110V、220V、380V等多种可选。

③ 常开或常闭的触点数量根据控制电路的需要来定。

5. 时间继电器的选择

时间继电器的选择注意事项如下：

① 根据延时范围和精度选择不同类型和系列的时间继电器。

② 延时精度不高的场合可选择价格较低的 JS7-A 系列空气阻尼式时间继电器，精度高则选用晶体管式时间继电器。

③ 根据控制电路的要求选择时间继电器的延时方式（通电延时或断电延时），同时必须考虑线路对瞬时动作触点的要求。

④ 根据控制电路的电压选择时间继电器吸引线圈的电压（有 24V、36V、110V、127V、220V、380V、420V 等线圈电压可选）。

6. 热继电器的选择

热继电器的选择注意事项如下：

① 热继电器的额定电流略大于电动机的额定电流。

② 一般情况下热继电器热元件的整定电流为电动机额定电流的 0.95 ~ 1.05 倍。

③ 根据电动机定子绕组的连接方式选择热继电器的结构形式，即定子绕组为星形联结的电动机选用普通三相结构的热继电器，而三角形联结的电动机应选用三相结构带断相保护装置的热继电器。

二、导线选择知识

导线及规格：主电路导线由电动机容量确定；控制电路一般采用截面积为 $1mm^2$ 的铜芯导线（BV）；按钮线一般采用 $0.75mm^2$ 的铜芯线（RV）；导线的颜色要求主电路与控制电路必须有明显的区别。

三、时间继电器的整定时间

① 起动时间过短，电动机的转速还未提起来，这时如果切换到全压运行，电动机的起动电流还会很大，造成电网电压波动；若起动时间过长，电动机不能从星形切换到三角形运行，此时线电流不一定会超过热继电器的整定值，热继电器不会动作，但电动机绕组的电流却已超过额定值，会因低电压大电流导致电动机发热烧毁。

② 起动时间整定。为了防止起动时间过短或过长，时间继电器的初步时间一般规定电动机功率 1kW 按 0.6 ~ 0.8s 整定。在现场可用钳形电流表来观察电动机起动过程中的电流变化，当电流从刚起动时的最大值下降到不再下降时的时间，就是 KT 的整定值。

做一做

【工程训练】

不用时间继电器，用一个复合按钮设计一个三相笼型异步电动机Y-△减压起动控制电路。控制要求是当起动时电动机绕组为星形联结，过一会儿手动切换到三角形联结，让电动机进入全压正常运行状态。画出电路图并按图完成电路板的制作。

项目四

三相异步电动机制动控制电路板的制作

项目名称	三相异步电动机制动控制电路板的制作	参考学时	8 学时
项目引入	三相异步电动机制动控制目前主要应用于电机厂、电缆厂、矿井、纺织等大多行业企业机床的控制，如机床主轴的制动、起重机上升和下降到位的制动等。 电动机制动控制电路项目来源于某电机厂和某电气股份有限公司等很多企业在生产过程中的机械设备往往要求运动部件能快速准确停车制动的控制，以提高生产效率和保护安全生产		
项目目标	通过电动机制动控制电路的安装和调试： 能够正确识读电气原理图； 正确选择电器元件； 熟悉电动机制动的类型及优缺点，掌握制动的概念及接线、安装调试的要领和注意事项； 掌握板前明线布线的工艺要求和相应的国家标准，明确电工安全注意事项。 通过该项目的训练，培养学生信息获取、资料收集整理能力； 会使用万用表、绝缘电阻表等测量工具和常用的安装、调试工具仪器； 提高解决问题、分析问题能力；知识的综合运用能力，具有良好的工艺意识、标准意识、质量意识、成本意识，达到初步的 CDIO 工程项目的实践能力。		
项目要求	完成三相异步电动机制动控制电路板的制作，包括： 1. 根据需求画出三相异步电动机制动控制电路原理图、电器元件布置图和安装接线图，分析制动控制原理； 2. 选择合适型号的电器元件及导线； 3. 采用板前明线布线的方法进行电路板的制作，严格按工艺要求完成安装接线和调试运行。		
(CDIO) 项目实施	构思（C）：项目构思与任务分解，学习相关知识，制定计划与流程，建议参考学时为 1 学时； 设计（D）：学生分组设计项目方案，建议参考学时为 2 学时； 实现（I）：绘图、电器元件安装与布线，建议参考学时为 4 学时； 运行（O）：调试运行与项目评价，建议参考学时为 1 学时。		

【项目构思】

在本学习项目中，首先明确三相异步电动机制动控制电路板制作的任务，接着学习三相异步电动机制动控制电路的工作原理，然后进行电气系统图的绘制、电器元件选择、安装及布线，最后进行电气控制电路板的检查与调试。电动机制动控制的原理及安装与维修技能是维修电工掌握机床电气控制的基础。通过三相异步电动机制动控制电路来学习电动机的制动方法。

项目实施建议教学方法为项目引导法、小组教学法、案例教学法、启发式教学法、实物教学法。

教师首先下发项目工单，布置本项目需要完成的任务及控制要求，介绍本项目的应用情况，进行项目分析，学生进行小组分工，明确项目工作任务，团队成员讨论项目如何实施，进行任务分解，学习完成项目所需的知识，查找电动机制动的相关知识，制定项目实施工作计划、制定出工艺流程。

项目四项目工单见表4-1。

表4-1　项目四项目工单

课程名称	机床电气设备升级改造				总学时：108
项目名称	三相异步电动机制动控制电路板的制作				8
班级		团队负责人		团队成员	
项目描述	根据三相异步电动机反接制动控制电路原理及制作要求，学习相关知识、常见低压电器和电动机反接制动的原理及安装接线图的绘制方法。制定安装调试计划并进行决策，制定出合理的计划方案，然后选择合适的器件和线材，准备好工具和耗材，与他人合作进行电动机反接制动控制电路的安装制作并进行调试，调试成功后再进行综合评价。具体任务如下： 1. 电器元件布置图和安装接线图的绘制； 2. 选择电器元件和导线及耗材； 3. 电器元件的检测及安装； 4. 布线； 5. 调试并排除故障； 6. 带负载调试。				
相关资料及资源	教材、实训指导书、视频录像、PPT课件、电气安装工艺及标准等。				
工作成果	1. 完成电动机反接制动控制电路板的制作，实现控制要求； 2. CDIO项目报告； 3. 评价表。				
注意事项	1. 板前明线布线一定满足制作要求； 2. 通电试车前一定要经过指导教师的允许； 3. 组装调试完毕后先断电源后断负载； 4. 禁止带电操作； 5. 组装完毕及时清理工作台，工具归位				
引导性问题	1. 你已经具备完成三相异步电动机反接制动控制电路板制作的所有资料了吗？如果没有，还缺少哪些？应通过哪些渠道获得？ 2. 在完成本次任务前，你还缺少哪些必要的知识？如何解决？ 3. 你选择哪种制作方法进行布线？ 4. 在进行安装前，你准备好器材了吗？ 5. 在安装接线时，你选择导线的规格多大？根据什么进行选择？ 6. 你采取什么措施来保证制作质量，符合制作要求吗？ 7. 你在安装和调试过程中，会使用哪些工具？ 8. 在安装完毕后，你所用到的工具和仪器是否已经归位？				

一、三相异步电动机制动控制电路板的制作项目分析

通过对三相异步电动机制动控制电路板制作，熟悉三相异步电动机制动控制电路工作原理，掌握电气制动的方法，理解制动的相关知识点。能根据原理图正确画出电器元件布置图和安装接线图，并能按图进行电器元件的安装和接线，学会三相异步电动机常见故障的检修方法，熟悉三相异步电动机制动的组成部件及制作、调试和检修注意事项，进而掌握三相异步电动机的制动控制方法等。

让我们首先了解三相异步电动机制动控制元件及电路吧！

二、三相异步电动机制动控制电路板的制作相关知识

三相异步电动机定子绕组脱离电源后，由于惯性作用，转子需经过一段时间才能停止转动。而某些生产工艺要求电动机能迅速而准确地停机（也称为停车），这就要求对电动机进行强迫制动。图 4-1 为一块已制作好的反接制动控制电路配电盘。

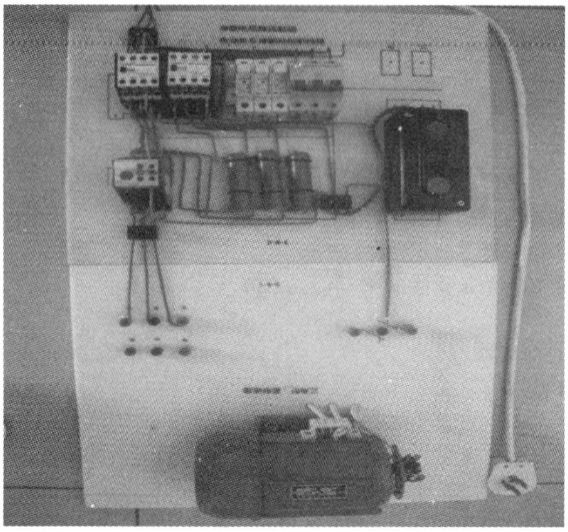

图 4-1　三相异步电动机制动控制电路配电盘

让我们首先了解速度继电器吧！

（一）初步认识速度继电器

1. 速度继电器工作原理

速度继电器常用于三相异步电动机按速度原则控制的反接制动电路中，也称为反接制动继电器。它主要由转子、定子和触点三部分组成。转子是一个圆柱形永久磁铁，定子是一个笼型空心圆环，由硅钢片叠成，并装有笼型绕组。速度继电器的结构如图 4-2 所示。

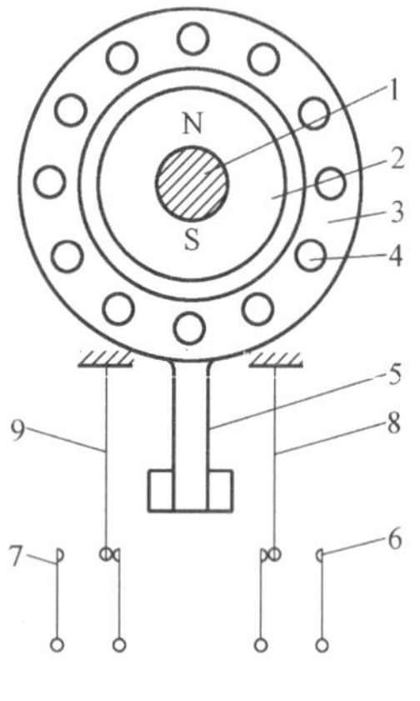

图 4-2　速度继电器的结构

1—转轴　2—转子　3—定子　4—绕组　5—摆锤　6、7—静触点　8、9—动触点

其转轴与电动机轴相连接，定子空套在转子上。当电动机转动时，速度继电器的转子（永久磁铁）随之转动，在空间产生旋转磁场，切割定子绕组，在其中产生感应电流。此电流又在旋转磁场的作用下产生转矩，使定子随转子转动方向旋转一定的角度，与定子装在一起的摆锤推动触点动作，使常闭触点断开，常开触点闭合。当电动机转速低于某一值时，定子产生的转矩减小，动触点复位。

常用的速度继电器有 JY1 和 JFZ0 型。JY1 型能在 3000r/min 以下可靠工作；JFZ0-1 型适用于300～1000r/min，JFZ0-2 型适用于 1000～3600r/min；JFZ0 型速度继电器有两对常开、常闭触点。一般情况下速度

继电器转轴在 120r/min 左右即能动作，在 100r/min 以下触点复位。

2. 速度继电器的图形符号及文字符号

速度继电器的图形符号及文字符号如图 4-3 所示。

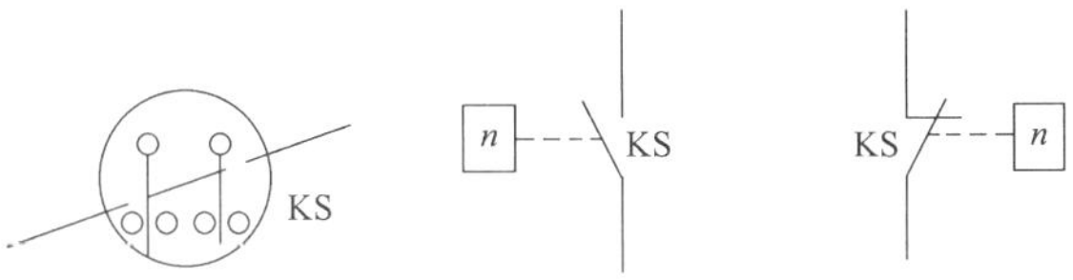

a) 转子　b) 常开触点　c) 常闭触点

图 4-3　速度继电器的图形符号及文字符号

JY1 和 JFZ0 型速度继电器的主要技术参数见表 4-2。

表 4-2　JY1 和 JFZ0 型速度继电器的主要技术参数

型号	触点容量		触点数量		额定工作转速 /(r/min)	允许操作频率 f/(次/h)
	额定电压/V	额定电流/A	正转时动作	反转时动作		
JY1 JFZ0	380	2	1 组转换触点	1 组转换触点	100～3600 300～3600	<30

速度继电器主要根据被控电动机的额定转速、控制要求等进行合理选择。

想一想：三相异步电动机制动控制是如何实现的？

（二）三相异步电动机制动控制电路的工作原理分析

对三相异步电动机要想迅速而准确地停车，就要采取相应的措施即制动。

通常制动的方式有机械制动和电气制动两种。

机械制动是在电动机断电后利用机械装置使电动机迅速停转。电磁抱闸制动就是常用的方法之一，结构上电磁抱闸由制动电磁铁和闸瓦制动器组成，可分为断电制动和通电制动型。机械制动动作时，将制动电磁铁线圈的电源切断或接通，通过机械抱闸制动电动机。

电气制动是产生一个与原来转动方向相反的制动力矩来进行制动。常用的电气制动有反接制动和能耗制动等。

三相异步电动机有哪几种反接制动控制电路接线方式呢？

1. 三相笼型异步电动机反接制动控制电路

反接制动是在电动机的原三相电源被切断后，立即接通与原相序相反的三相交流电源，使转子受到与旋转方向相反的制动力矩作用而迅速停机。这种制动方式必须在电动机的转速减小到接近零时，及时切断电动机电源，以防电动机反向起动。

在反接制动时，电动机定子绕组流过的电流相当于全电压直接起动时电流的两倍，为了限制制动电流对电动机转轴的机械冲击力，在制动过程中往往在定子电路中串入电阻，这个电阻称为反接制动电阻。

2. 单向运转的反接制动控制电路

反接制动的关键在于改变电动机电源的相序，且当电动机转速接近零时，能自动将电源切除。为此在反接制动控制过程中采用速度继电器来检测电动机的速度变化。

图 4-4 为三相笼型异步电动机单向运转的反接制动控制电路。图中，KM1 为单向运转接触器，KM2 为反接制动接触器，KS 为速度继电器，R 为反接制动电阻。

起动时，合上电源开关 QS，按下起动按钮 SB2，接触器 KM1 线圈通电并自锁，电动机在全电压下起动运行，当转速升到某一值（通常为大于 120r/min）时，速度继电器 KS 复位，KM2 线圈断电释放，制动过程结束。

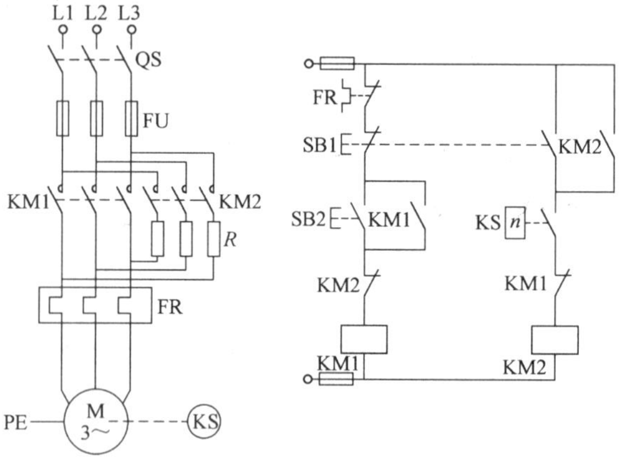

图 4-4　单向运转的反接制动控制电路

3. 电动机可逆运行的反接制动控制电路

图 4-5 为笼型异步电动机减压起动可逆运行的反接制动控制电路。图中，KM1、KM2 为正、反转接触器，KM3 为端接电阻用接触器，KA1～KA4 为中间继电器，电阻 R 既能限制反接制动电流，也能限制起动电流。

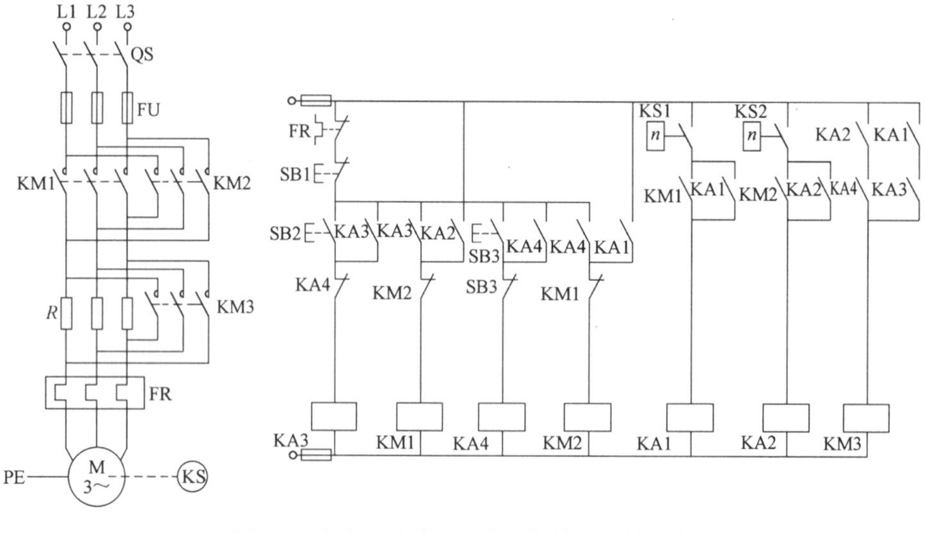

图 4-5　电动机可逆运行的反接制动控制电路

（1）正向起动控制过程　按下起动按钮 SB2，中间继电器 KA3 线圈通电动作并自锁，KA3 的常开触点闭合使接触器 KM1 线圈通电，KM1 的主触点闭合，电动机在串接电组 R 的情况下减压起动。当转速上升到一定值时，速度继电器 KS 动作，常开触点 KS1 闭合，中间继电器 KA1 线圈通电动作并自锁，KA1 的常开触点闭合，KM3 线圈通电动作，KM3 的主触点闭合，切除电阻 R，电动机在全电压下正转运行。

（2）停机控制过程　按停机按钮 SB1，KA3 及 KM1 线圈相继断电，触点复位，电动机正向电源被断开，由于电动机转速还较高，速度继电器的常开触点 KS1 仍闭合，中间继电器 KA1 线圈保持通电状态。KM1 断电后，常闭触点的闭合使反转接触器 KM2 线圈通电，接通电动机反向电源，进行反接制动。同时，由于中间继电器 KA3 线圈断电，接触器 KM3 断电，电阻 R 被串入主电路，限制了反接制动电流。电动机转速迅速下降，当转速下降到小于100r/min时，速度继电器的常开触点KS1断开复位，KA1线圈断电，KM2线圈也断电，反接制动结束。

（3）反向起动控制过程　按反向起动按钮SB3，其起动过程和停机制动过程与正向起动时相似，请读者自行分析。

反接制动的优点是制动能力强、制动时间短；缺点是能量损耗大、制动时冲击力大、制动准确度差。反接制动适用于生产机械的迅速停机与迅速反接运转。

想一想

通过搜集三相异步电动机制动控制方式、控制原理及电路板制作工艺等资料、小组讨论，制定完成三相异步电动机制动控制电路板制作项目构思的工作计划，填写在表4-3中。

表4-3　三相异步电动机制动控制电路板制作项目构思工作计划单

项目构思工作计划单			
项目			学时：
班级			
组长		组员	
序号	内容	人员分工	备注
学生确认		日期	

【项目设计】

一、三相异步电动机制动控制电路板的制作项目方案的设计

教师指导学生进行项目设计，分析、答疑；指导学生从经济性、合理性和适用性进行项目方案的设计，要考虑项目的成本，反复修改方案，点评修订并确定最终设计方案。

学生分组讨论设计三相异步电动机制动控制电路板的制作项目方案，在教师的指导与参与下，学生从多个角度根据工作特点和工作要求所制定的方案计划中，讨论各方案的合理性、可行性与经济性，判断各个方案的综合优劣，进行方案决策，并最终确定实施计划，分配好每个人的工作任务，择优选取出合理的设计方案，完成项目设计方案。经过分组讨论设计，项目的最优设计方案及工艺流程如图4-6所示。

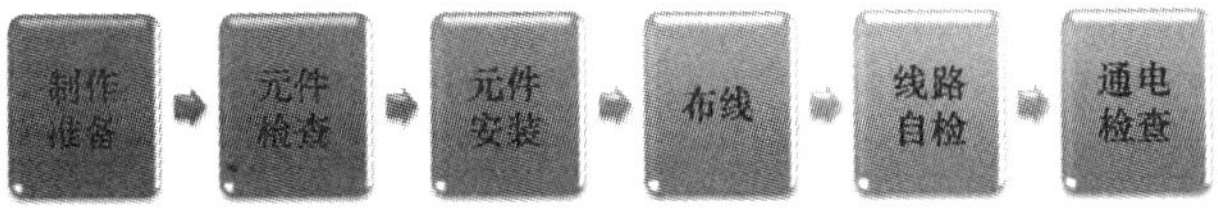

图4-6　项目的最优设计方案及工艺流程

为了保证控制板安装得正确合理，在制作之前必须制定工作计划。先根据控制要求画出原理图、电器元件布置图和安装接线图，再进行电器元件选择，然后进行电器元件检查，电

器元件安装、布线，最后进行空载调试和带载调试。

做一做

二、电气控制电路图的绘制

图 4-7 是三相异步电动机单向运转的反接制动控制电路。

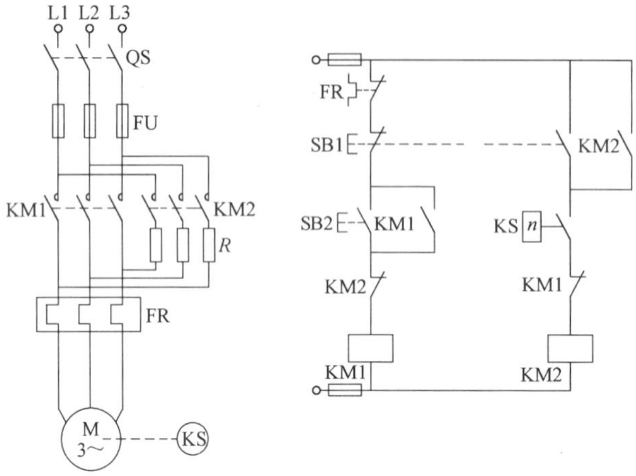

图 4-7　三相异步电动机单向运转的反接制动控制电路

绘制原理图时应按原理图的绘制原则绘制。

绘制三相异步电动机制动控制电路原理图（可参照图 4-7 绘制）：

（一）电器元件布置图的绘制和分析

绘制三相异步电动机制动控制电路电器元件布置图：

（二）电器元件安装接线图的绘制

绘制三相异步电动机制动控制电路安装接线图：

做一做

填写项目设计记录单，见表4-4。

表4-4　三相异步电动机制动控制电路板制作项目设计记录单

课程名称	机床电气设备及升级改造				总学时：
项目名称	三相异步电动机制动控制电路板的制作				项目学时：
班级		团队负责人		团队成员	
项目设计方案一					
项目设计方案二					
项目设计方案三					
最优方案					
电气图					
设计方法					
相关资料及资源	校本教材、实训指导书、视频录像、PPT课件、电气安装工艺及标准等				

【项目实现】

教师：指导学生进行项目实施；讲解项目实施的工艺规程和安全注意事项，低压电器选择的依据；引导学生按照设计方案，合理选择电器元件；指导学生进行三相异步电动机制动控制电路板制作。

学生：分组进入实训区，熟悉岗位工作职责及生产环境相关管理规定，在教师指导下按照三相笼型异步电动机制动控制电路原理图、安装接线图及电路板制作的工艺流程、接线原则及接线操作规程等进行电路板的安装、接线，完成电路板的制作。

做一做

一、三相异步电动机制动控制电路电器元件安装

（一）安装前的准备

1. 训练工具、仪表

① 工具：测试笔、螺钉旋具、斜口钳、尖嘴钳、剥线钳、电工刀等。

② 仪表：绝缘电阻表、万用表。

2. 线材

在器材库里选择相应的线材。

① 控制板一块。

② 导线及规格：主电路导线由电动机容量确定；控制电路一般采用截面积为 $1mm^2$ 的铜芯导线（BV）；按钮线一般采用 $0.75mm^2$ 的铜芯线（RV）；导线的颜色要求主电路与控制电路必须有明显的区别。

③ 备好编码套管和扎带。

想一想

你知道电动机制动控制电路中所需的低压电器控制元件有哪些吗？各种电器控制元件的型号、技术参数如何，下面我们来学习一下。

做一做，记下各电器元件及线材的参数

3. 电器元件的选择

根据原理图、电器元件布置图和电气安装接线图，按照电器元件的选用原则选出并配齐所有电器元件。

所需电器元件明细见表 4-5。

表 4-5　电器元件明细表

代号	名称	型号	规格	单位	数量	用途	备注
M	三相异步电动机	Y132S-4	5.5kW、380V、11.6A、△联结、1440r/min	台	1		
QS							
FU							
KM1							
KM2							
FR SB1 ~ SB2							
KS XT							
	主电路导线						
	控制电路导线						
	按钮线						
	接地线						
	行线槽						
	配线板						

做一做

（二）电器元件检查及安装

1. 电器元件检查

（1）外观检查

① 电器元件的技术数据（如型号、规格、额定电压、额定电流）应完整并符合要求，外观无损伤。

② 电器元件的电磁机构动作应灵活，无衔铁卡阻等不正常现象，用万用表检测电磁线圈的通断情况以及各触点的分合情况。

③ 接触器的线圈电压和电源电压应一致。

④ 对电动机的质量进行常规检查（每相绕组的通断，相间绝缘，相对地绝缘）。

（2）万用表检查　用万用表检查元器件的通断。

（3）用绝缘电阻表（见图 4-8）检测电器元件绝缘电阻　用绝缘电阻表检测电器元件及电动机的绝缘电阻等有关技术数据是否符合要求。

图 4-8　绝缘电阻表

想一想，材料都齐了，可以安装电路板了吗？

2. 安装步骤及工艺要求

在电路板上按电器布置图安装电器元件，工艺要求如下：

① 刀开关、熔断器的受电端子应安装在控制板的外侧。

② 每个电器元件的安装位置应整齐、匀称、间距合理，便于布线及元件的更换。

③ 紧固各电器元件时要用力均匀，紧固程度要适当。

做一做

二、三相异步电动机制动控制电路板的布线

按接线图的走线方法进行板前明线布线和套编码套管，其具体工艺要求同项目一。

做一做

填写项目实现记录单，见表 4-6。

表 4-6　三相异步电动机制动控制电路板制作项目实现记录单

课程名称	机床电气设备及升级改造				总学时：
项目名称	三相异步电动机制动控制电路板的制作				学时：
班级		团队负责人		团队成员	
项目工作情况					
项目实施所遇到的问题					
相关工具及资源					
执行标准或工艺要求					
注意事项					
备注					

【项目运行】

教师：指导学生进行电路板的调试、运行，讲解调试运行的注意事项及安全操作规程，并对学生的成果进行评价。

学生：检查三相异步电动机制动控制电路接线任务的完成情况，在教师指导下进行调试与运行，发现问题及时解决，直到调试成功为止；分析不足；汇报学习、工作心得，展示工作成果；对项目完成情况进行总结，完成项目报告。

想一想，电路板安装完成了，可以检查通电了吧？

一、三相异步电动机制动控制电路板线路检查

1. 自检

① 按电路原理图或电气接线图从电源端开始，逐段核对接线及接线端子处是否正确，有无漏接、错接之处。检查导线接点是否符合要求，压接是否牢固。接触应良好，以免带负载运行时产生闪弧现象。

② 用万用表检查线路的通断情况。检查时，应选用倍率适当的电阻档，并进行校零，以防短路故障发生。对控制电路的检查（可断开主电路），可将表笔分别搭在控制电路的两个进线端上，读数应为“∞”。按下起动按钮时，读数应为接触器线圈的电阻值，然后断开控制电路再检查主电路有无开路或短路现象，此时可用手动操作机构来代替接触器通电进行检查。

③ 用绝缘电阻表检查线路的绝缘电阻，应不小于 0.5MΩ。

④ 检查熔断器的熔体选择是否合理，热继电器的整定值是否已调整合适。

2. 指导教师检查

在自检无误后，一定要经过指导教师检查，确保无误后才允许通电试车。

做一做

二、三相异步电动机制动控制电路维护维修

电气控制电路故障的常用分析方法有：调查研究法、试验法、逻辑分析法和测量法。

三、三相异步电动机反接制动控制电路板的调试

1. 空载调试

在不接负载的情况下通电调试。先合上电源开关，按下起动按钮观察接触器的吸合情况。在自锁状态下，接触器的动作机构应该是吸合的。

2. 带负载调试

接上电动机，合上电源开关，按下起动按钮观察接触器的吸合情况及电动机的运行情况，松开按钮电动机连续运行。按下停止按钮，观察电动机的制动情况。

调试成功后，先拆掉负载，再拆掉电源。清理工作台和工具，填写记录单。

做一做

填写项目运行记录单，见表 4-7。

表 4-7 项目四项目运行记录单

课程名称	机床电气设备及级改造				总学时：
项目名称	三相异步电动机制动控制电路板的制作				学时：
班级		团队负责人		团队成员	
项目构思 是否合理					
项目设计 是否合理					
项目实现遇 到了哪些问题					
项目运行时 故障点有哪些					
调试运行 是否正常					

四、三相异步电动机制动控制电路板的制作项目验收

项目完成后，应对各组完成情况进行验收和评定，具体验收项目包括：

1）方案设计。

2）绘制电器元件布置图。

3）安装电器元件。

4）布线。

5）通电试车。

6）安全文明生产。

三相异步电动机单向反接制动控制电路板制作考核要求及评分标准见表 4-8。

表 4-8 三相异步电动机单向反接制动电气控制电路板制作考核要求及评分标准

测评内容	配分	评分标准	操作时间	扣分	得分
绘制电器元件布置图	10	绘制不正确，每处扣 2 分	20min		
安装电器元件	20	1. 不按图安装，扣 5 分 2. 电器元件安装不牢固，每处扣 2 分 3. 电器元件安装不整齐、不合理，每处扣 2 分 4. 损坏电器元件，扣 10 分	20min		

（续）

测评内容	配分	评分标准	操作时间	扣分	得分
布线	50	1. 导线截面选择不正确,扣5分 2. 不按图接线,扣10分 3. 布线不合要求,每处扣2分 4. 接点松动,露铜过长,螺钉压绝缘层等每处扣1分 5. 损坏导线绝缘或线芯,每处扣2分 6. 漏接接地线,扣5分	60min		
通电试车	20	1. 第一次试车不成功,扣5分 2. 第二次试车不成功,扣5分 3. 第三次试车不成功,扣5分	20min		
安全文明操作		违反安全生产规程,扣5~20分			
定额时间(3h)	开始时间(　) 结束时间(　)	每超时2min,扣5分			
总分					

电气控制电路的故障检修评分标准见表4-9。

表4-9　电气控制电路的故障检修评分标准

<table>
<tr><td>项目内容</td><td>配分</td><td colspan="5">评分标准</td><td>扣分</td></tr>
<tr><td rowspan="2">故障分析</td><td rowspan="2">40</td><td colspan="5">1. 不能根据试车的状况说出故障现象,扣5~10分</td><td rowspan="2"></td></tr>
<tr><td colspan="5">2. 不能标出最小故障范围,每个故障扣10分</td></tr>
<tr><td rowspan="7">故障排除</td><td rowspan="7">60</td><td colspan="5">停电未验电,扣5分</td><td rowspan="7"></td></tr>
<tr><td colspan="5">测量仪表、工具使用不正确,每次扣5分</td></tr>
<tr><td colspan="5">检测故障方法、步骤不正确,扣10分</td></tr>
<tr><td colspan="5">不能查出故障,每个故障扣20分</td></tr>
<tr><td colspan="5">查出故障但不能排除,每个故障扣15分</td></tr>
<tr><td colspan="5">损坏电器元件,扣40分</td></tr>
<tr><td colspan="5">扩大故障范围或产生新的故障,每个故障扣40分</td></tr>
<tr><td>安全文明生产</td><td>倒扣</td><td colspan="5">违反安全文明生产规程,未清理场地,扣10~60分</td><td></td></tr>
<tr><td>定额时间</td><td>30min</td><td>开始时间</td><td></td><td>结束时间</td><td></td><td>实际时间</td><td></td></tr>
<tr><td colspan="2">备注</td><td colspan="4">1. 不允许超时检修故障,但在修复故障时每超时1min扣2分
2. 除定额工时外,各项内容的最高扣分不得超过配分数</td><td>成绩</td><td></td></tr>
</table>

【知识拓展】

※三相异步电动机能耗制动控制电路

能耗制动是在三相笼型异步电动机断开交流电源后，迅速给定子绕组接通直流电源，产生静止的磁场，此时电动机转子因惯性而继续运转，切割磁力线，产生感应电动势和转子电流，转子电流与静止磁场相互作用，产生制动力矩，使电动机迅速减速后停机。此制动方法是将电动机旋转的动能转变为电能，消耗在转子电阻上，故称为能耗制动。

能耗制动的控制既可以按时间原则，由时间继电器来控制；也可以按速度原则，由速度继电器进行控制。

1. 按时间原则控制的能耗制动控制电路

（1）工作原理　图 4-9 为按时间原则控制的笼型异步电动机能耗制动控制电路。

起动时，合上电源开关 QS，按下起动按钮 SB2，接触器 KM1 动作并自锁，其主触点接通电动机主电路，电动机在全电压下起动运行。

停车时，按下停止按钮 SB1，其常闭触点断开使 KM1 线圈断电，切断电动机电源，SB1 的常开触点闭合，接触器 KM2、时间继电器 KT 线圈通电并经 KM2 的辅助触点和 KT 的瞬动触点自锁，同时，KM2 的主触点闭合，给电动机两相定子绕组送入直流电流，进行能耗制动。经过一定时间后，KT 延时结束，其延时断开的常闭触点断开，KM2 线圈断电释放，切断直流电源，并且 KT 线圈断电，为下次制动做好准备。

由以上分析可知：时间继电器 KT 的整定值即为制动过程的时间。KM1 和 KM2 的常闭触点进行联锁的目的是防止交流电和直流电同时加入电动机定子绕组。

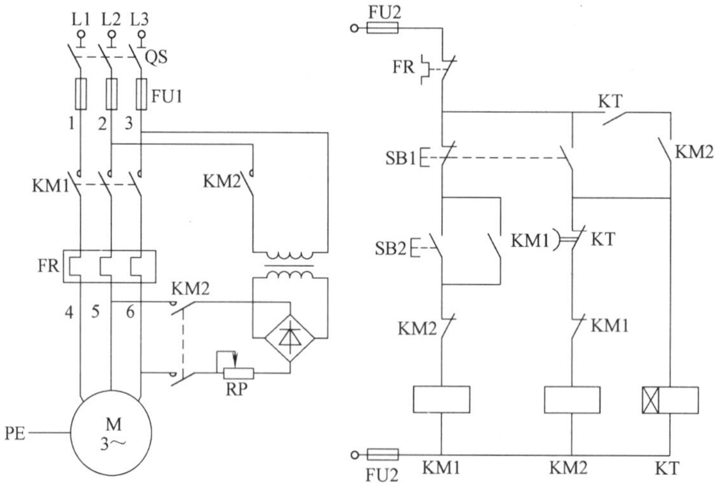

图 4-9　按时间原则控制的笼型异步电动机能耗制动控制电路

（2）直流电源的估算方法

1）参数的确定。先用电桥测量电动机定子绕组任意两相之间的冷态电阻 R，也可以从有关的电工手册中查到；测出电动机的空载电流 I_o，也可根据 I_o =（30% ~40%）I_N 来确定，其中 I_N 为电动机的额定电流。

一般取直流制动电流为 I_z =（1.5 ~4）I_N。当传动装置的转速高、惯性大时，系数可取大些，否则取小些；一般取直流电源的制动电压为 RI_z。

2）变压器容量及二极管的选择。

变压器二次电压取 $U_2 = 1.11RI_z$。

变压器二次电流取 $I_2 = 1.11I_z$。

变压器容量为 $S = U_2I_2$。

考虑到变压器仅在制动过程短时间内工作，它的实际容量通常取计算容量的三分之一左右。

当采取桥式整流电路时，每只二极管流过的电流平均值为$I_z/2$，反向电压为$\sqrt{2}U_2$，然后再考虑1.5～2倍的安全裕量，选择适当的二极管。

2. 按速度原则控制的能耗制动控制电路

图4-10为按速度原则控制的笼型异步电动机可逆运行能耗制动控制电路。图中，KM1、KM2分别为正、反转接触器，KM3为制动接触器，KS为速度继电器，KS1、KS2分别为正、反转时对应的常开触点。

起动时，合上电源开关QS，根据需要按下正转按钮SB2或反转按钮SB3，相应的接触器KM1或KM2线圈通电并自锁，电动机正转或反转，此时速度继电器触点KS1或KS2闭合。

需要停机时，按下停机按钮SB1，使KM1或KM2线圈断电，SB1的常开触点闭合，接触器KM3线圈通电动作并自锁，电动机定子绕组接通直流电源进行能耗制动，转速迅速下降。当转速下降到100r/min时，速度继电器KS的常开触点KS1或KS2断开，KM3线圈断电，能耗制动结束，电动机自由停机。

能耗制动的特点是制动电流较小，能量损耗小，制动准确，但它需要直流电源，制动速度较慢，所以能耗制动适用于要求平稳制动的场合。

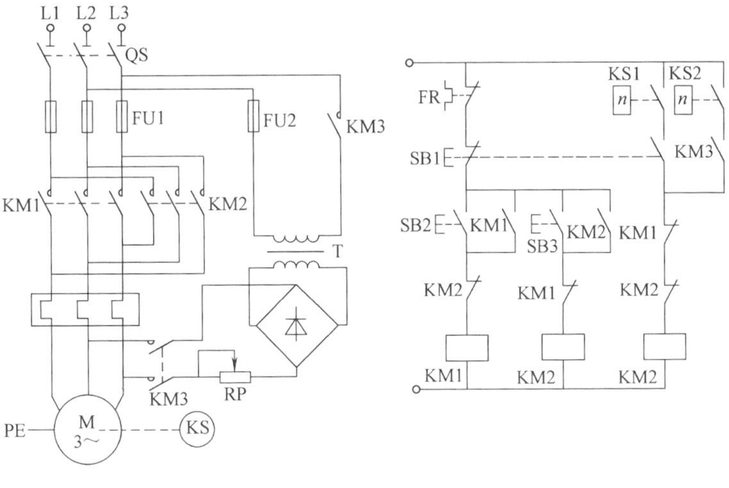

图4-10　按速度原则控制的电动机可逆运行能耗制动控制电路

3. 反接制动与能耗制动的比较

表4-10为反接制动与能耗制动的比较。

表4-10　反接制动与能耗制动的比较

制动方法	适用范围	特点
能耗制动	要求平稳准确制动的场合	制动准确度高，需直流电源，设备投入费用高
反接制动	要求制动迅速，系统惯性大，制动不频繁的场合	设备简单，制动迅速，准确性差，制动冲击力强

【工程训练】

设计一个小车控制电路，要求从 A 点到 B 点和从 B 点到 A 点停车时具有反接制动控制，画出主电路和控制电路，具体要求如下：

1. 用起动按钮控制小车从 A 点前进，到达 B 点后自动停止，经过 40s 后自动后退，回到 A 点后停止。

2. 在小车回来过程中可以随时控制小车停止。

3. 在 B 点设终端保护。

项目五
车床电气控制及 PLC 改造

项目名称	车床电气控制及 PLC 改造	参考学时	10 学时
项目引入	车床主要应用在工业制造上，毫不夸张地说，只要是机械工业方面基本都会用到这些车床，随着时代的发展与进步，当今的机床正在向精度高、效率高、能减轻工人劳动强度的数控方面发展。但传统的车床仍然采用继电器-接触器控制方式，存在着触点多、接线复杂、故障率高等缺点，随着 PLC 技术的飞速发展，用 PLC 对旧机床改造势在必行。 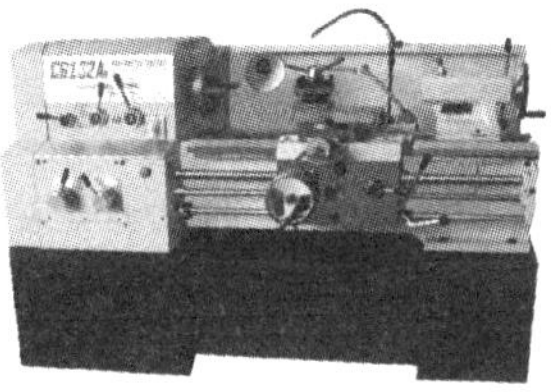 		
项目目标	通过车床电气控制及 PLC 改造电路板的制作，让学生掌握车床的组成及基本电气控制原理，学会车床电气图的识读，掌握顺序控制的规律。能根据原理图画出电器元件布置图和安装接线图，并能按图进行电器元件的安装和接线，能够制定车床电气控制的 PLC 改造方案，再进行 I/O 分配和 PLC 编程，最后进行程序调试和整机安装调试，并学会车床电气控制电路常见故障的检修方法。通过该项目的训练，培养学生信息获取、资料收集整理的能力；会使用万用表、绝缘电阻表等测量工具和常用的安装、调试工具仪器；提高解决问题、分析问题的能力，以及知识的综合运用能力；具有良好的工艺意识、标准意识、质量意识、成本意识，达到 CDIO 工程项目的实践能力。		
项目要求	完成车床电气控制及 PLC 改造电路板的制作，包括： 1. 根据需求画出车床电气控制电路原理图、电器元件布置图和安装接线图，分析车床电气控制原理； 2. 选择合适型号的电器元件及导线； 3. 采用板前明线布线的方法进行电路板的制作，严格按工艺要求完成安装接线和调试运行。 4. 故障诊断及维护维修。		
（CDIO） 项目实施	构思（C）：项目构思与任务分解，学习相关知识，制定出工作计划及工艺流程，建议参考学时为 1 学时； 设计（D）：学生分组设计项目 PLC 改造方案，建议参考学时为 2 学时； 实现（I）：绘图、电器元件安装与布线，建议参考学时为 6 学时； 运行（O）：调试运行与项目评价，建议参考学时为 1 学时。		

【项目构思】

车床是机械加工中最广泛的金属切削机床，它可以用于切削各种工件的外圆、内孔、端面、螺纹、螺杆及车削定型表面等。它主要应用在工业制造、铁路机车、汽车、化工、矿山设备等领域加工电子产品、家电产品、军工产品等。

在本学习项目中，教师首先下发项目工单，布置本项目需要完成的任务及控制要求，介绍本项目的应用情况，进行项目分析，讲解车床用途、电路组成、工作原理、机床读图和维修的相关知识，PLC 改造方案的制定；并介绍电气设备安装工和维修电工职业资格考试标准。学生进行小组分工，明确项目工作任务，团队成员讨论项目如何实施，进行任务分解，学习完成项目所需的知识，查找车床电气控制及 PLC 改造的相关知识，制定项目实施工作计划、制定出工艺流程，然后进行改造方案的设计，程序编制、调试，电气系统图的绘制、电器元件选择、安装及布线，最后进行电路板的检查与调试。

项目实施建议教学方法为项目引导法、小组教学法、案例教学法、启发式教学法、实物教学法。

项目五项目工单见表 5-1。

表 5-1　项目五项目工单

<table>
<tr><td>课程名称</td><td colspan="4">机床电气设备及升级改造</td><td>总学时：108</td></tr>
<tr><td>项目名称</td><td colspan="4">车床电气控制及 PLC 改造</td><td>参考学时：10</td></tr>
<tr><td>班级</td><td></td><td>团队负责人</td><td></td><td>团队成员</td><td></td></tr>
<tr><td>项目描述</td><td colspan="5">根据车床结构、运动形式及电气控制原理及制作要求，学习常见车床电气控制的原理、安装接线图的绘制、故障排除及 PLC 技术改造的知识。制定安装计划并进行决策，制定出合理的计划方案，然后选择合适的电器元件和线材，准备好工具和耗材，与团队成员合作进行原理分析并制定 PLC 改造方案，然后对传统的继电器-接触器控制部分进行 PLC 改造，改造完成再进行整机系统调试，最后进行综合评价。具体任务如下：
1. 了解车床的结构、运动形式及控制要求；
2. 车床电气控制原理的分析；
3. 故障诊断并排除；
4. 电气控制 PLC 的改造方案确定；
5. PLC 的选型；
6. I/O 接线图的绘制；
7. PLC 编程；
8. PLC 程序调试并监控运行；
9. 整机系统调试。</td></tr>
<tr><td>相关资料及资源</td><td colspan="5">教材、视频录像、PPT 课件、电气安装工艺及标准等，PLC 编程手册，PLC 控制系统</td></tr>
<tr><td>工作成果</td><td colspan="5">1. 完成电气控制电路 PLC 改造电气控制柜，实现控制要求
2. CDIO 项目报告
3. 评价表</td></tr>
<tr><td>注意事项</td><td colspan="5">1. 每组在通电试车前一定要经过指导教师的允许；
2. 故障设置时，应该模拟成实际使用中造成的自然现象；
3. 故障设置时，不得更改线路或更换电器元件；
4. 安装调试完毕后先断电源后断负载；
5. 严禁带电操作；
6. 指导教师必须在实训现场密切注意学生的检修，随时做好应急措施。</td></tr>
<tr><td>引导性问题</td><td colspan="5">1. 你已经具备完成车床电气控制柜制作与常见电气故障诊断的所有资料了吗？如果没有，还缺少哪些？应通过哪些渠道获得？
2. 在完成本次任务前，你还缺少哪些必要的知识？如何解决？
3. 你选择哪种方法制定 PLC 改造方案？
4. 在进行安装前，你选择好 PLC 型号了吗？
5. 在安装接线时，你选择导线的规格多大？根据什么进行选择？</td></tr>
</table>

（续）

引导性问题	6. 你采取哪些措施来保证制作质量，符合制作要求吗？ 7. 你在安装和调试过程中，会使用哪些工具？ 8. 在进行 PLC 电气控制部分改造时你选择了哪些方法编程？ 9. 在安装完毕后，你所用到的工具和仪器是否已经归位？

一、车床电气控制及 PLC 改造项目分析

该项目来源于某电机厂，该厂在生产电机过程中用到很多车削加工，依靠车床完成对电机转子等部件的车削加工。车床主要用于加工轴、盘、套和其他具有回转表面的工件，以圆柱体为主，是机械制造和修配工厂中使用最广的一类机床。

现代生产机械多采用机械、电气、液压、气动结合的控制技术。其中电气控制技术起连接中枢作用，应用最为广泛。电气控制系统是生产机械设备的重要组成部分，能保证机械设备按生产工艺要求，完成各种运动状态与协调工作，并保证机械设备安全可靠工作以及实现操作自动化。本项目的主要任务是根据车床的工作情况确定电气设计的技术条件、电力拖动形式的选择、电动机的选择及其他电器元件、电气控制原理图，绘制电气控制电路的电器元件布置图和接线图，并设计 PLC 改造的方案，最后进行车床电气控制电路板的安装调试。

通过车床电气控制及 PLC 改造电路板的制作，让学生掌握车床的组成及基本电气控制原理，学会车床电气图的识读，掌握顺序控制的规律。能根据原理图正确画出电器元件布置图和安装接线图，并能按图进行电器元件的安装和接线，能够制定车床电气控制的 PLC 改造方案，再进行 I/O 分配和 PLC 编程，最后进行程序调试和整机安装调试，并学会车床电气控制电路常见故障的检修方法。

让我们一起来了解车床及其电气控制电路吧！

二、车床电气控制及 PLC 改造相关知识

什么是车床？车床有哪些用途呢？车床是怎样进行车削加工的呢？

（一）初步认识车床

1. 车床的用途

车床是一种用途极广的金属切削机床，如图 5-1 所示为几种车床外形图。它主要用来车削外圆、内圆、端面、螺纹、定型面，也可用钻头、铰刀等刀具来钻孔、镗孔、倒角、割槽和切断等。车床的种类很多，有卧式车床、落地车床、立式车床、转塔车床等，生产中以普通卧式车床应用最普遍，数量最多。根据加工元件和控制技术的不同，车床的分类很多。

CA6140 型普通卧式车床的型号含义如图 5-2 所示。

2. 运动形式

车床的切削运动包括主运动、进给运动及辅助运动。主运动是主轴通过卡盘或夹头，带动工件的旋转运动；进给运动是溜板带动刀架的纵向或横向运动；辅助运动是刀架的快速移动及工件的夹紧、松开等，便于提高生产效率。

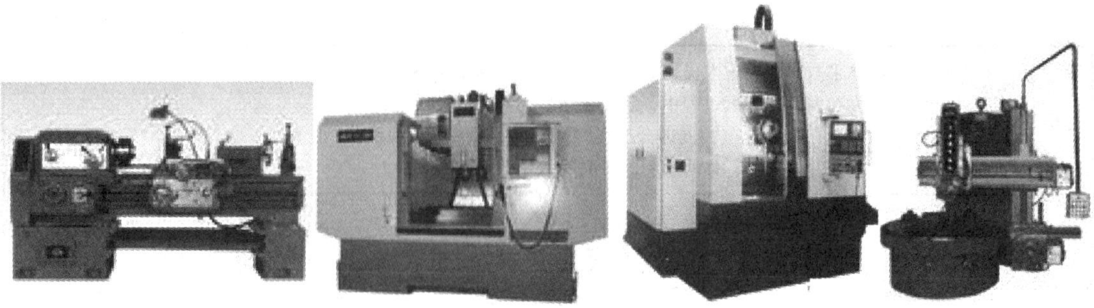

a) 普通卧式车床　b) 两端同时加工的数控卧式车床　c) 数控立式车床　d)单柱立式车床

图 5-1　几种车床外形图

C A 6 1 4 0
- C — 类代号(车床类)
- A — 结构特性代号
- 6 — 组代号(落地及卧式车床组)
- 1 — 系代号(卧式车床系)
- 40 — 主参数折算值

图 5-2　CA6140 型普通卧式车床的型号含义

不同的加工工艺要求应选择不同的切削速度，所以主轴要求有变速功能。一般车床的调速范围大，常用齿轮变速机构来调速，调速范围可达 40 倍以上，卧式车床的主电动机采用笼型异步电动机。车削加工时，一般不要求反转，但在加工螺纹时，为避免乱扣，要求正转进刀反转退刀，所以要求主轴能够实现正反转。加工螺纹时，要求工件的切削速度与刀架横向进给速度之间有严格的比例关系，所以，车床的主运动与进给运动由一台电动机拖动，并通过各自的变速箱来改变主轴转速与进给速度。卧式车床在车削加工时，刀具的温度往往很高，因此要配备一台冷却泵及电动机。拖动溜板箱快速移动电动机，常采用点动控制。车床加工方式如图 5-3 所示。

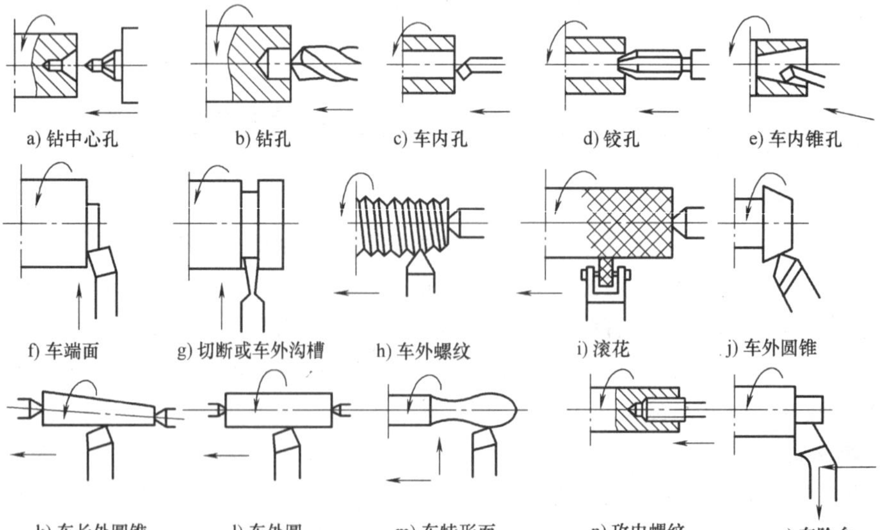

a) 钻中心孔　b) 钻孔　c) 车内孔　d) 铰孔　e) 车内锥孔

f) 车端面　g) 切断或车外沟槽　h) 车外螺纹　i) 滚花　j) 车外圆锥

k) 车长外圆锥　l) 车外圆　m) 车特形面　n) 攻内螺纹　o) 车阶台

图 5-3　车床加工方式

车床由哪些部分组成呢？对车床的控制要求有哪些呢？

（二）CA6140 型车床的电气控制工作原理分析

1. CA6140 型卧式车床的电气控制电路的读图方法

（1）了解车床的结构和工作要求　CA6140 型卧式车床主要由床身、主轴变速箱、尾座、溜板箱、挂轮箱、进给箱、丝杠、光杠和刀架等组成。普通卧式车床结构如图 5-4 所示。

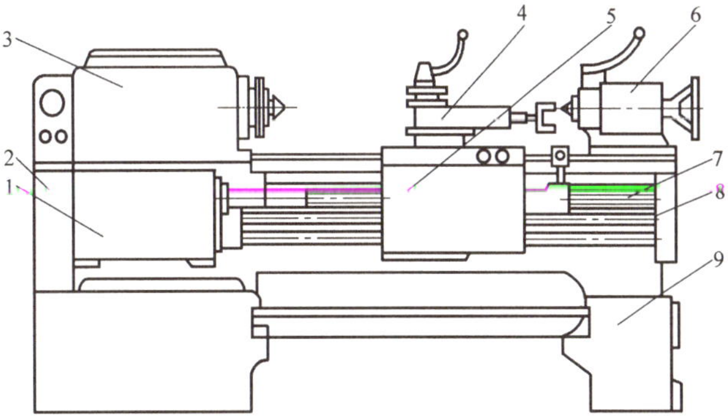

图 5-4　普通卧式车床结构

1—进给箱　2—挂轮箱　3—主轴变速箱　4—拖板与刀架　5—溜板箱　6—尾座　7—丝杆　8—光杠　9—床身

（2）对电力拖动和控制的要求　卧式车床一般由三台笼型异步电动机拖动，分别是主轴电动机 M1、冷却泵电动机 M2 和快速移动电动机 M3。

车床主要有三种运动：

主运动：车床的主轴带动工件的旋转运动。

进给运动：溜板箱带动刀架的直线运动。

辅助运动：包括溜板箱的快速移动、尾座的移动和工件的夹紧与放松等，刀架快速移动由刀架快速移动电动机带动。

对各台电动机的控制要求如下：

① 主电动机 M1 完成主轴主运动和刀具的纵横向进给运动的驱动，电动机为不调速的笼型异步电动机，采用直接起动方式，主轴采用机械变速。

② 为了车削螺纹，主轴要求能正反转。一般车床主轴正反转由拖动电动机正反转来实现；当拖动电动机的功率较大时，主轴的正反转则靠摩擦离合器来实现，电动机只能做单向旋转。正反转采用机械换向机构。

③ 在车削加工时，为防止因刀具和工件的温升过高造成刀具的损坏，需要增加一台冷却泵。它与主电动机在起动顺序上分先后。应在主电动机起动后起动，冷却泵电动机 M2 为单方向旋转。

④ 一般中小型车床的主轴电动机均采用直接起动方式和连续工作状态。当电动机功率较大时，常用Y-△减压起动。停车时为快速停车，一般采用机械制动。

⑤ 为实现溜板箱的快速移动，由单独的快速移动电动机 M3 拖动，采用点动控制。

⑥ 控制电路应有必要的保护措施与安全的局部照明电路。

（3）识读主电路　电气原理图主电路的识读按从左到右的顺序进行，它由几台电动机组成。每台电动机的通电情况通常从下往上看，即从电气设备（电动机）开始，经控制元件依次到电源，弄清电源是经过哪些电器元件到达用电设备的。

识读主电路按以下四步进行：

① 看电路及设备的供电电源。

② 分析主电路共用了几台电动机，并了解各电动机的功能。

③ 分析各台电动机的工作状况（如起动、制动方式、正反转、有无调速等）及它们的

制约关系。

④ 了解电动机经过哪些控制电路到达电源（如刀开关、交流接触器主触点等），与这些电器元件有关联的部分各处在图上哪个区域，各台电动机相关的保护电器（如熔断器、热继电器、断路器中的脱扣器等）有哪些。

（4）识读控制电路　电气原理图中控制电路的识读是在熟悉电动机控制电路基本环节的基础上，按照设备的工艺要求和动作顺序，分析各个控制环节的工作原理和工作过程，并根据设备的电气控制和保护要求，结合设备的机、电、液系统的配合情况，分析各环节之间的联系及工作过程，纵观整个电路，看清有哪些保护环节。

识读控制电路按以下三步进行：

① 弄清控制电路的电源电压。

② 按布局顺序从左到右依次搞清各条支路如何控制主电路。了解电路中常用的继电器、接触器、位置开关、按钮等电器的用途，分析动作原理以及对主电路的控制关系。

③ 分析出控制电路的动作过程。结合主电路有关电器元件对控制电路的要求进行分析。

（5）识读辅助电路　辅助电路即电气原理图中的其他电路，如检测电路、信号指示电路、照明电路等。

经过化整为零的方法分析后，还纵观全局，再进行集零化整，看有没有遗漏的地方。

你能画出一种简单的车床电气控制电路吗？车床是怎样工作的呢？

2. CA6140 型卧式车床电气控制电路原理及分析

（1）车床控制电路的工作原理图　CA6140 型卧式车床的电气控制电路由主电路、控制电路和辅助电路组成，其电气控制原理图如图 5-5 所示。

电源开关及保护	主轴电动机	冷却泵电动机	快速移动电动机	控制电源变压及保护	主轴电动机控制	快速移动电动机控制	冷却泵控制	信号灯	照明灯

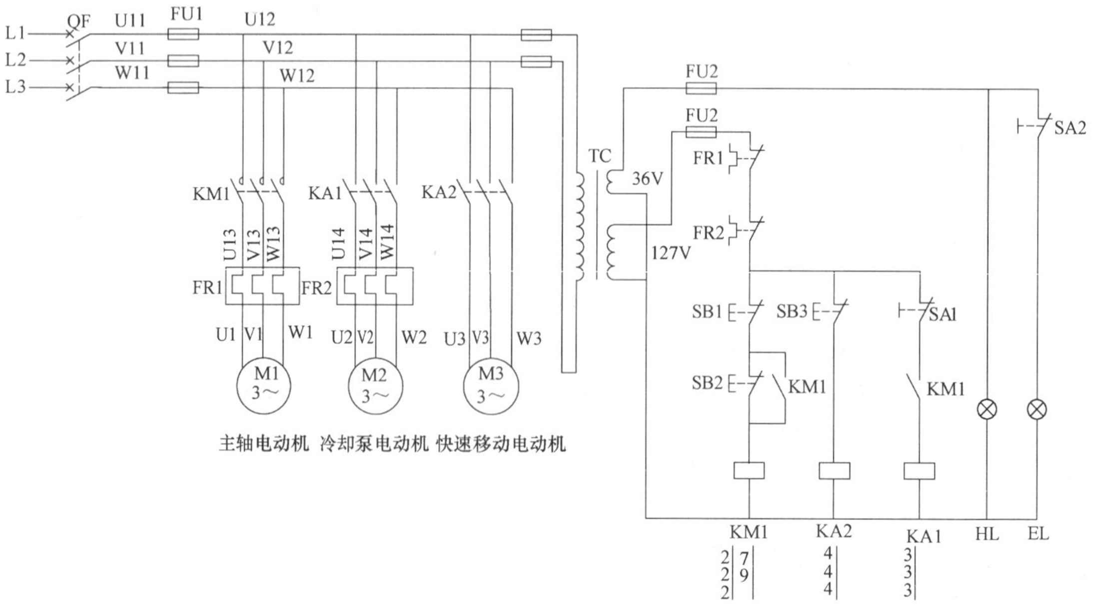

图 5-5　CA6140 型卧式车床电气控制原理图

（2）卧式车床控制电路的工作原理及分析 卧式车床的工作原理分析如下：

1）主电路分析。主电路中共有 3 台电动机；M1 为主轴电动机，带动主轴旋转和刀架做进给运动；M2 为冷却泵电动机；M3 为刀架快速移动电动机。

主电路如图 5-6 所示。三相交流电源由低压断路器 QF 引入。主轴电动机 M1、冷却泵电动机 M2、快速移动电动机 M3 均采取直接起动，分别由接触器 KM1、中间继电器 KA1、中间继电器 KA2 来控制其起动和停止。

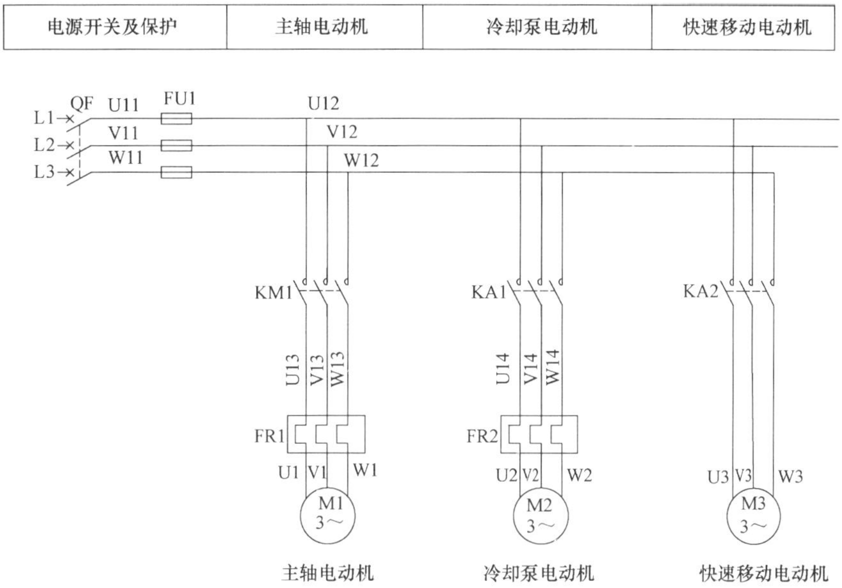

图 5-6 主电路

主轴电动机 M1 采用热继电器 FR1 作过载保护，采用熔断器 FU1 作短路保护。

冷却泵电动机 M2 采用热继电器 FR2 作过载保护。

快速移动电动机 M3 因为是间歇短时运行，故不需要热继电器进行过载保护。

2）控制电路分析。控制电路通过控制变压器 TC 输出 127V 交流电压供电，采用熔断器 FU2 作短路保护。

主轴电动机 M1 控制：按下 SB2，接触器 KM1 通电吸合，主电路上 KM1 的三个主触点闭合，主轴电动机 M1 转动；同时 KM1 的一个常开辅助触点闭合，进行自锁，保证松开按钮 SB2 后主轴电动机 M1 仍能连续运行。按下停止按钮 SB1，接触器 KM1 断电释放，主轴电动机 M1 停止。

快速移动电动机 M3 控制：按下按钮 SB3，中间继电器 KA2 通电吸合，KA2 三个常开主触点闭合，快速移动电动机 M3 旋转，由溜板箱的十字手柄控制方向，实现刀架的快速移动。松开按钮 SB3，中间继电器 KA2 断电释放，快速移动电动机 M3 停止，刀架停止移动。

冷却泵电动机 M2 控制：主轴电动机 M1 起动后，KM1 常开辅助触点吸合，使转换开关 SA1 闭合，中间继电器 KA1 方能通电吸合，冷却泵电动机 M2 带动冷却泵旋转。当主电动机 M1 停止时，KM1 常开辅助触点断开，中间继电器 KA1 断电释放，冷却泵电动机 M2 停止旋转。

车床控制电路如图 5-7 所示。

控制电源变压及保护	主轴电动机控制	快速移动电动机控制	冷却泵控制	信号灯	照明灯

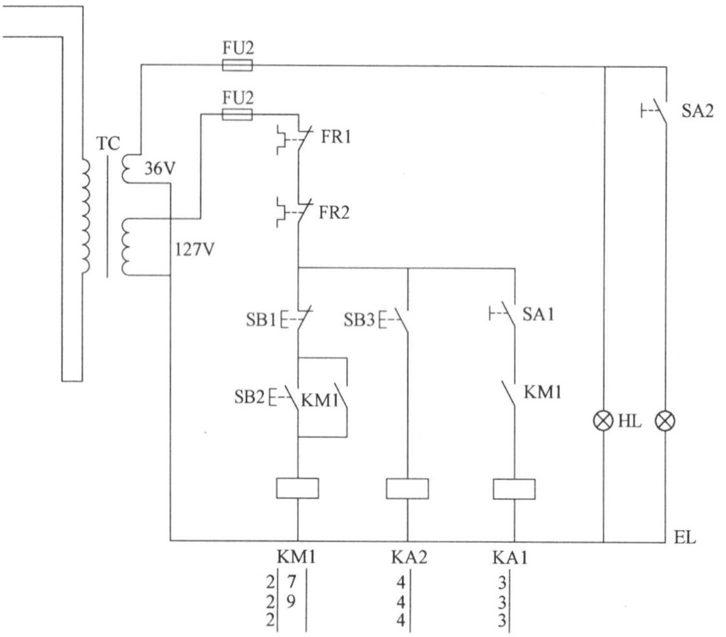

图 5-7　车床控制电路

3）指示及照明电路分析。指示灯 HL 和照明灯 EL 由控制变压器 TC 输出 36V 交流电压供电，采用熔断器 FU2 作短路保护，其中照明灯由开关 SA2 控制。

4）保护和联锁电路分析。KM1 常开辅助触点实现了主轴电动机 M1 和冷却泵电动机 M2 的顺序起动和联锁保护。热继电器 FR1 和 FR2 的常闭触点串联在控制电路中，当主电动机 M1 或冷却泵电动机 M2 过载时，热继电器 FR1 和 FR2 的常闭触点断开，控制电路断电，接触器和中间继电器均断电释放，所有电动机停止旋转，实现了过载保护。接触器 KM1、中间继电器 KA1 可实现失电压和欠电压保护。

想一想

通过搜集车床控制方式、控制原理及电路板制作工艺等资料、小组讨论，制定完成车床电气控制及 PLC 改造项目构思的工作计划，填写在表 5-2 中。

表 5-2　车床电气控制及 PLC 改造项目构思工作计划单

<table>
<tr><td colspan="5">项目构思工作计划单</td></tr>
<tr><td colspan="2">项目</td><td colspan="2"></td><td>学时：</td></tr>
<tr><td colspan="2">班级</td><td colspan="3"></td></tr>
<tr><td>组长</td><td></td><td>组员</td><td colspan="2"></td></tr>
<tr><td>序号</td><td>内容</td><td>人员分工</td><td colspan="2">备注</td></tr>
<tr><td></td><td></td><td></td><td colspan="2"></td></tr>
<tr><td></td><td></td><td></td><td colspan="2"></td></tr>
</table>

（续）

序号	内容	人员分工	备注
学生确认		日期	

【项目设计】

教师：指导学生进行项目设计，分析、答疑；指导学生从经济性、合理性和适用性进行项目方案的设计，要考虑项目的成本，反复修改方案，点评修订并确定最终设计方案。

学生：分组讨论设计车床电气控制 PLC 改造项目方案，在教师的指导与参与下，学生从多个角度根据工作特点和工作要求所制定的方案计划中，讨论各方案的合理性、可行性与经济性，判断各个方案的综合优劣，进行方案决策，并最终确定实施计划，分配好每个人的工作任务，择优选取出合理的设计方案，完成项目设计方案，画出 PLC 外部安装接线图，并画出工艺制作流程图。

一、CA6140 型卧式车床电气控制电路 PLC 改造方案的制定

CA6140 型卧式车床电气控制电路 PLC 改造后的控制柜如图 5-8 所示。

图 5-8　CA6140 型卧式车床电气控制电路 PLC 改造后的控制柜

想一想，如何用 PLC 控制车床的运动？你能制定出车床电气控制 PLC 改造方案吗？

根据 CA6140 型卧式车床电气控制原理图，进行车床的 PLC 改造方案的制定。由继电器控制过程，确定 PLC 的输入/输出均为开关量，从而确定出 PLC 的输入/输出设备，PLC 改造流程为：选择 PLC 并进行 I/O 口分配；设计 PLC 改造后的接线图及 I/O 地址分配表；编写 PLC 程序，安装及布线；PLC 程序监控调试；整机调试。车床电气控制及 PLC 改造方案如图 5-9 所示。

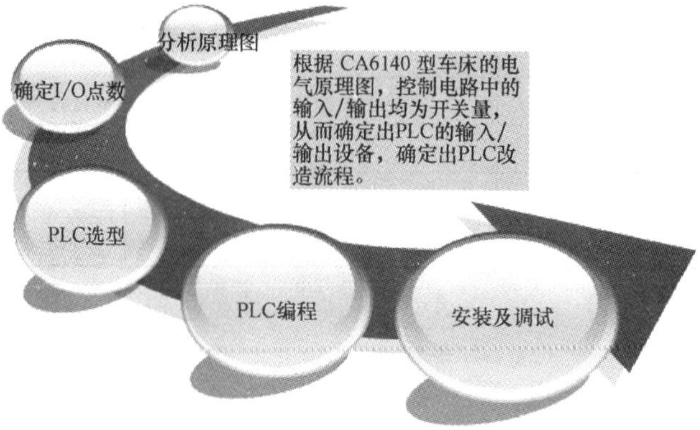

图 5-9　车床电气控制及 PLC 改造方案

想一想，车床电气控制电路的 PLC 改造线路如何连接？

二、CA6140 型卧式车床电气控制电路的 PLC 改造硬件设计

（一）PLC 输入/输出（I/O）分配表

根据 CA6140 型卧式车床的控制特点，控制电路中的输入/输出均为开关量，列出 PLC 的输入/输出点分配表，见表 5-3。从表 5-3 中可知，共有输入设备 5 个，输出设备 4 个，根据 I/O 点数可选用 S7-200 PLC。

表 5-3　CA6140 型卧式车床 PLC 的输入/输出点分配表

输入信号			输出信号		
名称	代号	输入点编号	名称	代号	输出点编号
主轴电动机 M1 起动按钮	SB1	I0.0	接触器	KM1	Q0.0
主轴电动机 M1 停止按钮	SB2	I0.1	中间继电器	KA1	Q0.1
快速移动电动机 M3 点动按钮	SB3	I0.2	中间继电器	KA2	Q0.2
冷却泵电动机 M2 手动开关	SA1	I0.3	指示灯	HL	Q0.3
过载保护热继电器	FR1、FR2	I0.4			

（二）PLC 接线图

进行车床电气控制的 PLC 改造接线图设计时，只需将图 5-5 中车床电气控制原理图右半部分的控制电路用 PLC 替代，其输入/输出设备与 PLC 的接线图如图 5-10 所示。其工作原理分析如下：

① 控制电路电源：通过开关电源 24V 以及外接 220V 电源提供。

② 主轴电动机 M1 控制：按下起动按钮 SB1，Q0.0 输出，主轴电动机 M1 起动运转，主轴电动机指示灯亮；按下停止按钮 SB2，Q0.0 无输出，主轴电动机 M1 停止运转，主轴电动机指示灯不亮。

③ 快速移动电动机 M3 控制：按下按钮 SB3，Q0.2 输出，快速移动电动机 M3 起动运转；松开按钮 SB3，Q0.2 无输出，快速移动电动机 M3 停止运转。

④ 冷却泵电动机 M2 控制：主轴电动机 M1 起动后，使转换开关 SA1 闭合，Q0.1 输出，

冷却泵电动机 M2 带动冷却泵旋转。当主轴电动机 M1 停止时，Q0.1 无输出，冷却泵电动机 M2 停止运转。

热继电器 FR1 和 FR2 的常闭触点断开时，Q0.0、Q0.1、Q0.2、Q0.3 均无输出，主轴电动机 M1、冷却泵电动机 M2、快速移动电动机 M3 均停止运转，主轴电动机指示灯不亮。

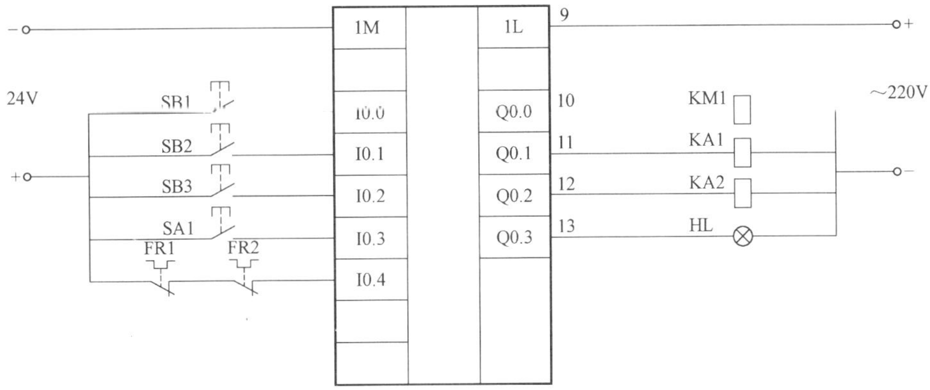

图 5-10　CA6140 型卧式车床 PLC 控制电路

想一想，车床电气控制电路的 PLC 改造梯形图如何编写？

三、CA6140 型卧式车床电气控制电路的 PLC 改造程序设计

设计思路：采用继电器-接触器转换的方法进行设计。转换法就是将继电器电路转换成与原有功能相同的 PLC 内部的梯形图。这种等效转换是一种简便快捷的编程方法，其一，原继电器-接触器控制系统经过长期使用和考验，已经被证明能完成系统要求的控制功能；其二，继电器-接触器控制电路图与 PLC 的梯形图在表示方法和分析方法上有很多相似之处，因此，根据继电器-接触器控制电路图来设计梯形图简便快捷；其三，这种设计方法一般不需要改动控制面板，保持了原有系统的外部特性，操作人员不用改变长期形成的操作习惯。转换后的等效电器元件工作及程序如下：

① 当 I0.0（SB1）闭合时，Q0.0 闭合并自锁，主轴电动机 M1 起动运转，主轴电动机指示灯 HL 亮；当 I0.1（SB2）闭合时，Q0.0 释放，主轴电动机 M1 停转，主轴电动机指示灯 HL 不亮。

② 当 I0.2（SB3）闭合时，Q0.2 闭合，快速移动电动机 M3 起动运转；当 I0.2 断开时，Q0.2 释放，快速移动电动机 M3 停转。

③ 当 Q0.0 闭合后，若 I0.3（SA1）闭合，则 Q0.1 闭合，冷却泵电动机 M2 起动运转；当 I0.3 断开时，Q0.1 释放，冷却泵电动机 M2 停转。

④ 当 I0.4（FR1、FR2）断开时，Q0.0、Q0.1、Q0.2 均失电释放，各电动机均停止运转。

⑤ 照明灯 EL 采用手动开关 SA2 直接控制。

根据 CA6140 型卧式车床电气控制工作原理及图 5-8 的接线图，可写出 CA6140 型卧式车床 PLC 控制梯形图及指令语句表如图 5-11 所示。

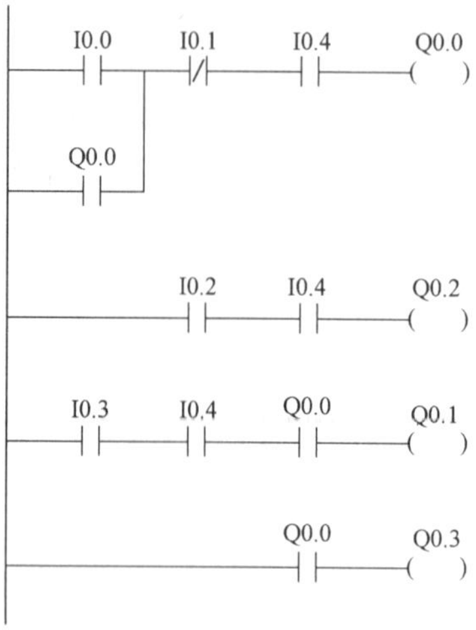

a) 梯形图

```
LD   I0.0
O    Q0.0
AN   I0.1
A    I0.4
=    Q0.0
LD   I0.2
A    I0.4
=    Q0.2
LD   I0.3
A    I0.4
A    Q0.0
=    Q0.1
LD   Q0.0
=    Q0.3
```

b) 语句表

图 5-11　CA6140 型卧式车床 PLC 控制程序

做一做，填写项目设计记录单

请同学们阅读完资料后，自行设计 CA6140 型卧式车床电气控制及 PLC 改造方案，并填写在表 5-4 中。

表 5-4　车床电气控制及 PLC 改造项目设计记录单

课程名称	机床电气设备及升级改造				总学时：108
项目名称	车床电气控制及 PLC 改造				项目学时：10
班级		团队负责人		团队成员	
项目设计方案一					
项目设计方案二					
项目设计方案三					
最优方案					
电气图					
设计方法					
相关资料及资源	校本教材、实训指导书、视频录像、PPT 课件、电气安装工艺及标准等				

【项目实现】

教师：指导学生进行项目实施；讲解项目实施的工艺规程和安全注意事项；引导学生按照设计方案，合理选择电器元件；指导学生进行车床电气控制及 PLC 改造。

学生：分组进入工作区，严格遵守岗位工作职责要求及生产环境相关管理规定，在教师引导下按照车床 PLC 改造的控制电路原理图、安装接线图及电路板制作的工艺流程、接线原则及接线操作规程等进行电路板的安装、接线。

一、CA6140 型卧式车床电气控制电路板的调试与故障诊断

先了解检修车床所用的工具和设备

（一）检修所需工具和设备

1）工具：验电笔、电工刀、尖嘴钳、斜口钳、螺钉旋具、活扳手等。

2）仪表：万用表、绝缘电阻表、钳形电流表。

3）机床：CA6140 型卧式车床或 CA6140 型卧式车床实训考核装置。

再了解怎样对车床电气控制电路中出现的故障进行诊断

（二）CA6140 型卧式车床电气控制电路常见故障诊断方法

1. 机床电气设备故障维修的一般要求

① 采取的维修步骤和方法必须正确，切实可行。

② 不得损坏完好的电器元件。

③ 不得随意更换电器元件及连接导线的型号规格。

④ 不得擅自改动线路。

⑤ 损坏的电气装置应尽量修复使用，但不得降低其固有的性能。

⑥ 电气设备的各种保护性能必须满足使用要求。

⑦ 绝缘电阻合格，通电试车能满足电路的各种功能，控制环节的动作程序符合要求。

⑧ 修理后的电器装置必须满足其质量标准要求。

2. 机床电气设备维修的一般方法

电气设备的维修包括日常维护保养和故障检修两方面。电气设备的日常维护和保养一般包括日常维护、定期维护和设备保养等内容。电气设备的故障检修通常使用万用表检测故障，用万用表检测故障最为方便，常用的方法有电压测量法和电阻测量法，其检修步骤如图 5-12 所示。

（1）电压测量法　使用万用表的交流电压档逐级测量控制电路中各种电器的输出端

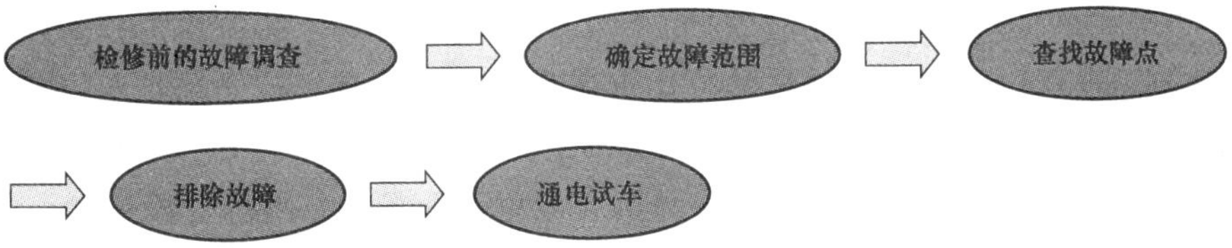

图 5-12　电气故障检修的步骤

（闭合状态）电压，往往可迅速查明故障点。

电压测量法分为电压分阶测量法、电压分段测量法。

1）电压分阶测量法。检测方法如图 5-13 所示，电压分阶测量法的操作步骤如下：

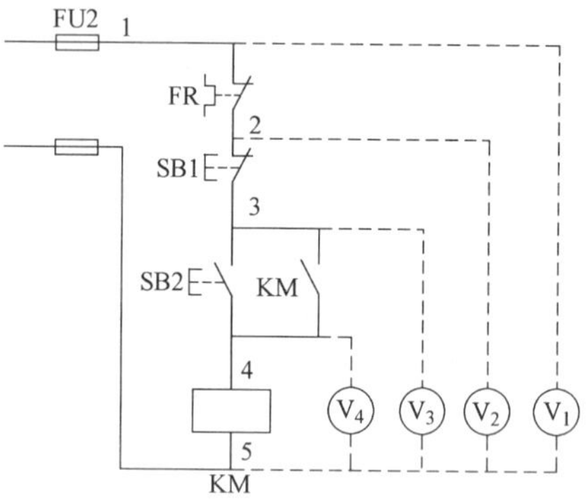

图 5-13　电压分阶测量法

① 将万用表的转换开关置于交流档 500V 量程。

② 接通控制电路电源。

③ 检查电源电压。将黑表笔接到图 5-13 中的端点 5 上，再用红表笔去测量端点 1，若端点 1 无电压或电压异常，说明电源部分有故障，可检查控制电源变压器及熔断器等。若端点 1 的电压正常，即可继续按以下步骤操作。

④ 按下 SB2，若 KM 正常吸合并自锁，说明该控制电路无故障，应顺序检查其主电路；若 KM 不能吸合或自锁，则应继续按以下步骤操作。

⑤ 用红表笔测量端点 2，若所属电压值与电源电压不相符，一般可考虑是触点或引线接触不良；若无电压，则应检查热继电器是否已动作，必要时还应排除主电路中导致热继电器动作的原因。

⑥ 用红表笔测量端点 3，若无电压，一般可考虑按钮 SB1 未复位或接线松脱。

⑦ 最后按住 SB2 来测量端点 4，若无电压，一般可考虑触点接触不良或接线松脱；若电压值正常，则应考虑接触器 KM 可能有内部开路故障。

2）电压分段测量法。电压分段测量法见表 5-5。

表 5-5　电压分段测量法

故障现象	测量线路及状态	4-5	5-6	6-0	故障点	排除方法
在 FR 正常情况下，按下 SB2，KM 不吸合	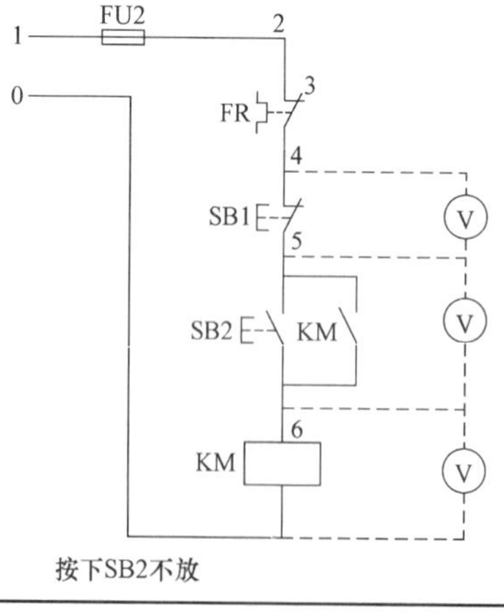	110	0	0	SB1 接触不良或接线脱落	更换 SB1 或将脱落线接好
		0	110	0	SB2 接触不良或接线脱落	更换 SB2 或将脱落线接好
		0	0	110	KM 线圈开路或接线脱落	更换线圈或将脱落线接好

（2）电阻测量法　电压测量法虽然使用起来既方便又准确，但必须带电操作，而且不适用于耗电元件。而电阻测量法正好弥补它的不足。电阻测量法也有电阻分阶测量法和电阻分段测量法两种。下面以电阻分段测量法为例介绍电阻测量法。电阻分段测量法如图 5-14 所示。

电阻分段测量法的操作步骤如下：

① 将万用表的转换开关置于电阻档的适当量程上。

② 断开被测电路的电源。

③ 断开被测电路与其他电路并联的连线。

④ 用两支表笔分别接触端点 1 和 2。若阻值为无穷大，说明热继电器已动作断开，或是接线松脱。

⑤ 用两支表笔分别接触端点 2 和 3。若阻值为无穷大，说明 SB1 复位不良，或是接线松脱。

⑥ 用两支表笔分别接触端点 3 和 4。当按下 SB2 时，两点间的阻值应为零；松开 SB2 后，两点间的阻值应为无穷大。

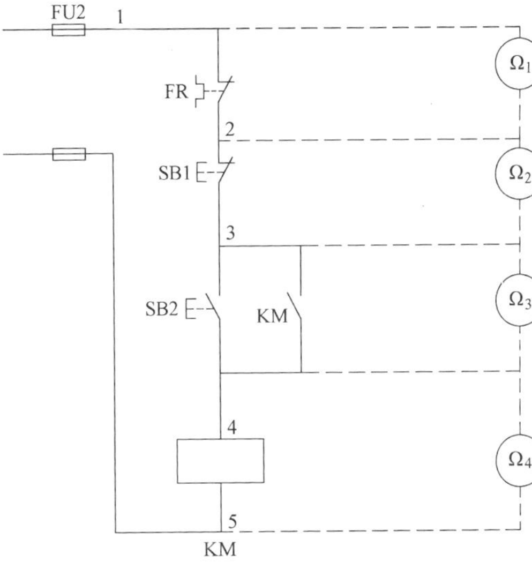

图 5-14　电阻分段测量法

⑦ 对于接触器线圈这类耗电元件，其进出线两端点间的阻值应与该电器铭牌上标注的阻值相符。若实测阻值偏大，说明内部出现接触不良；若实测阻值偏小或为零，则说明内部的绝缘损坏甚至被击穿。

实际操作过程中，往往将两种方法结合起来运用，能迅速查出故障点，然后根据检测的结果排除故障。

此外，故障检查方法还有观察法、校验灯法、验电笔法以及局部短接检查法等。

最后，用你的经验正确、完美地处理故障

（三）CA6140 型卧式车床控制电路常见故障检修

CA6140 型卧式车床常见故障现象、故障原因及处理方法见表 5-6。

表 5-6　CA6140 型卧式车床常见故障现象、故障原因及处理方法

故障现象	故障原因	处理方法
主轴电动机 M1 起动后不能自锁，即按下 SB2，M1 起动运转，松开 SB2，M1 随之停止	接触器 KM 自锁触点接触不良或连接导线松脱	合上 QF，测量 KM1 自锁触点两端的电压，若电压正常，故障是连线断线或松脱
主轴电动机 M1 不能停止	KM 主触点熔焊；停止按钮 SB1 被击穿或线路中的两点连接导线短路；KM 不能脱开	断开 QF，若 KM1 释放，说明故障是停止按钮 SB1 被击穿或导线短路；若 KM1 过一段时间释放，则故障为铁心端面被油污粘牢；若 KM1 不释放，则故障为 KM1 主触点熔焊，可根据情况采取相应的措施修复
主轴电动机运行中停车	热继电器 FR1 动作，动作原因可能是电源电压不平衡或过低；整定值偏小；负载过重，连接导线接触不良	找出 FR1 动作的原因，排除后使其复位
照明灯 EL 不亮	灯泡损坏；FU 熔断；SA 触点不良；TC 二次绕组断线或接头松落	根据具体情况采取相应的措施修复

做一做

（四）故障设置

1. 设置说明

在设备的后侧被老师设置了电器元件故障 5 个、断点故障 13 个。学生可以通过检测开关或连线来排除故障。在设备面板的左侧专门设计了定时器、计数器。定时器用于学生排除故障时，老师设定时间。计数器用于记录学生排除电器元件故障的次数，每开关一次计数一次。

2. 故障现象及故障点

① TC 36V 二次绕组断开，HL 不亮（电源指示灯不亮）。

② FU2 熔丝断开，HL 不亮（电源指示灯不亮）。

③ TC 127V 二次绕组断开，KM1、KA1、KA2 未通电，主轴电动机 M1、冷却泵电动机 M2、快速移动电动机 M3 不转。

④ FU2 熔丝断开，KM1、KA1、KA2 未通电，主轴电动机 M1、冷却泵电动机 M2、快速移动电动机 M3 不转。

⑤ FR1 常闭触点断开，KM1、KA1、KA2 未通电，主轴电动机 M1、冷却泵电动机 M2、快速移动电动机 M3 不转。

⑥ FR2 常闭触点断开，KM1、KA1、KA2 未通电，主轴电动机 M1、冷却泵电动机 M2、快速移动电动机 M3 不转。

⑦ SB1 按钮常闭触点断开，KM1 未通电，主轴电动机 M1 不转。

⑧ SB2 按钮常开触点断开，KM1 未通电，主轴电动机 M1 不转。

⑨ KM1 接触器辅助常开触点断开，自锁回路断开，按钮放开，KM1 不通电，主轴电动机 M1 不转。

⑩ SA2 断开，EL 不亮（照明灯不亮）。

⑪ SB3 按钮常开触点开路，点动按钮 SB3 失效。

⑫ KM1 接触器辅助常开触点断开，KA1 线圈不通电，冷却泵电动机 M2 不转。

⑬ SA1 断开，KA1 线圈不通电，冷却泵电动机 M2 不转。

⑭ KM1 线圈断开（电器元件故障 1）。

⑮ KA2 线圈断开（电器元件故障 2）。

⑯ KA1 线圈断开（电器元件故障 3）。

⑰ HL 断开（电器元件故障 4）。

⑱ EL 断开（电器元件故障 5）。

（五）故障维修训练

教师设好故障后，学生按要求完成任务。

【特别注意】

① 检查前认真阅读电路图，熟练掌握各个控制环节的原理及作用，并认真听取和仔细观察教师的示范。

② 由于该机床的电气控制与机械结构的配合十分密切，因此，在出现故障时，应首先判明是机械故障还是电气故障。

③ 停电后要验电。带电检修时，必须有指导教师在现场监护，以确保用电安全。同时要做好检修记录。

二、CA6140 型卧式车床电气控制及 PLC 改造电气图的绘制

做一做

（一）车床电气控制电路原理图的绘制

按照图 5-6 和图 5-7 绘制 CA6140 型卧式车床电气控制电路原理图。

绘制 CA6140 型卧式车床电气控制电路原理图（可参照图 5-6 和图 5-7 绘制）：

（二）车床电气控制电路电器元件布置图的绘制

绘制 CA6140 型卧式车床电气控制电路电器元件布置图：

（三）车床电气控制电路安装接线图的绘制

安装接线图主要用于电器的安装接线、线路检查、线路维修和故障处理，通常接线图与电气原理图和电器元件布置图一起使用。

绘制 CA6140 型卧式车床电气控制电路安装接线图：

三、CA6140 型卧式车床电气控制及 PLC 改造整机安装与接线

想一想，CA6140 型卧式车床电气控制及 PLC 改造需要哪些材料呢？

1. 工具、仪表及器材

1）工具：测试笔、螺钉旋具、斜口钳、尖嘴钳、剥线钳、电工刀等。

2）仪表：绝缘电阻表、万用表、钳形电流表。

3）器材：

① 控制板一块（包括所用的低压电器元件）。

② 导线及规格：主电路导线由电动机容量确定；控制电路一般采用截面积为 $1mm^2$ 的铜芯导线（RV）；按钮线一般采用 $0.75mm^2$ 的铜芯线（RV）；导线的颜色要求主电路与控制电路必须有明显的区别。

③ 备好编码套管。

CA6140 型卧式车床电气控制电路板所需电器元件见表 5-7。

表 5-7　CA6140 型卧式车床电气控制电路板电器元件明细表

代号	名称	型号及规格	数量	用途	备注
M1	主轴电动机	Y132M-4-B3，7.5kW，1450r/min	1	主传动	
M2	冷却泵电动机	JCB-22，125W，220/380V，1440r/min	1	输送冷却液	
M3	快速移动电动机	AOS5634，250W，1360r/min	1	溜板快速移动	
FR1	热继电器	JR10-10	1	M1 过载保护	
FR2	热继电器	JR10-10	1	M2 过载保护	

（续）

代号	名称	型号及规格	数量	用途	备注
KM	交流接触器	CJ10-10，线圈电压 127V	1	控制 M1	
KA1	中间继电器	JZ7-44，线圈电压 127V	1	控制 M2	
KA2	中间继电器	JZ7-44，线圈电压 127V	1	控制 M3	
SB1	按钮	LAY3-01ZS/1	1	M1 停止	
SB2	按钮	LAY3-10/3. 11	1	M1 起动	
SB3	按钮	LA9	1	M3 起动	
SA1	转换开关	LAY3-10X/2	1	控制 M2	
SA2	转换开关	LAY3-10X/2	1	控制信号灯	
HL	信号灯	ZSD-0. 6V	1	信号指示	
QF	断路器	AM2-40，20A	1	电源开关	
TC	控制变压器	JBK2-100，380/127V/36V	1	控制、照明	
EL	机床照明灯	JC11	1	工作照明	
FU1	熔断器	BZ001，熔体 6A	3	短路保护	
FU2	熔断器	BZ001，熔体 1A	2	短路保护	
XT	接线端子		1		
PLC	可编程序控制器	S7-200	1	电气控制改造	
	线槽		1	放置导线	
	开关电源		1	PLC 输入供电	

2. 安装步骤及工艺要求

1）根据原理图绘出车床控制电路的电器元件布置图和电气接线图。

2）按原理图所示配齐所有电器元件并进行检验。

① 按表 5-7 配齐电气设备和电器元件，核对各电器元件，并记录所用电器及电动机的铭牌。

② 逐件用万用表检验各电器元件的性能好坏。

③ 根据电动机的容量、线路走向及要求和各电器元件的安装尺寸，正确选配导线的规格和数量、接线端子板、线槽、控制板和紧固件等。

做一做

3. 在电路板上按电器元件布置图安装电器元件

4. 按接线图的走线方法进行线槽软布线和套编码套管

5. 检查控制板布线

根据电气接线图检查控制板布线是否正确。

6. 安装电动机

7. 连接电动机和按钮金属外壳的保护接地线（若按钮为塑料外壳，则按钮外壳不需接地线）

8. 连接电源、电动机等控制板外部的导线

做一做，同学们要记得填写项目实现记录单啊！

填写出本项目实现工作记录单，见表 5-8。

表 5-8　项目实现工作记录单

课程名称	机床电气设备及升级改造				总学时：
项目名称	车床电气控制及 PLC 改造				参考学时：
班级		团队负责人		团队成员	
项目工作情况					
项目实施所遇到的问题					
相关资料及资源					
执行标准或工艺要求					
注意事项					
备注					

【项目运行】

做一做

教师：指导学生进行车床电气控制及 PLC 改造电路板的调试、运行，讲解调试运行的注意事项及安全操作规程，并对学生的成果进行评价。

学生：检查车床电气控制及 PLC 改造安装完成情况，调试运行，分析不足；汇报学习、工作心得；对项目完成情况进行总结，完成项目报告。

一、CA6140 型卧式车床 PLC 改造电气控制电路的程序调试

（一）程序录入、下载

1）打开 STEP 7-Micro/WIN 应用程序，新建一个项目，选择 CPU 类型为 CPU226，打开程序块中的主程序编辑窗口，录入上述程序。

2）录入完程序后单击工具按钮进行编译，当状态栏提示程序没有错误，检测 PLC 与计算机的连接正常，PLC 工作正常后，便可下载程序了。

3）单击下载按钮后，程序所包含的程序块、数据块、系统块自动下载到 PLC 中。

（二）程序调试

1. 程序运行

当下载完程序后，需要对程序进行调试。PLC 有两种工作方式，即 RUN（运行）模式与 STOP（停止）模式。在 RUN 模式下，通过执行反映控制要求的用户程序来实现控制功能。在 CPU 模块的面板上用“RUN” LED 显示当前工作模式。在 STOP 模式下，CPU 不执行用户程序，可以用编程软件创建和编辑用户程序，设置 PLC 的硬件功能，并将用户程序和硬件设置信息下载到 PLC。如果有致命的错误，在消除它之前不允许从 STOP 模式进入 RUN 模式。

CPU 模块上的开关在 STOP 位置时，将停止用户程序的运行。

要通过 STEP 7-Micro/WIN 软件控制 S7-200 模式开关必须设置为“TERM”或“RUN”。单击工具条上的“运行”按钮或在命令菜单中选择“PLC”→“运行”，出现一个对话框提示是否切换运行模式，单击“确认”。

2. 程序的监控

在运行 STEP 7-Micro/WIN 的计算机与 PLC 之间建立通信，执行菜单命令“调试”→“开始程序监控”，或单击工具条中的按钮，可以用程序状态功能监视程序运行的情况。

二、CA6140 型卧式车床 PLC 改造电气控制电路的整机调试与运行

把 PLC 与车床的连线接好，用 PLC 控制车床，观察车床的运行情况，应该与继电器-接触器控制是相同的。具体运行步骤如下：

1. 自检

① 根据电路图检查电路的接线是否正确、是否有压绝缘和漏接的地方。

② 检查热继电器的整定值和熔断器中熔体的规格是否符合要求。

③ 检查电动机及线路的绝缘电阻。

④ 检查电动机的安装是否牢固，与生产机械传动装置的连接是否可靠。

⑤ 清理安装现场。

2. 通电试车

① 接通电源，点动控制各电动机的起动，以检查各电动机的转向是否符合要求。

② 先空载试车，正常后方可接上电动机试车。空载试车时，应认真观察各电器元件、线路、电动机及各传动装置的工作是否正常。若发现异常，应立即切断电源进行检查，待调整或修复后方可再次通电试车。

3. 注意事项

① 电动机和线路的接地要符合要求。

② 接线时导线不允许有接头。

③ 试车时，要先合上电源开关，后按起动按钮；停车时要先按停止按钮，后断电源开关。

④ 通电试车必须在指导教师的监护下进行，必须严格遵守安全操作规程。

做一做，填写项目运行记录单

请各组同学按要求完成车床电气控制及 PLC 改造项目电路板制作与调试，并填写在表 5-9 中。

表 5-9 项目五项目运行记录单

课程名称	机床电气设备及升级改造				总学时：
项目名称	车床电气控制及 PLC 改造				学时：
班级		团队负责人		团队成员	
项目构思是否合理					
项目设计是否合理					
项目实现中遇到了哪些问题					
项目运行时故障点有哪些					
调试运行是否正常					
备注					

三、车床的电气控制及 PLC 改造项目验收

项目完成后，应对各组完成情况进行验收和评定，具体验收项目包括：

CA6140 型卧式车床电气控制电路板制作考核要求、CA6140 型卧式车床电气控制电路故障检修的考核要求及 CA6140 型卧式车床的电气控制电路的 PLC 改造考核要求。

CA6140 型卧式车床电气控制电路故障检修的考核要求及评分标准见表 5-10。

表 5-10 CA6140 型卧式车床电气控制电路故障检修的考核要求及评分标准

序号	考核内容	考核要求	评分标准	配分	扣分	得分
1	按下起动按钮 SB2，M1 起动运转；松开 SB2，M1 随之停止不能起动	分析故障范围，确定故障点并排除故障	(1)不能确定故障范围，扣 10 分 (2)不能找出原因，扣 5 分 (3)不能排除故障，扣 10 分	25 分		
2	主轴电动机运行中停车	分析故障范围，确定故障点并排除故障	(1)不能确定故障范围，扣 10 分 (2)不能找出原因，扣 5 分 (3)不能排除故障，扣 10 分	25 分		
3	按下 SB3，快速移动电动机不能起动	分析故障范围，确定故障点并排除故障	(1)不能确定故障范围，扣 10 分 (2)不能找出原因，扣 5 分 (3)不能排除故障，扣 10 分	25 分		
4	机床照明灯不亮	分析故障范围，确定故障点并排除故障	(1)不能确定故障范围，扣 10 分 (2)不能找出原因，扣 5 分 (3)不能排除故障，扣 10 分	25 分		
5	安全文明生产	按生产规程操作	违反安全文明生产规程，扣 10～30 分			

（续）

序号	考核内容	考核要求	评分标准	配分	扣分	得分
6	定额工时	4h	每超 5 min(不足 5 min 以 5 min 计)扣 2 分			
起始时间			合计	100 分		
结束时间			教师签字	年　月　日		

CA6140 型卧式车床的电气控制电路 PLC 改造考核要求及评分标准见表 5-11。

表 5-11　CA6140 型卧式车床的电气控制电路的 PLC 改造考核要求及评分标准

序号	考核内容	考核要求	评分标准	配分	扣分	得分
1	硬件设计 (I/O 点数确定)	根据继电器-接触器控制电路确定选择 PLC 点数	(1)点数确定的过少,扣 10 分 (2)点数确定的过多,扣 5 分 (3)不能确定点数,扣 10 分	25 分		
2	硬件设计 (PLC 选型及接线图的绘制并接线)	根据 I/O 点数选择 PLC 型号、画接线图并接线	(1)PLC 型号选择不能满足控制要求,扣 10 分 (2)接线图绘制错误,扣 5 分 (3)接线错误,10 分	25 分		
3	软件设计(程序编制)	根据控制要求编制梯形图程序	(1)程序编制错误,扣 10 分 (2)程序繁琐,扣 5 分 (3)程序编译错误,扣 10 分	25 分		
4	调试(程序调试和整机调试)	用软件输入程序监控调试;运行设备整机调试	(1)程序调试监控错误,扣 10 分 (2)整机调试一次不成功,扣 5 分 (3)整机调试二次不成功,扣 5 分	25 分		
5	安全文明生产	按生产规程操作	违反安全文明生产规程,扣 10 ~ 30 分			
6	定额工时	4h	每超 5 min(不足 5 min 以 5 min 计)扣 2 分			
起始时间			合计	100 分		
结束时间			教师签字	年　月　日		

【知识拓展】

在许多生产机械中，为了保证操作过程的合理和工作的安全可靠，电动机需要按一定的顺序起动或停止。如传送带要求第一台电动机起动后，第二台电动机才可以起动，第二台电动机起动后第三台电动机才可以起动，而且要求逆序停止。图 5-15 为常用传送带。

在车床控制电路中，车床控制的最大特点是主轴电动机和冷却泵电动机实现顺序控制，也就是在主轴电动机起动后才允许起动冷却泵电动机，输出冷却液用来冷却刀具和工件。铣床主轴旋转以后，工作台方可移动等，都要求电动机有顺序地起动。这种要求一台电动机起动后才能起动第二台电动机的控制方式称为电动机的顺序控制。那么顺序控制是如何实现的

图 5-15　常用传送带

呢？下面来分析顺序控制的几种情况。

想一想：利用低压电器元件如何实现两台电动机的顺序起动控制呢？

一、两台电动机顺序起动控制电路

1. 电路的组成

两台电动机顺序起动控制电路主要由刀开关、熔断器、接触器、热继电器和控制按钮组成，如图 5-16 所示。

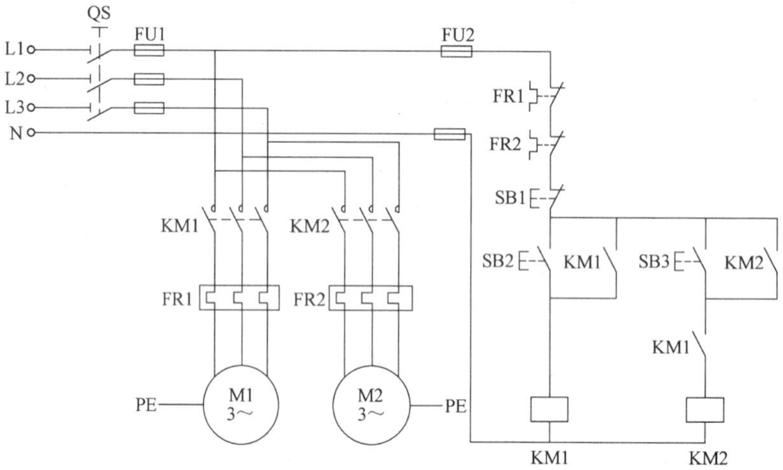

图 5-16　两台电动机顺序起动控制电路

2. 工作原理

图 5-16 所示是将主轴电动机接触器 KM1 的常开触点串入冷却泵电动机接触器 KM2 的线圈电路中来实现的。其工作过程如下：

1）接通电源。合上电源开关 QS。

2）电动机 M1 先起动。按下 SB2，KM1 线圈通电，KM1 主触点闭合，同时 KM1 的常开辅助触点闭合自锁，M1 起动并连续运行。

3）电动机 M2 后起动。在 M1 运行状态下，按下 SB3，KM2 线圈通电，KM2 主触点闭合，同时 KM2 的常开辅助触点闭合自锁，M2 起动并连续运行。

4）电动机 M1、M2 同时停车。在 M1、M2 同时运行状态下，按 SB1，KM1、KM2 的线圈同时失电，KM1、KM2 主触点断开，电动机 M1、M2 停转。

二、两台电动机顺序控制典型案例

图 5-17 为两台电动机顺序控制电路，其中，图 5-17 a 为主电路，图 5-17 b、c、d 为控制电路。

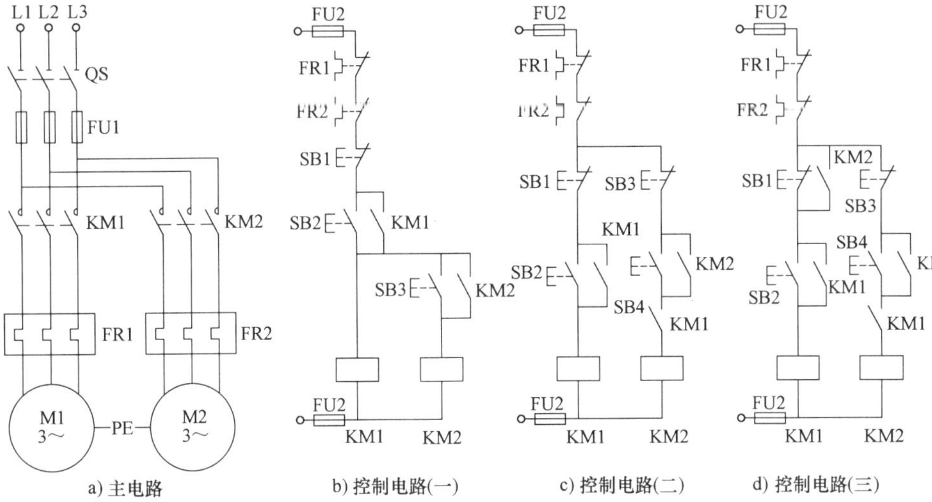

图 5-17　两台电动机顺序控制电路

图 5-17b 所示电路为电动机顺序起动、同时停止的控制电路。电动机 M2 的控制电路并联在接触器 KM1 的线圈两端，再与 KM1 自锁触点串联，从而保证了只有 KM1 得电吸合，电动机 M1 起动后，KM2 线圈才能得电，M2 才能起动，以实现 M1 先起动、M2 后起动的控制要求。停止时 M1、M2 同时停止。

图 5-17c 所示电路为电动机顺序起动、同时停止或单独停止的控制电路。在电动机 M2 的控制电路中串接了 KM1 的常开辅助触点，只要 KM1 线圈不得电，M1 不起动，即使按下 SB4，由于 KM1 的常开辅助触点未闭合，KM2 线圈不能得电，从而保证 M1 起动后，M2 才能起动的控制要求。停机无顺序要求，按下 SB1 为同时停机，按下 SB3 为单独停机。

图 5-17d 所示电路为电动机顺序起动、逆序停止的控制电路。在 SB1 的两端并联了接触器 KM2 的常开辅助触点，从而实现 M1 起动后，M2 才能起动；M2 停转后，M1 才能停转的控制。

想一想：顺序控制有哪些规律呢？

规律一：当要求甲接触器工作后才允许乙接触器工作，则在乙接触器线圈电路串入甲接触器的常开触点。

规律二：当要求乙接触器线圈断电后才允许甲接触器线圈断电，则将乙接触器的常开触点并联在甲接触器的停止按钮两端。

【工程训练】

试对 C6201 型车床电气控制电路进行 PLC 改造。该车床共有两台电动机：一台是主轴电动机，带动主轴旋转；另一台是冷却泵电动机，为车削工件时输送冷却液。机床要求两台电动机只能单向运行，且采用全压直接起动。C6201型车床电气控制原理图如图5-18所示。

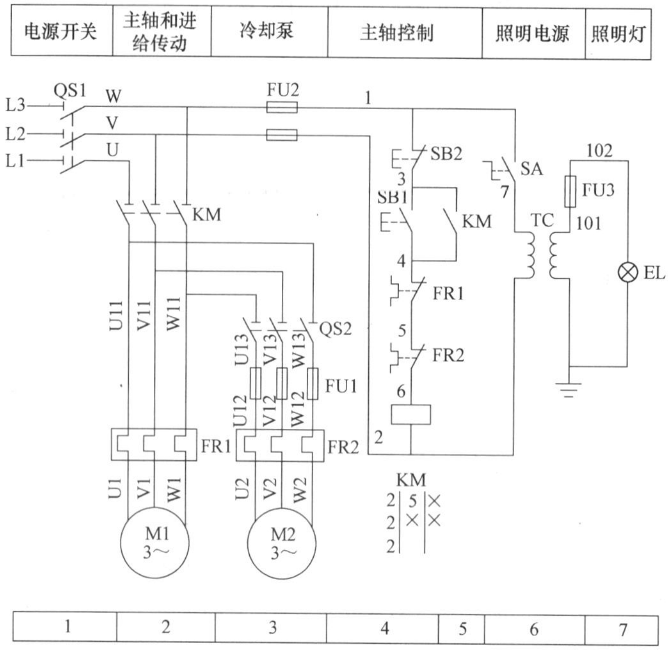

图5-18 C6201型车床电气控制原理图

C6201型车床电气控制电路所需明细见表5-12。

表5-12 C6201型车床电气控制电路电器元件明细表

代号	电器元件名称	型号	规格	件数
M1	主轴电动机	J52-4	7kW、1400r/min	1
M2	冷却泵电动机	JCB-22	0.125kW、2790r/min	1
KM	交流接触器	CJ0-20	380V	1
FR1	热继电器	JR16-20/3D	14.5A	1
FR2	热继电器	JR2-1	0.43A	1
QS1	三相转换开关	HZ2-10/3	380V、10A	1
QS2	三相转换开关	HZ2-10/2	380V、10A	1
FU1	熔断器	RM3-25	4A	3
FU2	熔断器	RM3-25	4A	2
FU3	熔断器	RM3-25	1A	1
SB1、SB2	控制按钮	LA4-22K	5A	1
TC	照明变压器	BK-50	380V/36V	1
EL	照明灯	JC6-1	40W、36V	1
SA	转换开关	HZ-5	380V、5A	1

要求：1. 能够独立完成利用 PLC 对 C6201 型车床的 PLC 改造。

2. 完成该项目的接线。

3. 完成该项目的调试。

4. 撰写 1500 字左右的项目报告。其内容包括：C6201 型车床主电路、控制电路的电路分析；所用 PLC 指令分析；I/O 分配表；PLC 改造后的电气控制原理图、电器元件布置图和安装接线图；改造后的程序；心得体会。

项目六
磨床电气控制及 PLC 改造

项目名称	磨床电气控制及 PLC 改造	参考学时	8 学时
项目引入	项目来源于某大型企业。磨床在机械生产加工过程中应用非常广泛，近年来，可编程序控制器（PLC）产品的集成度越来越高，本项目利用 PLC 对磨床进行改造，设计 PLC 控制系统，使磨床的控制更加方便。传统的磨床采用的是继电器-接触器的控制方式。这种控制方式存在着可靠性低、故障率高的缺点，大大影响着企业的生产效率和市场竞争力。如果全部或部分更新这些设备，需要花费大量资金；如果不更新设备，必将影响生产效率，降低企业的竞争力。因此，老工业基地的旧设备的升级改造已迫在眉睫。 该项目目前主要应用于各种大中型企业，大多行业机床的控制，用来加工平面、斜面、槽沟等。		
项目目标	通过磨床电气控制及 PLC 改造： 能够正确绘制磨床的 PLC 改造 I/O 接线图，正确选择 PLC 型号和电器元件；了解生产机械电气控制电路的读图方法；掌握 M7130 型平面磨床的电气控制电路的分析方法和分析步骤、工作原理以及机械与电气控制配合的关系，组成电气线路的一般规律、保护环节以及电气控制电路的操作方法，常见电气故障诊断方法；掌握 PLC 编程的方法。有初步设计及 PLC 编程改造的能力；能安装、调试典型设备； 通过该项目的训练： 培养学生信息获取、资料收集整理的能力；会使用万用表、绝缘电阻表等测量工具和常用的安装、调试工具仪器；提高解决问题、分析问题的能力，知识的综合运用能力。具有良好的工艺意识、标准意识、质量意识、成本意识，达到初步的 CDIO 工程项目的实践能力。		
项目要求	完成磨床电气控制及 PLC 改造，包括： 1. 根据磨床的控制要求和电气原理图画出磨床的 PLC 改造的外部接线图； 2. 选择合适型号的 PLC 和电器元件及导线； 3. 编制出 PLC 改造的程序，并进行程序调试； 4. 采用板前线槽布线的方法进行电路板的制作，严格按工艺要求完成安装接线和调试运行。		
（CDIO） 项目实施	构思（C）：项目构思与任务分解，学习相关知识，制定出工作计划及工艺流程，建议参考学时为 1 学时； 设计（D）：学生分组设计项目 PLC 改造方案，建议参考学时为 2 学时； 实现（I）：绘图、电器元件安装与布线，建议参考学时为 4 学时； 运行（O）：调试运行与项目评价，建议参考学时为 1 学时。		

【项目构思】

通过 PLC 改造后的机床设备不仅能提高设备工作的可靠性、提高产品质量、减少故障、降低成本，还可提高工作效率。

在本学习项目中，教师首先下发项目工单，布置本项目需要完成的任务及控制要求，介绍本项目的应用情况，进行项目分析，学生进行小组分工，明确磨床电气控制及 PLC 改造项目的工作任务，团队成员讨论项目如何实施进行任务分解，学习完成项目所需的知识，查找电动机制动的相关知识，制定项目实施工作计划，制定出工艺流程，制定磨床电气控制的

PLC 改造方案，然后再进行 I/O 分配和 PLC 编程，最后进行程序调试和整机安装调试。

项目实施建议教学方法为项目引导法、小组教学法、案例教学法、启发式教学法、实物教学法。

项目六项目工单见表 6-1。

表 6-1　项目六项目工单

<table>
<tr><td>课程名称</td><td colspan="4">机床电气设备及升级改造</td><td>总学时：108</td></tr>
<tr><td>项目名称</td><td colspan="4">磨床电气控制及 PLC 改造</td><td>参考学时：8</td></tr>
<tr><td>班级</td><td></td><td>团队负责人</td><td></td><td>团队成员</td><td></td></tr>
<tr><td>项目描述</td><td colspan="5">现场观察熟悉磨床结构、运动形式，了解电气控制原理及制作要求，学习相关的知识，分析常见磨床电气控制的原理，进行安装接线图的绘制。制定安装调试计划并进行决策，制定出合理的计划方案，然后选择合适的电器元件和线材，准备好工具和耗材，与团队成员合作进行安装制作、调试及故障诊断和查找，调试成功后再对传统的继电器-接触器控制部分进行 PLC 改造，改造完成再进行整机系统调试，最后进行综合评价。具体任务如下：
1. 了解磨床的结构、运动形式及控制要求；
2. 磨床电气控制原理的分析；
3. 故障诊断并排除；
4. 电气控制 PLC 的改造方案确定；
5. PLC 的选型；
6. I/O 接线图的绘制；
7. PLC 编程；
8. PLC 程序调试并监控运行；
9. 整机系统调试；
10. 做好维修记录。</td></tr>
<tr><td>项目目标</td><td colspan="5">通过磨床电气控制柜的配线和 PLC 改造，能够了解磨床的用途及工作原理，能够正确分析磨床的控制过程，掌握磨床的工作原理和工作过程，能够正确制定 PLC 改造方案，具有对磨床电气控制 PLC 改造的能力。</td></tr>
<tr><td>相关资料及资源</td><td colspan="5">教材、典型机床控制设备视频录像、PPT 课件、磨床电气原理图和安装接线图、S7-200 PLC 编程系统、编程软件、编程手册。</td></tr>
<tr><td>工作成果</td><td colspan="5">1. 完成磨床电气控制柜的配线，并通过 PLC 的改造实现控制要求；
2. 评价表；
3. CDIO 项目报告。</td></tr>
<tr><td>注意事项</td><td colspan="5">1. 每组在通电试车前一定要经过指导教师的允许；
2. 故障设置时，应该模拟成实际使用中造成的自然现象；
3. 故障设置时，不得更改线路或更换电器元件；
4. 调试完毕后先断电源后断负载；
5. 严禁带电操作；
6. 安装完毕及时清理工作台，工具归位。</td></tr>
<tr><td>引导性问题</td><td colspan="5">1. 你已经具备完成磨床电气控制柜的配线和 PLC 改造的所有资料了吗？应通过哪些渠道获得？
2. 在完成本次任务前，你还缺少哪些必要的知识？如何解决？
3. 你如何制定 PLC 改造方案？
4. 查找故障时采用了哪些方法？
5. 在进行安装前，你准备好器材了吗？
6. 在安装接线时，你选择导线的规格多大？根据什么进行选择
7. 你采取哪些措施来保证制作质量，符合改造要求吗
8. 你在安装和调试过程中，会使用哪些工具
9. 你使用了什么方法进行 PLC 的电气改造</td></tr>
</table>

一、磨床电气控制及 PLC 改造项目分析

通过磨床电气控制及 PLC 改造电路板的制作，让学生掌握磨床的组成及基本电气控制原理，学会磨床电气图的识读，掌握顺序控制的规律。能根据原理图正确画出电器元件布置图和安装接线图，并能按图进行电器元件的安装和接线，能够制定磨床电气控制的 PLC 改造方案，再进行 I/O 分配和 PLC 编程，最后进行程序调试和整机安装调试，并学会磨床电气控制电路常见故障的检修方法，进一步提高学生对机床电气设备维护维修和 PLC 改造的基本技能。

二、磨床电气控制及 PLC 改造相关知识

什么是磨床？磨床的用途、分类有哪些？它在生产实际中有哪些应用？

（一）初步认识磨床

几种常见的磨床如图 6-1 所示。

a) 万能磨床

b) 重型龙门刨铣磨床

c) 数控伺服阀套磨床

d) 立式万能数控磨床

图 6-1　几种常见的磨床

1. 磨床的用途

磨床是用磨具或磨料加工工件各种表面的机床。大多数磨床是使用高速旋转的砂轮进行磨削加工，少数是使用油石、砂带等其他磨具和游离磨料进行加工，如珩磨机、超精加工机床、砂带磨床、研磨机和抛光机等。

磨床能加工硬度较高的材料，如淬硬钢、硬质合金等；也能加工脆性材料，如玻璃、花岗石。磨床能做高精度和表面粗糙度很小的磨削，也能进行高效率的磨削，如强力磨削等。

2. 运动形式

砂轮的快速旋转是平面磨床的主运动；进给运动包括垂直进给（滑座在立柱上的上、下运动）、横向进给（砂轮箱在滑座上的水平移动）、纵向进给（工作台沿床身的往复运动）。当工作台反向运动时，砂轮箱横向进给一次，能连续加工整个平面。当整个平面磨完一遍后，砂轮在垂直于工件表面的方向进给一次，称为吃刀运动。通过吃刀运动可将工件磨到所需的尺寸。

磨床是怎么工作的？

（二）M7130 型平面磨床的电气控制工作原理分析

1. M7130 型平面磨床的电气控制电路的读图方法

1）了解磨床的结构和工作要求。M7130 型平面磨床是利用砂轮圆周进行磨削加工平面的磨床。它主要由床身、工作台、电磁吸盘、砂轮箱（又称磨头）、滑座和立柱等组成。M7130 型平面磨床的结构示意图如图 6-2 所示。

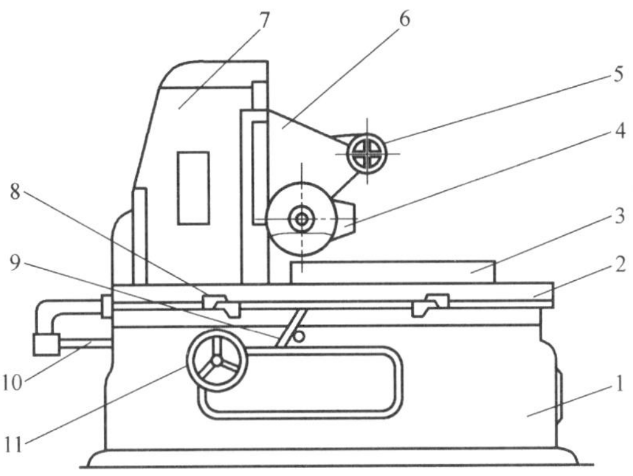

图 6-2　M7130 型平面磨床的结构示意图

1—床身　2—工作台　3—电磁吸盘　4—砂轮箱
5—砂轮箱横向移动手轮　6—滑座　7—立柱
8—工作台换向撞块　9—工作台往复运动换向手柄
10—活塞杆　11—砂轮箱垂直进刀手柄

2）对电力拖动和控制的要求。在 M7130 型平面磨床砂轮箱内有一台电动机带动砂轮做旋转运动。砂轮的旋转一般不需要较大的调速范围，所以采用三相交流异步电动机拖动。为了做到体积小、结构简单且能提高加工精度，采用了装入式的电动机，将砂轮直接装在电动机轴上。因为考虑到砂轮磨钝以后要用较高转速从砂轮工作表面上削去一层磨料，使砂轮表面上露出新的锋利磨粒，以恢复砂轮的切削力（称之为对砂轮进行修正），所以，对于这种磨床，砂轮用双速电动机带动。

长方形的工作台装在床身的水平纵向导轨上做往复直线运动。为使运行过程中换向平稳和容易调整运行速度，采用液压传动。液压电动机拖动液压泵，工作台在液压作用下做纵向运动。在工作台的前侧装有两个可调整位置的换向撞块，在每个撞块碰撞床身上的液压换向开关后，将改变工作台的运动方向，这样来回换向就可使工作台往复运动。也可用手轮来操作实现砂轮横向的连续与断续进给。

为了在磨削加工中对工件进行冷却，磨床上装有冷却泵电动机，它拖动冷却泵旋转，以提供冷却液。

另外对工件的固定可采用螺钉和压板，也可在工作台上安装电磁吸盘，通过电磁吸盘吸住工件。

基于上述拖动特点，对其电力拖动及控制有如下要求：

① 砂轮电动机 M1：要求单方向旋转，无调速要求。

② 冷却泵电动机 M2：为了减少磨削加工时工件的热变形，需采用冷却液冷却；冷却泵

电动机与砂轮电动机具有顺序联锁关系，即只有起动砂轮电动机后，才能开动冷却泵电动机。冷却泵电动机随砂轮电动机运转而运转，但冷却泵电动机不需要时，可单独断开。

③ 液压泵电动机 M3：为了保证加工精度，减小往复运动产生的惯性冲击，采用液压传动。

④ 具有电磁吸盘吸持工件、松开工件，并使工件去磁的控制环节。

⑤ 保证在使用电磁吸盘的正常工作时和不使用电磁吸盘在调整机床工作时都能开动机床各电动机。但在使用电磁吸盘的工作状态时，必须保证电磁吸盘吸力足够大时，才能开动机床各电动机。设有短路保护、过载保护、零电压保护和电磁盘的欠电流保护和过电压保护。

⑥ 必要的照明与指示信号。

上述三台电动机只需单方向旋转，都没有调速要求，因此全部选用笼型异步电动机，采用全压起动。

3）识读主电路。识读主电路分 4 步进行：

① 看电路及设备的供电电源。

② 分析主电路共用了几台电动机。

③ 分析各台电动机的工作状况。

④ 了解电动机经过哪些控制电路到达电源。

4）识读控制电路。

① 弄清控制电路的电源电压。

② 按布局顺序从左到右依次搞清各条支路如何控制主电路。

③ 分析出控制电路的动作过程。

5）识读辅助电路。

以上的读图方法采用化整为零的方法。经过化整为零的分析之后，再进行集零化整，纵观全局，看有没有遗漏的地方。

你能画出一种简单的磨床电气控制电路吗？

2. M7130 型平面磨床工作原理及分析

（1）磨床控制电路的工作原理图　M7130 型平面磨床控制电路的工作原理图如图 6-3 所示。

（2）磨床控制电路的工作原理及分析　M7130 型平面磨床主要由主电路、控制电路、照明及指示灯电路及电磁吸盘控制电路等组成，如图 6-3 所示。下面按电路的几大部分分别对其工作原理及用途做简单介绍。

M7130 型平面磨床的主电路中有三台电动机，M1 是砂轮电动机，可带动砂轮旋转起磨削加工工件作用；M2 电动机做辅助工作，它是冷却泵电动机，为砂轮磨削工作起冷却作用；M3 为液压泵电动机，它在工作中起到工作台往复运动的作用。电动机 M1、M2 及 M3 在工作中只要求正转，其中还要求在砂轮电动机转动工作后才能使冷却泵电动机工作，否则没有意义。

控制电路对电动机 M1、M2、M3 有过载保护和欠电压保护能力，由热继电器 FR1、FR2 和欠电流继电器完成保护，而三台电动机的短路保护则由 FU1 完成。电磁工作台控制电路

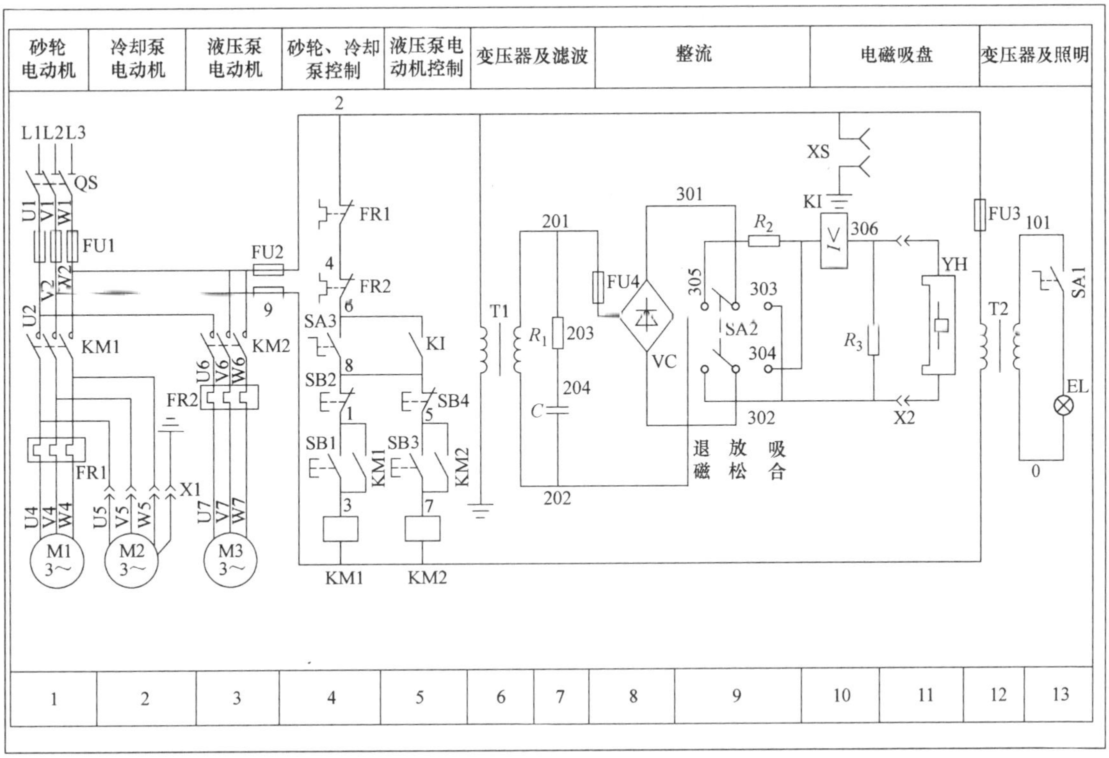

图 6-3　M7130 型平面磨床的电气控制电路原理图

首先由变压器 T1 进行变压后，再经整流提供 110V 的直流电压，供电磁工作台用，它的保护电路由欠电流继电器、放电电容和电阻组成。

M7130 型平面磨床的工作原理是，当电源 380V 正常通入磨床后，线路无故障时，欠电流继电器动作，其常开触点 KI 闭合，为 KM1、KM2 接触器吸合做好准备，当按下 SB1 按钮后，接触器 KM1 的线圈得电吸合，此时砂轮机和冷却泵电动机可同时工作，正向运转。由于接触器 KM1 的吸合，自锁触点自锁使 M1 电动机在松开按钮后继续运行，如工作完毕按下停止按钮，KM1 失电释放，即可使这两台电动机停止工作。

如需液压泵电动机工作时，按下按钮 SB3 后，接触器 KM2 线圈得电吸合，开始运转，停车时只需按下停止按钮 SB4，M3 便停止运行。

（3）M7130 型平面磨床工作台的电磁吸盘工作原理

1）电磁吸盘的结构原理。电磁吸盘的外形有长方形和圆形两种，矩形平面磨床采用长方形电磁吸盘。电磁吸盘的结构是在钢质箱内部装有许多铁心，每一个铁心上都绕有一个线圈，线圈通直流电，产生磁力线，经过被加工的零件形成闭合回路，则工件被牢牢地吸住在台面上。

电磁吸盘的功能是利用电磁吸力来固定加工工件，与机械加紧方法相比，它具有夹紧迅速，不损伤工件，可同时夹紧多个工件和比较小的工件的优点。在加工过程中，它还具有工件发热可自由延伸、加工精度高等优点。但也存在夹紧力不及机械夹紧力大、调节不便、需要直流电源供电、不能吸持非磁性材料工件等缺点。

2）电磁吸盘控制电路。电磁吸盘控制电路分为整流电路、控制电路和保护电路。

变压器 T1 将 220V 交流电变为 127V 交流电，经过桥式全波整流后变为 110V 直流电压供给电磁线圈。通过组合开关可以使电磁吸盘上磁或去磁。当电磁吸盘对工件产生足够大的吸力时，欠电流继电器动作，其常开触点（6-8）闭合，为电动机起动做准备。当工件加工完毕后，应先将组合开关扳在“退磁”位置对工件进行退磁（工作台和工件上往往有剩磁不易将工件从工作台上取下），然后再将组合开关置于“放松”位置。

欠电流继电器的作用之一是在磨削加工中，一旦电磁线圈中的电流大大减小或消失，它马上动作，其常开触点（6-8）断开（复位），切断主电源使砂轮和工作台全部停止运动。从而可以防止工件因失去足够吸力被高速旋转的砂轮碰击飞出，造成人身和设备事故。其作用之二是在开车前，工件放置在电磁吸盘上时，组合开关没有置于“吸合”位置或组合开关置于“吸合”位置却因电磁线圈回路故障，这时控制电路不通或电流较小，欠电流继电器都不会动作，其常开触点（6-8）断开，主电路不能接通，这就防止了当工件未被吸牢就开动工作台而将工件甩出造成事故的危险。

电阻 R_3 是放电电阻。因为在断开电源线圈时，线圈中储存着大量的磁场能量，会在线圈两端感应出很高的感应电压，通过电阻 R_3 消耗掉，可以保护线圈本身的绝缘和转换开关 SA2。但要注意 R_3 电阻的阻值和容量一定要选择合适。

（4）辅助电路　M7130 型平面磨床的辅助电路主要由照明变压器 T2、转换开关 SA1、熔断器 FU3 和照明灯 EL 组成。变压器 T2 将 380V 的交流电压降为 36V 的安全电压供给照明电路。

另外，若工件的去磁要求较高，则应取下工件，再在附加的交流去磁器（又名退磁器）上进一步去磁。这时将去磁器插头插在床身上的插座 XS 上，再将工件放到去磁器上来回移动即可去磁。

想一想

通过搜集磨床控制方式、控制原理及电路板制作工艺等资料、小组讨论，制定完成磨床电气控制及 PLC 改造项目构思的工作计划，填写在表 6-2 中。

表 6-2　磨床电气控制及 PLC 改造项目构思工作计划单

<table>
<tr><td colspan="4">项目构思工作计划单</td></tr>
<tr><td>项目</td><td colspan="2"></td><td>学时：</td></tr>
<tr><td>班级</td><td colspan="3"></td></tr>
<tr><td>组长</td><td></td><td>组员</td><td></td></tr>
<tr><td>序号</td><td>内容</td><td>人员分工</td><td>备注</td></tr>
<tr><td></td><td></td><td></td><td></td></tr>
<tr><td></td><td></td><td></td><td></td></tr>
<tr><td></td><td></td><td></td><td></td></tr>
<tr><td></td><td></td><td></td><td></td></tr>
<tr><td>学生确认</td><td></td><td>日期</td><td></td></tr>
</table>

【项目设计】

一、M7130 型平面磨床电气控制电路的 PLC 改造方案的制定

M7130 型平面磨床电气控制 PLC 改造后的控制柜如图 6-4 所示。

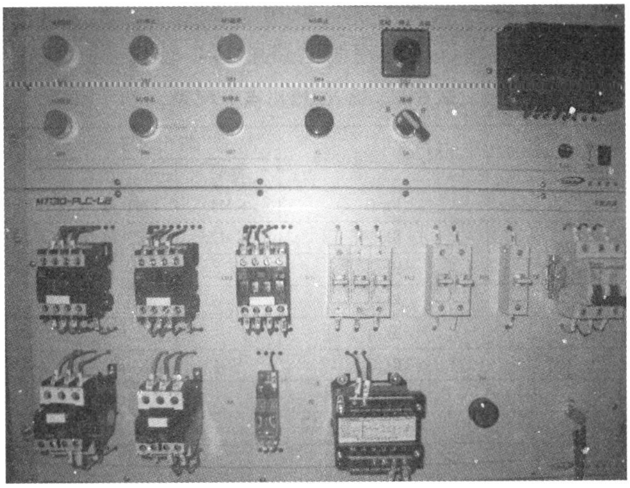

图 6-4　M7130 型平面磨床电气控制 PLC 改造后的控制柜

想一想：如何制定磨床电气控制 PLC 改造方案？

根据 M7130 型平面磨床电气控制原理图，进行磨床的 PLC 改造方案的制定。由继电器控制过程，确定 PLC 的输入/输出均为开关量，及确定 PLC 的输入/输出设备，PLC 改造流程为：选择 PLC 并进行 I/O 口分配；设计 PLC 改造后的接线图及 I/O 地址分配表；编写 PLC 程序，安装及布线；PLC 程序监控调试；整机调试。磨床电气控制 PLC 改造方案如图 6-5 所示。

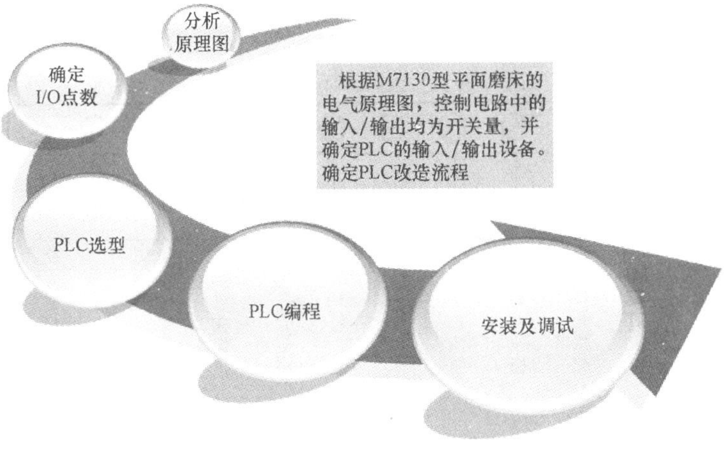

图 6-5　磨床电气控制 PLC 改造方案

想一想，磨床电气控制电路的PLC改造线路如何连接？

二、M7130型平面磨床电气控制电路的PLC改造硬件设计

（一）I/O分配

根据M7130型平面磨床的电气原理图，确定控制电路中的输入/输出均为开关量，见表6-3。从表6-3中可知，共有输入设备8个，输出设备2个，根据I/O点数可选用S7-200 PLC。图6-3所示电气原理图右半部分的控制电路用PLC替代。

表6-3 输入/输出点分配表

输入设备		PLC输入继电器	输出设备		PLC输出继电器
符号	功能		符号	功能	
SB1	M1起动按钮	I0.0	KM1	M1接触器	Q0.0
SB2	M1停止按钮	I0.1	KM2	M3接触器	Q0.1
SB3	M3起动按钮	I0.2			
SB4	M3停止按钮	I0.3			
SA2	电磁吸盘选择开关	I0.4			
KI	欠电流继电器	I0.5			
FR1	M1热继电器	I0.6			
FR2	M3热继电器	I0.7			

（二）PLC接线图

M7130型平面磨床的PLC的I/O接线如图6-6所示，输入信号使用PLC提供的内部直流电源24V；负载使用的外部电源为交流220V；PLC的电源为交流220V。

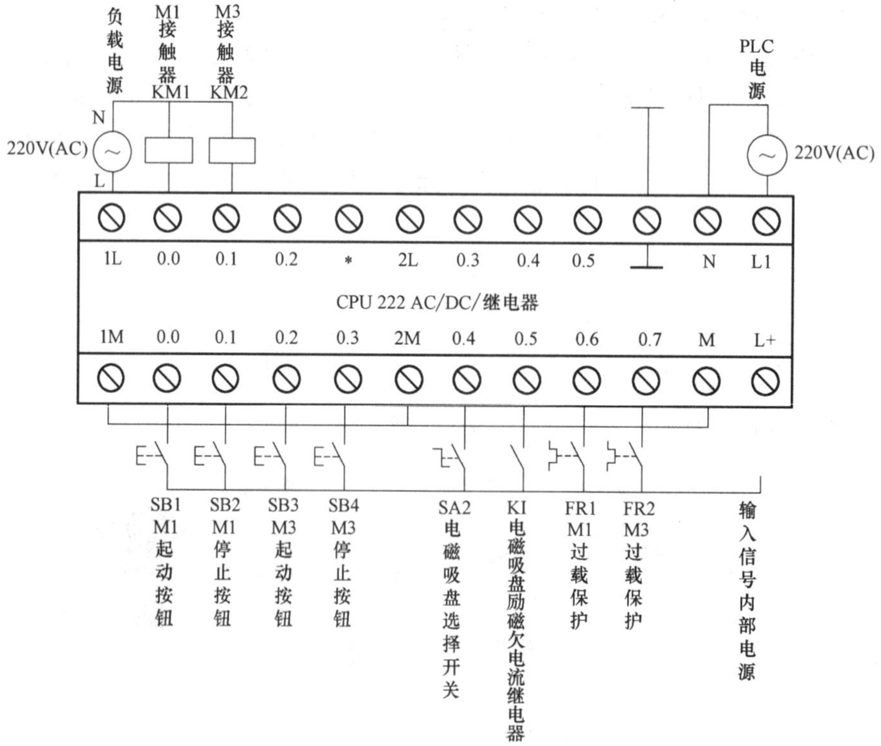

图6-6 M7130型平面磨床的PLC的I/O接线

想一想，磨床电气控制电路的 PLC 改造梯形图如何编写?

三、M7130 型平面磨床电气控制电路的 PLC 改造程序设计

根据 M7130 型平面磨床的工作原理及图 6-3 的接线图，用基本指令编写的 M7130 型平面磨床梯形图程序如图 6-7 所示。图中欠电流继电器 KI 的常开触点 I0.5 用于失磁保护；工作方式选择开关 SA2 的常开触点 I0.4 用于电磁吸盘的选择。

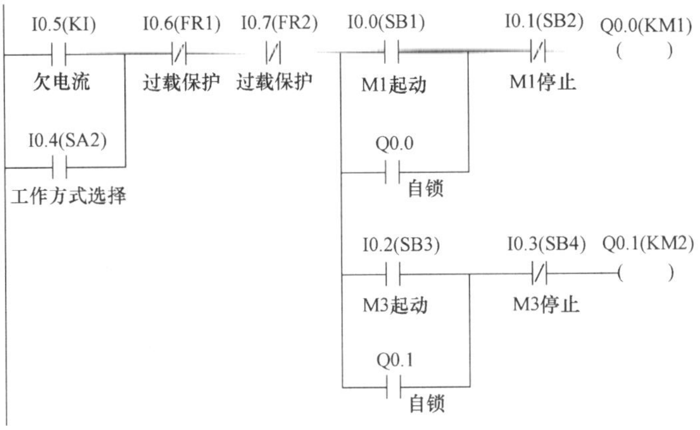

图 6-7　M7130 型平面磨床梯形图程序

做一做

填写项目设计记录单，见表 6-4。

表 6-4　磨床电气控制及 PLC 改造项目设计记录单

课程名称	机床电气设备及升级改造			总学时:
项目名称	磨床电气控制及 PLC 改造			项目学时:
班级		团队负责人		团队成员	
项目设计方案一				
项目设计方案二				
项目设计方案三				
最优方案				
电气图				
设计方法				
相关资料及资源	校本教材、实训指导书、视频录像、PPT 课件、电气安装工艺及标准等			

做一做：如何利用PLC来控制磨床？

【项目实现】

一、M7130型平面磨床的电气控制电路板的调试与故障诊断

（一）检修所需工具和设备

1）工具：验电笔、电工刀、尖嘴钳、斜口钳、剥线钳、螺钉旋具及活扳手等。

2）仪表：万用表、绝缘电阻表及钳形电流表。

3）机床：M7130型平面磨床或M7130型平面磨床实训考核装置。

（二）平面磨床电磁吸盘的常见故障分析

平面磨床电气控制特点是采用电磁吸盘，在此仅对电磁吸盘的常见故障做一分析。

1. 电磁磁盘没有吸力

首先应检查三相交流电源是否正常，然后再检查熔断器FU1、FU2与FU4是否完好，接触是否正常，再检查接插器X2接触是否良好。如上述检查均未发现故障，则进一步检查电磁吸盘电路，包括欠电流继电器KI线圈是否断开，吸盘线圈是否短路等。

2. 电磁吸盘吸力不足

常见的原因有交流电源电压低，导致整流直流电压相应下降，以致吸力不足。若整流直流电压正常，电磁吸力仍不足，则有可能系X2接插器接触不良。

造成电磁吸盘吸力不足的另一原因是桥式整流电路的故障，如整流桥一臂发生开路，将使直流输出电压下降一般，使吸力减小，若有一臂整流器件击穿形成短路，则与它相邻的另一桥臂的整流器件会因过电流而损坏，此时T2也会因电路短路而造成过电流，致使电磁吸盘吸力很下，甚至无吸力。

3. 电磁吸盘退磁效果差，造成工件难以取下

其故障原因往往在于退磁电压过高或去磁回路断开，无法去磁或去磁时间掌握不好等。

（三）故障设置

1. 设置说明

在设备的后侧被老师设置了电器元件故障2个、断点故障12个。学生可以通过检测线路中的通断来检查故障并进行相应的操作进行故障的排除。

在设备面板的下方专门放置了实验管理器。管理器可以使教师设定故障；学生排除故障时，管理器可以记录学生排除电器元件故障的次数，及排除故障是否正确，可以实现对学生的考核直接管理。

2. 故障现象及故障点

① 电动机停转，电源线开路（FU1熔丝断开）。

② 砂轮电动机停转（FR1热继电器常闭触点断开）。

③ 放开SB3按钮，KM2常开未自锁。

④ 砂轮电动机M1停转，KM1未通电（SB2按钮常闭触点断开）。

⑤ 液压泵电动机M3不转，KM2不通电（KM2接触器常开触点断开）。

⑥ 现象同上（SB3、SB4 按钮常开触点开路）。
⑦ 控制回路开路（FU2 熔丝断开）。
⑧ EL 照明灯不亮（SA1 开关断开）。
⑨ 整流电路失电（T1 变压器开路）。
⑩ 电磁吸盘失效（SA2 开关断开）。
⑪ 电磁吸盘失效（VC 整流块断开）。
⑫ 电磁吸盘失效（连线断开）。
⑬ 电器元件故障 1（KM1 线圈断开）。
⑭ 电器元件故障 2（KM2 线圈断开）。

（四）故障维修训练

教师设好故障后，学生按要求完成任务。

【特别注意】

① 检查前认真阅读电路图，熟练掌握各个控制环节的原理及作用，并认真听取和仔细观察教师的示范。

② 由于该机床的电气控制与机械结构的配合十分密切，因此，在出现故障时，应首先判明是机械故障还是电气故障。

③ 停电后要验电。带电检修时，必须有指导教师在现场监护，以确保用电安全。同时要做好检修记录。

二、M7130 型平面磨床电气控制及 PLC 改造电气图的绘制

（一）磨床的电气控制电路电器元件布置图的绘制

电器元件布置图用来表明电气原理图中各电器元件的实际安装位置，可视电气控制系统复杂程度采取集中绘制或单独绘制。

绘制磨床电气控制电路电器元件布置图：

（二）磨床的电气控制电路电器元件安装接线图的绘制

安装接线图主要用于电器的安装接线、线路检查、线路维修和故障处理，通常接线图与电气原理图和电器元件布置图一起使用。

绘制磨床电气控制电路安装接线图：

三、M7130型平面磨床电气控制及PLC改造整机安装与接线

想一想，M7130型平面磨床电气控制及PLC改造需要哪些材料呢？

1. 训练工具、仪表及器材

1）工具。测试笔、螺钉旋具、斜口钳、尖嘴钳、剥线钳及电工刀等。

2）仪表。绝缘电阻表、万用表及钳形电流表。

3）器材。

① 控制板一块（包括所用的低压电器元件）。

② 导线及规格：主电路导线由电动机容量确定；控制电路一般采用截面积为$1mm^2$的铜芯导线（RV）；按钮线一般采用0.75 mm^2的铜芯线（RV）；导线的颜色要求主电路与控制电路必须有明显的区别。导线布线采用线槽软线布线。

③ 备好编码套管。

④ M7130型平面磨床的电气控制电路所需电器元件见表6-5。

表6-5 M7130型平面磨床PLC改造电器元件明细表

代号	名称	型号及规格	数量	用途	备注
M1	砂轮电动机	W451-4,4.5kW,220/380V,1440r/min	1	驱动砂轮	
M2	冷却泵电动机	JCB-22,125W,220/380V,1440r/min	1	驱动冷却泵输出冷却液	
M3	液压泵电动机	J042-4,2.8kW,220/380V,1440r/min	1	驱动液压泵	
FR1	热继电器	JR10-10	1	M1过载保护	
FR2	热继电器	JR10-10	1	M3过载保护	
KM1	交流接触器	CJ10-10,线圈电压380V	1	控制M1、M2	
KM2	交流接触器	CJ10-10,线圈电压380V	1	控制M3	
KI	欠电流继电器	JT3-11L,1.5A	1	保护用	
SB1	按钮	LA2,绿色	1	M1起动	
SB2	按钮	LA2,红色	1	M1停止	
SB3	按钮	LA2,绿色	1	M3起动	
SB4	按钮	LA2,红色	1	M3停止	
SA1	转换开关		1	控制照明灯	

（续）

代号	名称	型号及规格	数量	用途	备注
SA2	转换开关	HZ1-10P/3	1	控制电磁吸盘	
VC	整流器	GZH,1A,200V	1	输出直流电压	
YH	电磁吸盘	1.2A,110V	1	工件夹具	
QS	电源开关	HZ1-25/3	1	电源开关	
T1	整流变压器	BK-400,400V,220/145V	1	降压	
T2	照明变压器	BK-50,50V,380/16V	1	降压	
EL	机床照明灯	JD3,24V,40W	1	工作照明	
FU1	熔断器	RL1-60/30,60A,熔体 30A	3	电源短路保护	
FU2	熔断器	RL1-15/5,15A,熔体 5A	2	控制电路短路保护	
FU3	熔断器	BLX-15/5,1A	1	照明电路短路保护	
FU4	熔断器	RL1-15/2,15A,熔体 2A	1	保护电磁吸盘	
XT	接线端子		1	接线过渡	
C	电容器	600V,5μF		保护用电容	
R_1	电阻器	GF,6W,125Ω	1	放电保护电阻	
R_2	电阻器	GF,50W,1000Ω	1	退磁电阻	
R_3	电阻器	GF,50W,500Ω	1	放电保护电阻	
X1	接插器	CYO-36	1	控制 M2 用	
X2	接插器	CYO-36	1	电磁吸盘用	
XS	插座	250V,5A	1	退磁用	
附件	退磁器	TC1TH/H	1	工件退磁用	
PLC	可编程序控制器	CPU224	1	PLC 改造	
	开关电源	24V	1	PLC 供电	

2. 安装步骤及工艺要求

同项目五。

做一做

3. 在电路板上安装电器元件

4. 按接线图的走线方法进行板线槽布线和套编码套管

5. 检查电路板布线

根据电气接线图检查电路板布线是否正确。

6. 安装电动机

7. 连接电动机和按钮金属外壳的保护接地线（若按钮为塑料外壳，则按钮外壳不需接地线）

8. 连接电源、电动机等电路板外部的导线

做一做　同学们要记得填写项目实现记录单啊！

项目实现工作记录单见表 6-6。

表 6-6 项目实现工作记录单

课程名称	机床电气设备及升级改造				总学时：
项目名称	磨床电气控制及 PLC 改造				项目学时：
班级		团队负责人		团队成员	
项目工作情况					
项目实施所遇到的问题					
相关资料及资源					
执行标准或工艺要求					
注意事项					
备注					

【项目运行】

做一做

一、M7130 型平面磨床 PLC 改造的程序调试

1. 程序录入、下载

① 打开 STEP 7-Micro/WIN 应用程序，新建一个项目，选择 CPU 类型为 CPU224，打开程序块中的主程序编辑窗口，录入上述程序。

② 录入完程序后单击其工具按钮进行编译，当状态栏提示程序没有错误，检测 PLC 与计算机的连接正常，PLC 工作正常后，便可下载程序了。

③ 单击下载按钮后，程序所包含的程序块、数据块、系统块自动下载到 PLC 中。

2. 程序调试

(1) 程序运行　当下载完程序后，需要对程序进行调试。PLC 有两种工作方式，即 RUN（运行）模式与 STOP（停止）模式。在 RUN 模式下，通过执行反映控制要求的用户程序来实现控制功能。在 CPU 模块的面板上用“RUN” LED 显示当前工作模式。在 STOP 模式下，CPU 不执行用户程序，可以用编程软件创建和编辑用户程序，设置 PLC 的硬件功能，并将用户程序和硬件设置信息下载到 PLC。如果有致命的错误，在消除它之前不允许从 STOP 模式进入 RUN 模式。

CPU 模块上的开关在 STOP 位置时，将停止用户程序的运行。

要通过 STEP 7-Micro/WIN 软件控制 S7-200 模式开关必须设置为“TERM”或“RUN”。单击工具条上的“运行”按钮或在命令菜单中选择“PLC”→“运行”，出现一个对话框提示是否切换运行模式，单击“确认”。

(2) 程序的监控　在运行 STEP 7-Micro/WIN 的计算机与 PLC 之间建立通信，执行菜单命令“调试”→“开始程序监控”，或单击工具条中的按钮，可以用程序状态功能监视程序运行的情况。

二、M7130 型平面磨床电气控制 PLC 改造整机调试与运行

把 PLC 与 M7130 型平面磨床的连线接好，把 M7130 型平面磨床用 PLC 控制，观察磨床的运行情况，应该与继电器-接触器控制是相同的。

(一) 自检

① 根据电路图检查电路的接线是否正确、是否有压绝缘和漏接的地方。

② 检查热继电器的整定值和熔断器中熔体的规格是否符合要求。

③ 检查电动机及线路的绝缘电阻。

④ 检查电动机的安装是否牢固，与生产机械传动装置的连接是否可靠。

⑤ 清理安装现场。

(二) 通电试车

① 接通电源，点动控制各电动机的起动，以检查各电动机的转向是否符合要求。

② 先空载试车，正常后方可接上电动机试车。空载试车时，应认真观察各电器元件、线路、电动机及各传动装置的工作是否正常。若发现异常，应立即切断电源进行检查，待调整或修复后方可再次通电试车。

(三) PLC 控制磨床的工作过程

1. 砂轮电动机 M1 的控制

先把电磁吸盘选择开关 SA2 打到充磁位置，输入继电器 I0.4 得电，常开触点 I0.4 闭合，电磁吸盘充磁，工件吸住时，电流达到一定值，工件吸住，为砂轮电动机做准备。

1) 起动：

按下起动按钮 SB1→输入继电器 I0.0 得电→常开触点 I0.0 闭合→输出继电器 Q0.0 得电→{KM1 得电吸合→电动机 M1 全压起动并运行；常开触点 Q0.0 闭合，自锁}

2) 停止：

按下停止按钮 SB2→输入继电器 I0.1 得电→常闭触点 I0.1 断开→输出继电器 Q0.0 失电→{KM1 断电释放→电动机 M1 断开电源、电动机停止；常开触点 Q0.0 断开，取消自锁}

2. 液压泵电动机的控制

1) 起动：

按下起动按钮 SB3→输入继电器 I0.2 得电→常开触点 I0.2 闭合→输出继电器 Q0.1 得电→{KM2 得电吸合→电动机 M3 全压起动并运行；常开触点 Q0.1 闭合，自锁}

2) 停止：

按下停止按钮 SB4→输入继电器 I0.3 得电→常闭触点 I0.3 断开→输出继电器 Q0.1 失电→{KM2 断电释放→电动机 M3 断开电源、电动机停止；常开触点 Q0.1 断开，取消自锁}

3. 冷却泵电动机及电磁吸盘的控制

冷却泵电动机采用插拔插头，手动控制；电磁吸盘也是通过插拔插头，手动控制。

为了确保使用电磁吸盘时能够可靠吸持工件，在电磁吸盘电路中串联了欠电流继电器KI，当电磁吸盘吸力不足时，KI释放，使磨床停止工作；当不使用电磁吸盘进行加工或机床调试时，可将转换开关SA2置于去磁位置，则磨床电路仍能正常工作。

4. 过载保护

热继电器FR1、FR2分别对电动机M1和M3进行保护；对冷却泵电动机M2没有设置单独的过载保护。

当发生过载或断相时：①热继电器FR1或FR2动作→②FR1或FR2常开触点闭合→③输入继电器I0.6或I0.7得电→④常闭触点I0.6或I0.7断开→⑤输出继电器Q0.0和Q0.1失电→⑥KM1和KM2线圈失电释放→⑦电动机M1、M3停止运转。

（四）注意事项

① 电动机和线路的接地要符合要求。

② 接线时导线不允许有接头。

③ 试车时，要先合上电源开关，后按起动按钮；停车时要先按停止按钮，后断电源开关。

④ 通电试车必须在指导教师的监护下进行，必须严格遵守安全操作规程。

做一做

填写项目运行记录单，见表6-7。

表6-7 项目六项目运行记录单

课程名称	机床电气设备及升级改造				总学时：
项目名称	磨床电气控制及PLC改造				学时：
班级		团队负责人		团队成员	
项目构思是否合理					
项目设计是否合理					
项目实现中遇到了哪些问题					
项目运行时故障点有哪些					
调试及运行是否正常					
备注					

三、磨床电气控制及PLC改造项目验收

项目完成后，应对各组完成情况进行验收和评定，具体验收项目包括：

M7130 型平面磨床电气控制电路故障诊断和排除及 M7130 型平面磨床 PLC 改造电气控制电路板制作考核要求。

M7130 型平面磨床电气控制电路故障检修考核要求及评分标准见表 6-8。

表 6-8　M1730 型平面磨床电气控制电路故障检修考核要求及评分标准

序号	考核内容	考核要求	评分标准	配分	扣分	得分
1	按下起动按钮 SB1，M1 起动运转；松开 SB1，M1 随之停止不能起动	分析故障范围，确定故障点并排除故障	(1)不能确定故障范围，扣 10 分 (2)不能找出原因，扣 5 分 (3)不能排除故障，扣 10 分	25 分		
2	电动机 M1 运行中停车	分析故障范围，确定故障点并排除故障	(1)不能确定故障范围，扣 10 分 (2)不能找出原因，扣 5 分 (3)不能排除故障，扣 10 分	25 分		
3	按下 SB2，砂轮电动机不能停车	分析故障范围，确定故障点并排除故障	(1)不能确定故障范围，扣 10 分 (2)不能找出原因，扣 5 分 (3)不能排除故障，扣 10 分	25 分		
4	机床照明灯不亮	分析故障范围，确定故障点并排除故障	(1)不能确定故障范围，扣 10 分 (2)不能找出原因，扣 5 分 (3)不能排除故障，扣 10 分	25 分		
5	安全文明生产	按生产规程操作	违反安全文明生产规程，扣 10～30 分			
6	定额工时	4h	每超 5min(不足 5min 以 5min 计)扣 2 分			
起始时间			合计	100 分		
结束时间			教师签字	年　月　日		

M7130 型平面磨床 PLC 改造电气控制电路板制作考核要求及评分标准见表 6-9。

表 6-9　M7130 型平面磨床 PLC 改造电气控制电路板制作考核要求及评分标准

测评内容	配分	评分标准	操作时间	扣分	得分
绘制电器元件布置图	10	绘制不正确，每处扣 2 分	20min		
安装电器元件	20	1. 不按图安装，扣 5 分 2. 电器元件安装不牢固，每处扣 2 分 3. 电器元件安装不整齐、不合理，每处扣 2 分 4. 损坏电器元件，扣 10 分	20min		
布线	50	1. 导线截面选择不正确，扣 5 分 2. 不按图接线，扣 10 分 3. 布线不合要求，每处扣 2 分 4. 接点松动，露铜过长，螺钉压绝缘层等，每处扣 1 分 5. 损坏导线绝缘或线芯，每处扣 2 分 6. 漏接接地线，扣 5 分	60min		

续

测评内容	配分	评分标准	操作时间	扣分	得分
通电试车	20	1. 第一次试车不成功，扣 5 分 2. 第二次试车不成功，扣 5 分 3. 第三次试车不成功，扣 5 分	20min		
安全文明操作		违反安全生产规程，扣 5～20 分			
定额时间 (2h)	开始时间	每超时 2min 扣 5 分			

【知识拓展】

过电流继电器属于保护电器，它的线圈串接在保护电路中，当保护电路中的电流增大时，线圈电流高于整定值，继电器动作。串接在接触器线圈中的过电流继电器的常闭触点断开，使保护电路得到保护。电磁式过电流继电器的典型结构如图 6-8 所示。

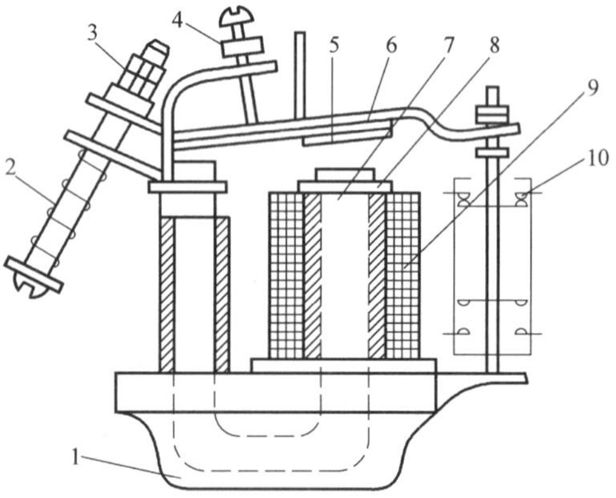

图 6-8　电磁式过电流继电器的典型结构

1—底座　2—反力弹簧　3、4—调节螺钉　5—非磁性垫片　6—衔铁　7—铁心　8—极靴　9—电磁线圈　10—触点系统

电磁式继电器主要由线圈、铁心、衔铁、反力弹簧和触点系统组成。没有电流通过线圈或电流没有达到整定值时，衔铁靠反力弹簧的作用打开，常闭触点断开接触器的线圈回路，达到保护作用。调整调节螺钉 4 可改变衔铁的初始气隙大小，气隙大则吸合电流越大。改变非磁性垫片 5 的厚度可调节释放电流，非磁性垫片越厚则释放电流越大。

（一）过电流继电器的类型

过电流继电器按原理分成电磁式过电流继电器和感应型过电流继电器两种。电磁式过电流继电器动作迅速，可以认为是瞬时动作的，一般用于低压控制电路中，额定电流不大于 5A。感应型过电流继电器的动作时间与线圈中通入的电流成反比，电流越大则动作时间越短、越迅速。感应型过电流继电器常用在高压电力系统中作线路或电气设备的过电流保护。

（二）电磁式过电流继电器的主要技术参数

① 额定电压和额定电流：指线圈的额定电压和额定电流。

② 吸合电压和吸合电流：它指能使继电器衔铁动作的线圈电压和电流。

③ 释放电压和释放电流：线圈电压降低或电流减小时衔铁释放，使衔铁释放时的线圈电压或电流值叫释放电压和电流。

④ 吸合时间和返回时间：吸合时间是线圈电流达到整定值，衔铁从开始吸合到完全闭合所需的时间。返回时间是线圈电流达到释放电流开始到衔铁完全释放所需要的时间。

⑤ 整定值：通过调整反作用弹簧来整定电磁式过电流继电器的衔铁吸合电流值或释放

值。这个预先整定的吸合值或释放值叫整定值。

⑥ 返回系数：释放电流与吸合电流的比值叫返回系数，用 K 表示，其表达式为

$$K = I_{SF}/I_{XH}$$

⑦过电流继电器的选择：过电流继电器的线圈额定电压和电流不高于实际安装地点的电压和电流；触点的通断能力不小于控制容量；动作或整定值符合：

交流吸合电流　　$I = (110\% \sim 350\%)I_N$

直流吸合电流　　$I = (79\% \sim 300\%)I_N$

式中，I_N 为线圈的额定电流。

【工程训练】

试对 BC6030 牛头刨床传统的继电器-接触器控制系统进行 PLC 改造。设计出硬件电路和 PLC 控制程序，并进行安装和调试。

项目七
铣床电气控制及 PLC 改造

项目名称	铣床电气控制及 PLC 改造	参考学时	12 学时
项目引入	铣床作为机床的一种，可用于机械加工工业，如轴承厂、纺织机械厂、水龙头制造厂、钢材厂、环保、食品、农业设备制造厂等 铣床中应用最多的是万能铣床，万能铣床主要应用于汽车、船舶、航空航天、国防军工等领域，在新崛起的新能源汽车等战略性新兴产业中也将会有更大、更快的发展。目前，国际机床产品和制造技术不断发展完善。在高速、复合、智能、环保技术的基础上，通过与 PLC 控制技术、计算机技术、信息技术有机结合，产品不断向高效率、高精度、柔性化、集成化和高可靠性方向发展，出现了向多主轴、多坐标、复合加工以及成套设备自动化方向发展的趋势。 通过 PLC 改造后的机床设备不仅能提高设备工作的可靠性、提高产品质量、减少故障、降低成本，还可提高工作效率。		
项目目标	通过铣床电气控制及 PLC 改造，能够正确绘制铣床的 PLC 改造 I/O 接线图，正确选择 PLC 型号和电器元件；了解生产机械电气控制电路的读图方法；掌握卧式万能铣床的电气控制电路的分析方法和分析步骤、工作原理以及机械与电气控制配合的关系，组成电气线路的一般规律、保护环节以及电气控制电路的操作方法，常见电气故障诊断方法；掌握 PLC 编程的方法；有初步设计及 PLC 编程改造的能力；能安装、调试典型设备； 通过该项目的训练，培养学生信息获取、资料收集整理的能力；会使用万用表、绝缘电阻表等测量工具和常用的安装、调试工具仪器；提高解决问题、分析问题的能力，知识的综合运用能力；具有良好的工艺意识、标准意识、质量意识、成本意识，达到初步的 CDIO 工程项目的实践能力。		
项目要求	完成铣床电气控制及 PLC 改造，包括： 1. 根据铣床的控制要求和电气原理图画出铣床的 PLC 改造的外部接线图； 2. 选择合适型号的 PLC 和电器元件及导线； 3. 编制出 PLC 改造的程序，并进行程序调试； 4. 采用板前线槽布线的方法进行电路板的制作，严格按工艺要求完成安装接线和调试运行。		
（CDIO）项目实施	构思（C）：项目构思与任务分解，学习相关知识，制定出工作计划及工艺流程，建议参考学时为 2 学时 设计（D）：学生分组设计项目 PLC 改造方案，建议参考学时为 2 学时 实现（I）：绘图、电器元件安装与布线，建议参考学时为 7 学时 运行（O）：调试运行与项目评价，建议参考学时为 1 学时		

【项目构思】

项目来源于大中型企业运行在生产一线的设备，很多是 20 世纪 80 年代前生产的旧设备采用的是传统的继电器-接触器的控制方式。这种控制方式存在着可靠性低、故障率高的缺点，大大影响着企业的生产效率和市场竞争力。如果全部或部分更新这些设备，需要花费大量资金；如果不更新设备，必将影响生产效率，降低企业的竞争力。因此，旧设备的升级改造已迫在眉睫。该项目目前主要应用于各种大中型企业，大多行业机床的控制，用来加工平面、斜面、槽沟，装上分度头可以铣切直齿齿轮和螺旋面以及螺纹等。

在本学习项目中，教师首先下发项目工单，布置本项目需要完成的任务及控制要求，介绍本项目的应用情况，进行项目分析，学生进行小组分工，明确项目工作任务，团队成员讨论项目如何实施进行任务分解，学习本项目所需的知识，查找铣床电气控制及 PLC 改造的相关资料，制定项目实施工作计划和设计方案，制定出工艺流程，再进行 I/O 分配和 PLC 编程，最后进行程序调试和整机安装调试。

项目实施时建议采用引导法、小组教学法、案例教学法、启发式教学法、实物教学法。

项目七的项目工单见表 7-1。

表 7-1　项目七项目工单

课程名称	机床电气设备及升级改造				总学时：108
项目名称	铣床电气控制及 PLC 改造				参考学时：12
班级		团队负责人		团队成员	
项目描述	现场观察熟悉铣床结构、运动形式，了解电气控制原理及制作要求，学习相关的知识，分析常见铣床电气控制的原理，进行安装接线图的绘制。制定出合理的计划方案，然后选择合适的电器元件和线材，准备好工具和耗材，与团队成员合作进行安装制作并进行调试及故障诊断和查找，调试成功后再对传统的继电器-接触器控制部分进行 PLC 改造，改造完成再进行整机系统调试，最后进行综合评价。具体任务如下： 1. 了解铣床的结构、运动形式及控制要求； 2. 铣床电气控制原理的分析； 3. 故障诊断并排除； 4. 电气控制 PLC 的改造方案确定； 5. PLC 的选型； 6. I/O 接线图的绘制； 7. PLC 编程； 8. PLC 程序调试并监控运行； 9. 整机系统调试； 10. 做好维修记录。				
相关资料及资源	教材、典型机床控制设备视频录像、PPT 课件、铣床电气原理图和安装接线图、S7-200 PLC 编程系统、编程软件、编程手册。				
工作成果	1. 完成铣床电气控制柜的配线，并通过 PLC 的改造实现控制要求； 2. CDIO 项目报告； 3. 评价表。				
注意事项	1. 每组在通电试车前一定要经过指导教师的允许才能通电； 2. 故障设置时，应该模拟成实际使用中造成的自然现象； 3. 故障设置时，不得更改线路或更换电器元件； 4. 调试完毕后先断电源后断负载； 5. 严禁带电操作； 6. 安装完毕及时清理工作台，工具归位。				
引导性问题	1. 你已经具备完成铣床电气控制柜的配线和 PLC 改造的所有资料了吗？应通过哪些渠道获得？ 2. 在完成本次任务前，你还缺少哪些必要的知识？如何解决？ 3. 你如何制定 PLC 改造方案？ 4. 查找故障时采用了哪些方法？ 5. 在进行安装前，你准备好器材了吗？ 6. 在安装接线时，你选择导线的规格多大？根据什么进行选择？ 7. 你采取哪些措施来保证制作质量，符合改造要求吗？ 8. 你在安装和调试过程中，你会使用哪些工具？ 9. 你使用了哪些方法进行 PLC 的电气改造？				

一、铣床电气控制及 PLC 改造项目分析

通过铣床电气控制及 PLC 改造电路板的制作，让学生掌握铣床的组成及基本电气控制原理，学会铣床电气图的识读，掌握顺序控制的规律。能正确根据原理图画出电器元件布置图和安装接线图，并能按图进行电器元件的安装和接线，能够制定铣床电气控制的 PLC 改造方案，再进行 I/O 分配和 PLC 编程，最后进行程序调试和整机安装调试，并学会铣床电气控制电路常见故障的检修方法。

让我们一起来了解铣床及其电气控制电路吧！

二、铣床电气控制及 PLC 改造相关知识

什么是铣床？铣床的用途、分类是怎样的？它在生产实际中有哪些应用？

（一）初步认识铣床

几种常见的铣床如图 7-1 所示。

a) X62W万能卧式铣床

b) 2A型立式升降台铣床

c) X2007型龙门铣床

d) 仿真铣床

图 7-1　常见的铣床

1. 铣床的用途

铣床可用来加工平面、斜面、槽沟，装上分度头可以铣切直齿齿轮和螺旋面，装上圆工作台还可铣切凸轮和弧形槽，所以铣床在机械行业的机床设备中占有相当大的比重。铣床按结构形式和加工性能不同，可分为卧式铣床、立式铣床、龙门铣床、仿真铣床和各种专业铣床。铣床型号含义如图 7-2 所示。

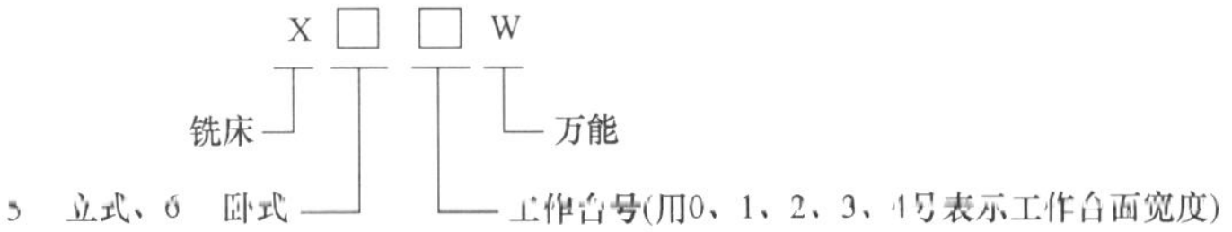

图 7-2　铣床型号含义

2. 运动形式

铣床所用的切削刀具为各种形式的铣刀。铣削加工一般有顺铣和逆铣两种形式，分别使用刃口方向不同的顺铣刀和逆铣刀。铣床运动形式有主运动、进给运动及辅助运动，铣刀的旋转运动为主运动；工件在垂直铣刀轴线方向的直线运动是进给运动；而工件与铣刀相对位置的调整运动与工作台的回转运动皆为辅助运动。

铣刀的旋转由主电动机拖动，为适应顺铣与逆铣的需要，主轴电动机应能正向或反向工作，一旦铣刀选定后，铣削方向就确定了，所以工作过程不需要交换主电动机的旋转方向。为此，常在主电动机电路内接入换向开关来预选正方向。又因铣床加工是多刀多刃不连续切削，负载会产生波动，故为减轻负载波动的影响，往往在主轴传动系统中加入飞轮，但随之又将导致主轴停车惯性大，停车时间长。为实现快速停车，往往主轴电动机采用制动停车方式。铣削加工方式如图 7-3 所示。

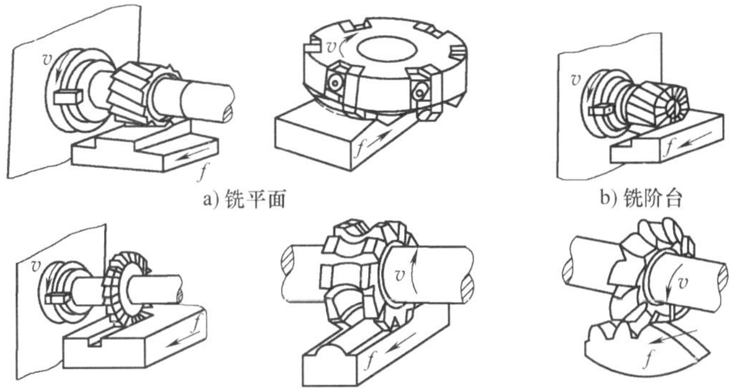

a) 铣平面　b) 铣阶台　c) 铣沟槽　d) 铣成形面　e) 铣齿轮

图 7-3　铣削加工方式

铣削的进给运动是直线运动，一般是工作台的垂直、纵向和横向 3 个方向的移动，为保证安全，在加工时只允许有一种运动，所以这 3 个方向的运动应该设有互锁。为此，工作台的移动由一台进给电动机拖动，并由运动方向选择手柄来选择运动方向，由进给电动机的正、反转来实现上或下、左或右、前或后的运动。某些铣床为扩大加工能力而增加圆工作台，在使用圆工作台时，原工作台的上下、左右、前后几个方向的运动都不允许进行。

铣床的主运动与进给运动间没有比例协调的要求，所以从机械结构合理角度考虑，采用两台电动机单独拖动，并且将损坏刀具或机床。为此，主轴电动机与进给电动机之间应有可靠的互锁。

为了适应各种不同的切削要求，铣床的主轴与进给运动都应具有一定的调速范围。为便于变速时齿轮的啮合，应有低速冲动环节。

铣床由哪些部分组成呢？对铣床的控制要求有哪些呢？

（二）X62W 型万能铣床的电气控制工作原理分析

1. 卧式万能铣床的电气控制电路的读图方法

（1）了解铣床的结构和工作要求　X62W 型卧式万能铣床主要由底座、床身、悬梁、刀杆支架、工作台、溜板箱和升降台等组成。X62W 型卧式万能铣床结构简图如图 7-4 所示。

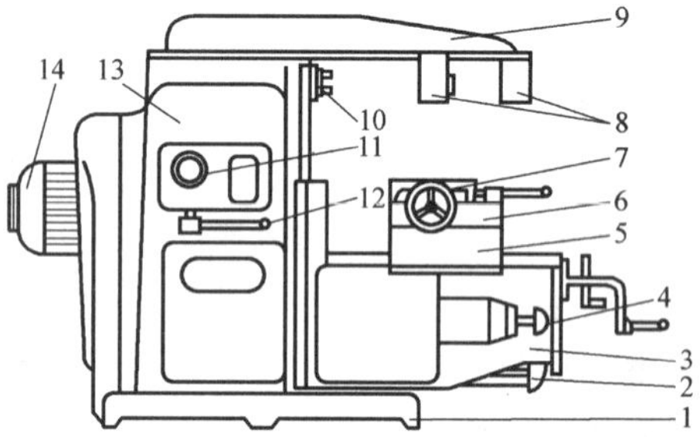

图 7-4　X62W 型卧式万能铣床结构简图

1—底座　2—进给电动机　3—升降台　4—进给变速手柄及变速盘　5—溜板　6—转动部分　7—工作台　8—刀杆支架　9—悬梁　10—主轴　11—主轴变速盘　12—主轴变速手柄　13—床身　14—主轴电动机

（2）对电力拖动和控制的要求

① 万能铣床一般由三台异步电动机拖动，分别是主轴电动机、进给电动机和冷却泵电动机。

铣床主要有三种运动：

主运动：主轴带动铣刀的旋转运动。

进给运动：直线运动。

辅助运动：工件与铣刀相对位置的调整运动及工作台的回转运动。

有些铣床为扩大加工能力而增设圆工作台，在使用圆工作台时，圆工作台的上下、左右、前后几个方向的运动都不允许进行。

② 铣削加工有顺铣和逆铣两种加工方式，因此要求主轴电动机能正反转，但在加工过程中不需要主轴反转。主轴电动机通过主轴变速箱驱动主轴旋转，并由齿轮变速箱变速，因此主轴电动机不需要电气调速。又由于铣削是多刃不连续的切削，负载不稳定，所以主轴上装有飞轮，以提高主轴电动机旋转的均匀性，消除铣削加工时产生的振动。但这样会造成主轴停车困难，因此主轴电动机采用电磁离合器制动以实现准确停车。

③ 进给电动机作为工作台前后、左右和上下六个方向上的进给运动及快速移动的动力，也要求进给电动机能实现正反转。通过进给变速箱可获得不同的进给速度。

④ 为扩大加工能力，在工作台上可加装圆形工作台，圆形工作台的回转运动由进给电动机经传动机构驱动。工作台六个方向的快速移动是通过电磁离合器的吸合和改变机械传动链的传动比实现的。

⑤ 三台电动机之间有联锁控制。为防止刀具和铣床的损坏，要求只有主轴旋转后才允许有进给运动，同时为了减小加工件表面的粗糙度，要求只有进给停止后，主轴才能停止或同时停止。

⑥ 为保证机床和刀具的安全，在铣削加工时，任何时刻工件都只能做一个方向的进给运动，因此采用机械操作手柄和行程开关相配合的方式实现六个运动方向的联锁。

⑦ 主轴运动和进给运动采用变速盘进行速度选择，为保证变速后齿轮能良好啮合，主轴和进给变速后，都要求电动机做瞬时点动（变速冲动）。

⑧ 采用转换开关控制冷却泵电动机单向旋转。

⑨ 要求有安全照明设备及各种保护措施。

（3）识读主电路　识读主电路分 4 步进行：

① 看电路及设备的供电电源。

② 分析主电路共用了几台电动机。

③ 分析各台电动机的工作状况。

④ 了解电动机经过哪些控制电路到达电源。

（4）识读控制电路

① 弄清控制电路的电源电压。

② 按布局顺序从左到右依次摘清各条支路如何控制主电路。

③ 分析出控制电路的动作过程。

（5）识读辅助电路

以上的读图方法采用化整为零的方法。经过化整为零的分析之后，再进行集零化整，纵观全局，看有没有遗漏的地方。

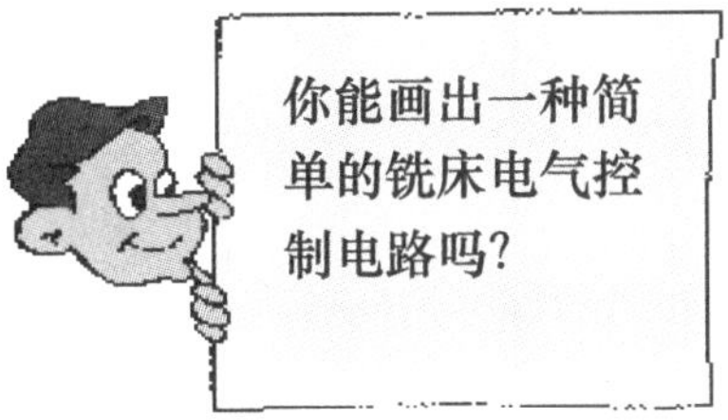

2. 卧式万能铣床工作原理及分析

（1）铣床控制电路的工作原理图　X62W 型卧式万能铣床主要由主电路、控制电路及辅助电路组成。X62W 型卧式万能铣床控制电路工作原理图如图 7-5 所示。

（2）铣床控制电路的工作原理及分析　X62W 型卧式万能铣床控制电路工作原理如下：

1）主轴电动机的控制。控制电路的起动按钮 SB1 和 SB2 是异地控制按钮，方便操作。SB3 和 SB4 是停止按钮。

KM3 是主轴电动机 M1 的起动接触器，KM2 是主轴反接制动接触器，SQ7 是主轴变速冲动开关，KS 是速度继电器。

2）主轴电动机的起动。起动前先合上电源开关 QS，再把主轴转换开关 SA5 扳到所需要的旋转方向，然后按起动按钮 SB1（或 SB2），接触器 KM3 获电动作，其主触点闭合，主轴电动机 M1 起动。

3）主轴电动机的停车制动。当铣削完毕，需要主轴电动机 M1 停车，此时电动机 M1 运转速度在 120r/min 以上时，速度继电器 KS 的常开触点闭合（9 区或 10 区），为停车制动做好准备。当要 M1 停车时，就按下停止按钮 SB3（或 SB4），KM3 断电释放，由于 KM3 主触点断开，电动机 M1 断电做惯性运转，紧接着接触器 KM2 线圈通电吸合，电动机 M1 串电阻 *R* 反接制动。当转速降至 120r/min 以下时，速度继电器 KS 常开触点断开，接触器 KM2 断电释放，停车反接制动结束。

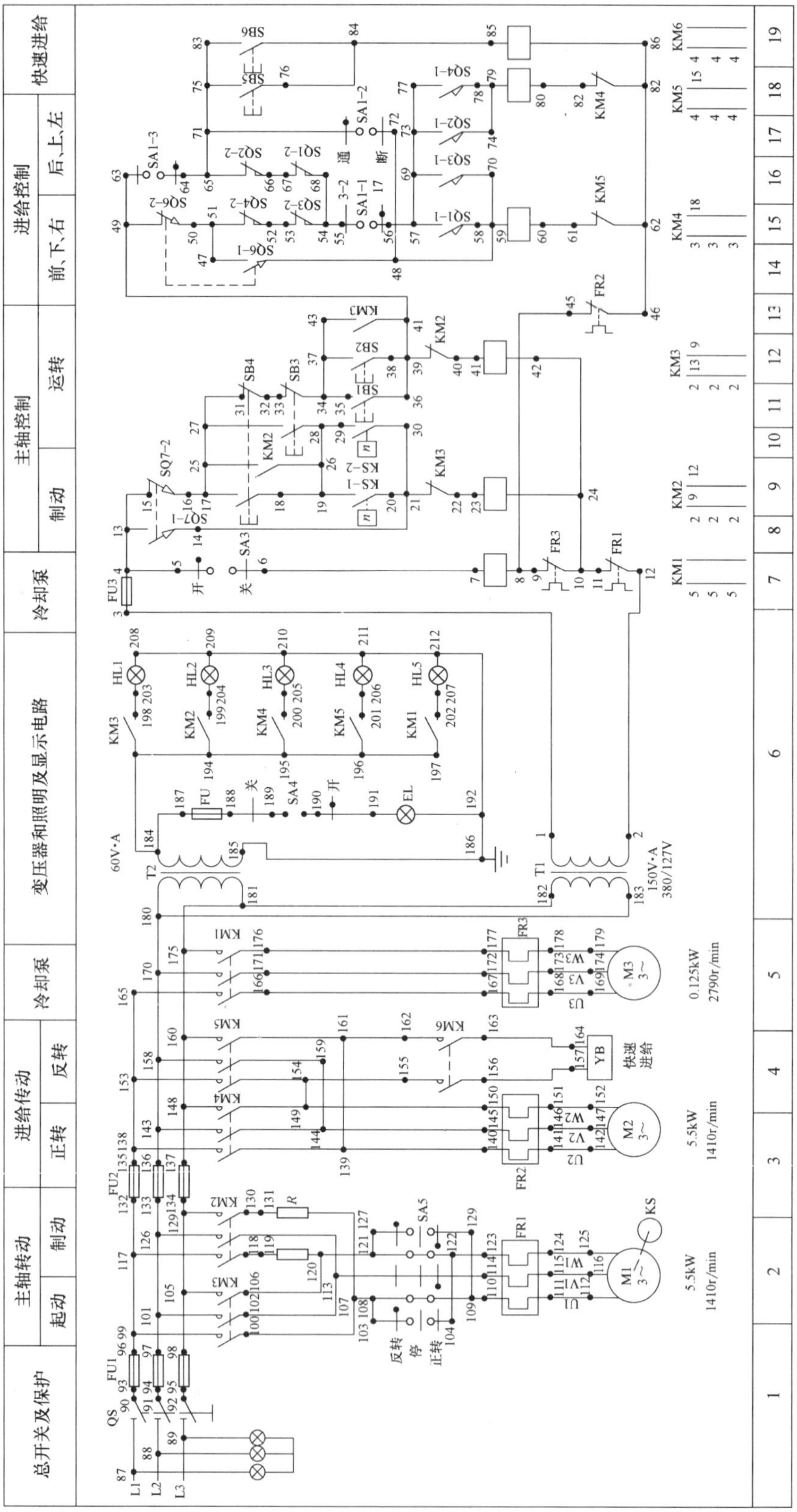

图 7-5 X62W 型卧式万能铣床控制电路工作原理图

4）主轴的冲动控制。当需要主轴冲动时，按下冲动开关 SQ7，SQ7 的常闭触点SQ7-2 先断开，而后常开触点 SQ7-1 闭合，使接触器 KM2 通电吸合，电动机 M1 起动，冲动完成。

（3）工作台进给电动机控制　转换开关 SA1 是控制圆工作台的，在不需要圆工作台运动时，转换开关扳到“断开”位置，此时 SA1-1 闭合，SA1-2 断开，SA1-3 闭合；当需要圆工作台运动时将转换开关扳到“接通”位置，则 SA1-1 断开，SA1-2 闭合，SA1-3 断开。

1）工作台纵向进给。工作台的左右（纵向）运动是由装在床身两侧的转换开关跟开关 SQ1、SQ2 来完成的，需要进给时把转换开关扳到“纵向”位置，按下开关 SQ1，常开触点 SQ1-1 闭合，常闭触点 SQ1-2 断开，接触器 KM4 通电吸合电动机 M2 正转，工作台向右运动；当工作台要向左运动时，按下开关 SQ2，常开触点 SQ2-1 闭合，常闭触点 SQ2-2 断开，接触器 KM5 通电吸合电动机 M2 反转，工作台向左运动。在工作台上设置有一块挡铁，两边各设置有一个行程开关，当工作台纵向运动到极限位置时，挡铁撞到位置开关，工作台停止运动，从而实现纵向运动的终端保护。

2）工作台升降和横向（前后）进给。工作台的方向进给是通过操纵装在床身两侧的转换开关和行程开关 SQ3、SQ4 来完成的。

在工作台上也分别设置有一块挡铁，两边各设置有一个行程开关，当工作台升降和横向运动到极限位置时，挡铁撞到位置开关，工作台停止运动，从而实现升降和横向运动的终端保护。

① 工作台向上（下）运动。在主轴电动机起动后，把装在床身一侧的转换开关扳到“升降”位置再按下按钮 SQ3（SQ4），SQ3（SQ4）常开触点闭合，SQ3（SQ4）常闭触点断开，接触器 KM4（KM5）通电吸合，电动机 M2 正（反）转，工作台向下（上）运动。到达想要的位置时松开按钮，工作台停止运动。

② 工作台向前（后）运动。在主轴电动机起动后，把装在床身一侧的转换开关扳到“横向”位置再按下按钮 SQ3（SQ4），SQ3（SQ4）常开触点闭合，SQ3（SQ4）常闭触点断开，接触器 KM4（KM5）通电吸合，电动机 M2 正（反）转，工作台向前（后）运动。到达想要的位置时松开按钮，工作台停止运动。

（4）联锁问题　机床在上下前后 4 个方向进给时又操作纵向控制这两个方向的进给，将造成机床重大事故，所以必须设置联锁保护。当上下前后 4 个方向进给时，若操作纵向任一方向，SQ1-2 或 SQ2 -2 两个开关中的一个被压开，接触器 KM4（KM5）立刻失电，电动机 M2 停转，从而得到保护。

同理，当纵向操作时又操作某一方向而选择了向左或向右进给，SQ1 或 SQ2 被压着，它们的常闭触点 SQ1-2 或 SQ2-2 是断开的，接触器 KM4 或 KM5 都由 SQ3-2 和 SQ4-2 接通。若发生误操作，而选择上、下、前、后某一方向的进给，就一定使 SQ3-2 或 SQ4-2 断开，使 KM4 或 KM5 断电释放，电动机 M2 停止运转，避免了机床事故。

1）进给冲动。机床为使齿轮进入良好的啮合状态，将变速盘向里推。在推进时，挡块压动位置开关 SQ6，首先使常闭触点 SQ6-2 断开，然后常开触点 SQ6-1 闭合，接触器 KM4 通电吸合，电动机 M2 起动。但它并未转起来，位置开关 SQ6 已复位，首先断开 SQ6-1，而后闭合 SQ6-2。接触器 KM4 失电，电动机失电停转。这样使电动机接通一下电源，齿轮系统产生一次抖动，使齿轮啮合顺利进行。要冲动时按下开关 SQ6，模拟冲动。

2）工作台的快速移动。在工作台向某个方向运动时，按下按钮 SB5 或 SB6（两地控制），接触器闭合 KM6 通电吸合，它的常开触点（4 区）闭合，电磁铁 YB 通电（指示灯亮）模拟快速进给。

3）圆工作台的控制。把圆工作台控制开关 SA1 扳到“接通”位置，此时 SA1-1 断开，SA1-2 接通，SA1-3 断开，主轴电动机起动后，圆工作台即开始工作，其控制电路是：电源—SQ4-2—SQ3-2—SQ1-2—SQ2-2—SA1-2—KM4 线圈—电源。接触器 KM4 通电吸合，电动机 M2 运转。

铣床为了扩大加工能力，铣床上安装附件圆工作台，这样可以进行圆弧或凸轮的铣削加工。拖动时，所有进给系统均停止工作，只让圆工作台绕轴心回转。该电动机带动一根专用轴，使圆工作台绕轴心回转，铣刀铣出圆弧。在圆工作台开动时，其余进给一律不准运动，若有误操作动了某个方向的进给，则必然会使开关 SQ1 ~ SQ4 中的某一个常闭触点打开，使电动机停转，从而避免了机床事故的发生。按下主轴停止按钮 SB3 或 SB4，主轴停转，圆工作台也停转。

（5）冷却照明控制　要起动冷却泵时扳动开关 SA3，接触器 KM1 通电吸合，电动机 M3 运转冷却泵起动。机床照明是由变压器 T 供给 36V 电压，工作灯由 SA4 控制。

想一想

通过搜集铣床控制方式、控制原理及电路板制作工艺等资料、小组讨论，制定完成铣床电气控制及 PLC 改造项目构思的工作计划，填写在表 7-2 中。

表 7-2　铣床电气控制及 PLC 改造项目构思工作计划单

<table>
<tr><td colspan="4">项目构思工作计划单</td></tr>
<tr><td>项目</td><td colspan="2"></td><td>学时：</td></tr>
<tr><td>班级</td><td colspan="3"></td></tr>
<tr><td>组长</td><td></td><td>组员</td><td></td></tr>
<tr><td>序号</td><td>内容</td><td>人员分工</td><td>备注</td></tr>
<tr><td></td><td></td><td></td><td></td></tr>
<tr><td></td><td></td><td></td><td></td></tr>
<tr><td></td><td></td><td></td><td></td></tr>
<tr><td></td><td></td><td></td><td></td></tr>
<tr><td>学生确认</td><td></td><td>日期</td><td></td></tr>
</table>

【项目设计】

一、X62W 型万能铣床电气控制电路的 PLC 改造方案的制定

X62W 型万能铣床电气控制电路的 PLC 改造后的控制柜如图 7-6 所示。

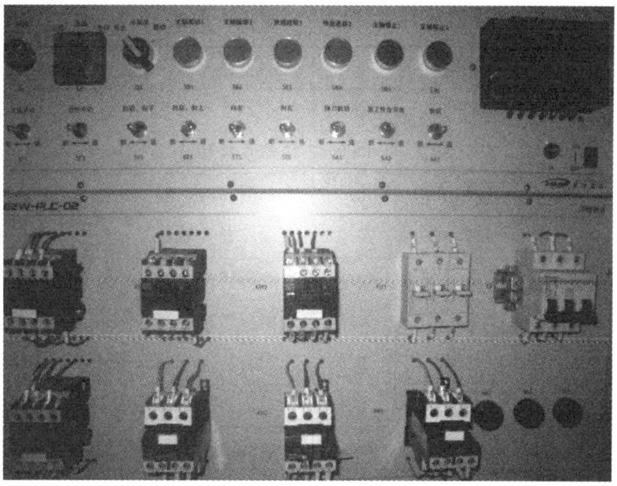

图 7-6　X62W 型万能铣床电气控制电路的 PLC 改造后的控制柜

想一想，如何制定铣床电气控制 PLC 改造方案？

根据 X62W 型铣床电气控制原理图，进行铣床的 PLC 改造方案的制定。由继电器控制过程，确定 PLC 的输入/输出均为开关量，PLC 改造流程为：选择 PLC 并进行 I/O 口分配；设计 PLC 改造后的接线图及 I/O 地址分配表；编写 PLC 程序，安装及布线；PLC 程序监控调试；整机调试。铣床电气控制 PLC 改造方案如图 7-7 所示。

图 7-7　铣床电气控制 PLC 改造方案

想一想，铣床电气控制电路的 PLC 改造线路如何连接？

二、X62W 型万能铣床电气控制电路的 PLC 改造硬件设计

（一）I/O 分配

根据 X62W 型铣床的电气原理图，控制电路中的输入/输出均为开关量，见表 7-3。从表 7-3 中可知，共有输入设备 14 个，输出设备 11 个，根据 I/O 点数可选用 S7-200 PLC。

表 7-3 输入/输出点分配表

输入			输出		
元件名称	符号	输入点	元件名称	符号	输出点
主轴起动按钮	SB1、SB2	I0. 0	冷却泵接触器	KM1	Q0. 0
主轴停止按钮	SB3、SB4	I0. 1	主轴制动接触器	KM2	Q0. 1
工作台快速按钮	SB5、SB6	I0. 2	主轴起动接触器	KM3	Q0. 2
工作台向右进给行程开关	SQ1	I0. 3	进给正转接触器	KM4	Q0. 3
工作台向左进给行程开关	SQ2	I0. 4	进给反转接触器	KM5	Q0. 4
工作台向前、向下进给行程开关	SQ3	I0. 5	工作台快速接触器	KM6	Q0. 5
工作台向后、向上进给行程开关	SQ4	I0. 6	主轴运行指示灯	HL1	Q1. 0
进给变速冲动开关	SQ6	I0. 7	主轴制动指示灯	HL2	Q1. 1
主轴变速冲动开关	SQ7	I1. 0	进给正转指示灯	HL3	Q1. 2
圆工作台转换开关	SA1	I1. 1	进给反转指示灯	HL4	Q1. 3
冷却泵电动机起动开关	SA3	I1. 2	冷却泵运行指示灯	HL5	Q1. 4
进给电动机热继电器	FR2	I1. 3			
主轴、冷却泵电动机热继电器	FR1、FR3	I1. 4			
速度继电器常开触点	KS	I1. 5			

（二）PLC 接线图

PLC 接线图如图 7-8 所示。

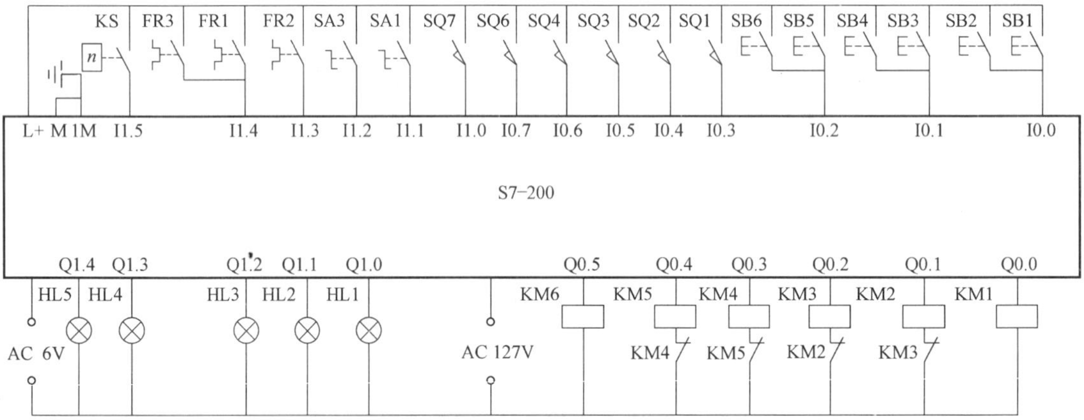

图 7-8 PLC 接线图

想一想，铣床电气控制电路的 PLC 改造梯形图如何编写？

三、X62W 型万能铣床电气控制电路的 PLC 改造程序设计

根据 X62W 型万能铣床电气控制电路的工作原理及图 7-8 的接线图，用基本指令编写的铣床 PLC 改造程序梯形图如图 7-9 所示。

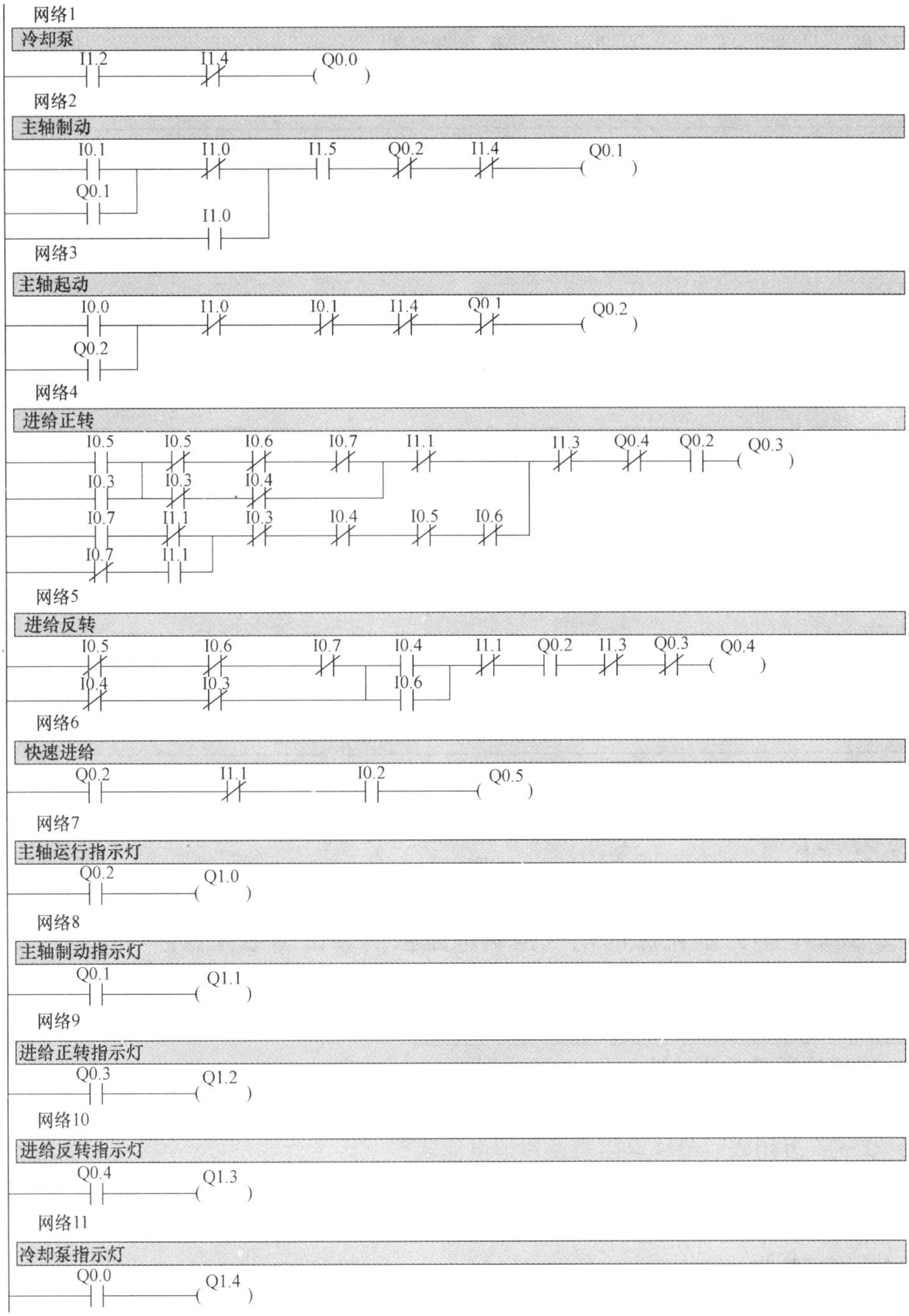

图7-9　铣床PLC改造程序梯形图

做一做

填写项目设计记录单，见表7-4。

表 7-4　铣床电气控制及 PLC 改造项目设计记录单

课程名称	机床电气设备及升级改造				总学时：
项目名称	铣床电气控制及 PLC 改造				项目学时：
班级		团队负责人		团队成员	
项目设计方案一					
项目设计方案二					
项目设计方案三					
最优方案					
电气图					
设计方法					
相关资料及资源	校本教材、实训指导书、视频录像、PPT 课件、电气安装工艺及标准等				

【项目实现】

一、X62W 型万能铣床的电气控制电路板的调试与故障诊断

想一想，先了解检修铣床所用的工具和设备

（一）检修所需工具和设备

1）工具：验电笔、电工刀、尖嘴钳、斜口钳、剥线钳、螺钉旋具及活扳手等。

2）仪表：万用表、绝缘电阻表及钳形电流表。

3）机床：X62W 型万能铣床或 X62W 型万能铣床实训考核装置。

再了解怎样对铣床电气控制电路中出现的故障进行诊断

（二）查找故障点的方法

检测方法有多种：万用表电阻检测法、万用表电压检测法和短接法检验灯法等。前两种方法在前面已经介绍过，下面介绍短接法。

1. 短接法介绍

短接法查找故障如图 7-10 所示。

2. 主轴电动机 M1 不能起动的检修步骤

以主轴电动机 M1 不能起动为例，其检修步骤如图 7-11 所示。

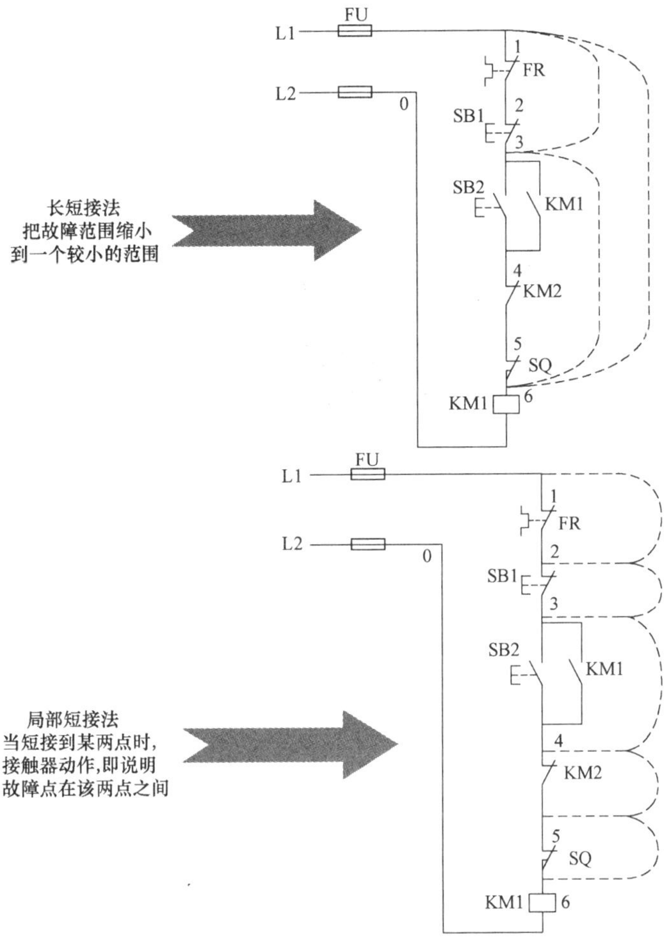

图 7-10　短接法查找故障

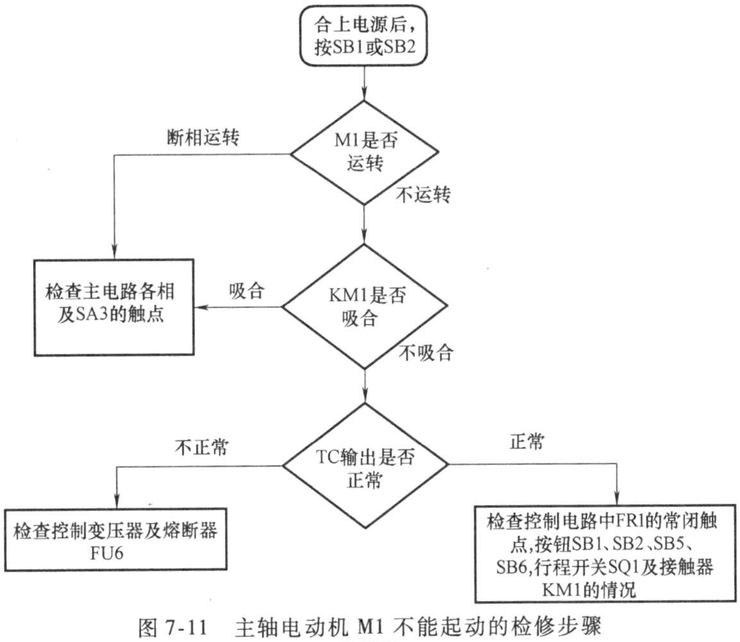

图 7-11　主轴电动机 M1 不能起动的检修步骤

最后，用你的经验正确、完美地处理故障

（三）X62W 型铣床常见电气故障诊断方法

X62W 型铣床常见电气故障诊断方法见表 7-5。

表 7-5　常见电气故障诊断方法

故　障　现　象	原　　因	处理方法
主轴停车时没有制动作用或产生短时反向旋转	速度继电器 KS 的常开触点不能按旋转方向正常闭合，如推动触点的胶木摆杆断裂损坏，轴身圆锥销扭弯、磨损，弹性连接元件损坏，螺钉、销钉松动或打滑	检查速度继电器 KS 的常开触点，更换胶木摆杆、圆锥销、螺钉、销钉等，并将速度继电器修复或更换
	速度继电器 KS 触点弹簧调得过紧，使反接制动电路过早地切断，制动效果不明显	调整速度继电器 KS 触点弹簧，直到制动效果明显为止
	速度继电器 KS 永久磁铁的磁性消失，使制动效果不明显	检查速度继电器 KS 永久磁铁，并修复或更换
	当速度继电器 KS 触点弹簧调得过松时，使触点分断延迟，在反接制动的惯性作用下，电动机停止后仍有短时反转现象	调整速度继电器 KS 触点弹簧，使故障排除
工作台各个方向都不能进给	电动机 M2 不能起动，电动机接线脱落或电动机绕组断线	检查电动机 M2 是否完好，并修复
	接触器 KM4 或 KM5 不吸合	检查 KM4 或 KM5，检查控制变压器一次绕组和二次绕组，检查电源电压是否正常，熔断器熔丝是否熔断，并予以修复
	接触器 KM4 或 KM5 主触点接触不良或脱落	检查接触器 KM4 或 KM5 的主触点，并修复
	经常扳动操作手柄，开关受到冲击，行程开关 SQ1、SQ2、SQ3、SQ4 的位置发生变化或损坏	调整行程开关的位置或更换
	变速点动开关 SQ6 在复位时，不能接通或接触不良	调整变速点动开关 SQ6 的位置，检查触点接触情况，并修复
主轴电动机不能转动	起动按钮损坏、接线松动或脱落、接触不良或接触器线圈导线断线	更换按钮，紧固导线，检查与修复线圈
	变速点动开关 SQ7 的触点接触不良，开关位置移动或撞坏	检查点动开关 SQ7 的触点，调整开关位置，并修复
主轴电动机不能点动（瞬时转动）	行程开关 SQ7 经常受到频繁冲击，使开关位置改变，开关底座被撞碎或接触不良	修理或更换行程开关，调整开关的动作行程
进给电动机不能点动（瞬时转动）	行程开关 SQ6-1 经常受到频繁冲击，使开关位置改变，开关底座被撞碎或接触不良	修理或更换开关，调整开关的动作行程

（续）

故 障 现 象	原　因	处理方法
工作台能向左、向右进给，但不能向前、向后、向上、向下进给	限位开关 SQ1、SQ2 经常被压合，使螺钉松动，开关位移，触点接触不良，开关机构卡住及线路断开	检查与调整 SQ1 或 SQ2，并修复或更换
	限位开关 SQ3-2 或 SQ4-2 被压开，使进给接触器 KM3、KM4 的通电回路均被断开	检查 SQ3-4 或 SQ4-2 是否复位，并修复
工作台不能快速移动	牵引电磁铁 YB 由于冲击力大，操作频繁，经常造成铜制衬垫磨损严重，产生毛刺划伤线圈绝缘层，引起匝间短路烧毁线圈	如果铜制衬垫磨损严重，则更换牵引电磁铁 YB；线圈烧毁重新绕制或更换
	线圈受振动，接线松脱	紧固线圈接线
	控制电路电源故障或 KM6 线圈断路	检查控制电路电源及 KM6 线圈情况，并修复或更换
	按钮 SB5 或 SB6 接线松动或脱落	检查 SB5 或 SB6 接线，并紧固

做一做

（四）故障设置

1. 设置说明

在设备的后侧被老师设置了电器元件故障 6 个、断点故障 9 个。学生可以通过检测开关或连线来排除故障。在设备面板的左侧专门设计了定时器、计数器。定时器用于学生排除故障时，老师设定时间。计数器用于学生记录排除电器元件故障的次数，每开关一次计数一次。

2. 故障现象及故障点

① 主轴电动机指示灯不亮（HL1 断开）。

② 控制电路失效（T1 380/127V 二次绕组断开）。

③ 主轴不能冲动（SQ7-1 常开触点断开）。

④ 反接制动失效（SB3 或 SB4 断开）。

⑤ 主轴电动机起动 1 失效（SB1 断开）。

⑥ 主轴电动机起动 2 失效（SB2 断开）。

⑦ 进给不能冲动（SQ6-1 断开）。

⑧ 工作台向左向右失效（SQ1 或 SQ2 断开）。

⑨ 圆工作台控制开关处于接通位置时，圆工作台控制全部失效（SA1-2 断开）。

⑩ 电器元件故障 1（KM3 线圈断开）。

⑪ 电器元件故障 2（KM4 线圈断开）。

⑫ 电器元件故障 3（KM4 线圈断开）。

⑬ 电器元件故障 4（KM3 线圈断开）。

⑭ 电器元件故障 5（KM2 线圈断开）。

⑮ 电器元件故障 6（KM1 线圈断开）。

（五）故障维修训练

教师设好故障后，学生按要求完成任务。

【特别注意】

① 检查前认真阅读电路图，熟练掌握各个控制环节的原理及作用，并认真听取和仔细观察教师的示范。

② 由于该机床的电气控制与机械结构的配合十分密切，因此，在出现故障时，应首先判明是机械故障还是电气故障。

③ 停电后要验电。带电检修时，必须有指导教师在现场监护，以确保用电安全。同时要做好检修记录。

二、X62W 型万能铣床电气控制及 PLC 改造电气图的绘制

做一做

（一）铣床的电气控制电路电气原理图的绘制

绘制 X62 型万能铣床电气控制电路电气原理图（可参照图 7-6 和图 7-8 绘制）：

（二）铣床的电气控制电路电器元件布置图和接线图的绘制

布置图和安装接线图主要用于电器的安装接线、线路检查、线路维修和故障处理，通常接线图与电气原理图和电器元件布置图一起使用。

绘制 X62 型万能铣床电气控制电路安装接线图：

三、X62W 型万能铣床电气控制及 PLC 改造整机安装与接线

想一想，X62W 型万能铣床电气控制及 PLC 改造需要哪些材料呢？

1. 工具、仪表及器材

1）工具：测试笔、螺钉旋具、斜口钳、尖嘴钳、剥线钳及电工刀等。

2）仪表：绝缘电阻表、万用表及钳形电流表。

3）器材

① 电路板一块（包括所用的低压电器元件）。

② 导线及规格：主电路导线由电动机容量确定；控制电路一般采用截面积为 $1mm^2$ 的铜芯导线（RV）；按钮线一般采用 $0.75\ mm^2$ 的铜芯线（RV）；导线的颜色要求主电路与控制电路必须有明显的区别。

③ 备好编码套管。

④ X62W 型万能铣床的电气控制电路板所需电器元件见表 7-6。

表 7-6 X62W 型万能铣床 PLC 改造电器元件明细表

代号	名称	型号及规格	数量	用途	备注
M1	主轴电动机	W451-4，5.5kW，220/380V，1410r/min	1	驱动砂轮	
M2	进给电动机	W451-4，5.5kW，220/380V，1410r/min	1	驱动冷却泵输出冷却液	
M3	冷却泵电动机	J042-4，0.125kW，220/380V，1440r/min	1	驱动液压泵	
FR1	热继电器	JR10-10	1	M1 过载保护	
FR2	热继电器	JR10-10	1	M2 过载保护	
FR3	热继电器	JR10-10	1	M3 过载保护	
KM1	交流接触器	CJ10-10，线圈电压 220V	1	控制 M3	
KM2	交流接触器	CJ10-10，线圈电压 220V	1	控制 M1	
KM3	交流接触器	CJ10-10，线圈电压 220V	1	控制 M1	
KM4	交流接触器	CJ10-10，线圈电压 220V	1	控制 M2	
KM5	交流接触器	CJ10-10，线圈电压 220V	1	控制 M2	
KM6	交流接触器	CJ10-10，线圈电压 220V	1	控制 M2 快速进给	
SB1	按钮	LA2 绿色	1	M1 主轴起动	
SB2	按钮	LA2 绿色	1	M1 主轴起动	
SB3	按钮	LA2 红色	1	M1 主轴停止	
SB4	按钮	LA2 红色	1	M1 主轴停止	
SB5	按钮	LA2 绿色	1	工作台快速按钮	
SB6	按钮	LA2 绿色	1	工作台快速按钮	
SA1	转换开关		1	圆工作台转换开关	
SA3	转换开关	HZ1-10P/3	1	冷却泵电动机转换开关	
SA4	转换开关	HZ1-10P/3	1	机床照明开关	
SA5	转换开关	HZ1-10P/3	1	正反转转换开关	

（续）

代号	名称	型号及规格	数量	用途	备注
YB	电磁铁线圈		1	快速进给	
QS	电源开关	HZ1-25/3	1	电源开关	
T1	控制变压器	BK-150V·A,380/127V	1	降压	
T2	照明变压器	BK-60V·A,380/36V	1	降压	
EL	机床照明灯	JD3,24V,40W	1	工作照明	
HL1	工作显示			主轴工作显示	
HL2	制动显示			主轴制动显示	
HL3	进给显示			进给正转显示	
HL4	进给显示			进给反转显示	
HL5	冷却显示			冷却泵电动机工作	
FU1	熔断器	RL1-60/30,60A,熔体30A	3	电源短路保护	
FU2	熔断器	RL1-15/5,15A,熔体5A	3	进给及冷却电路短路保护	
FU3	熔断器	BLX-15/5,1A	2	控制电路短路保护	
FU4	熔断器	RL1-15/2,15A,熔体2A	1	照明电路保护	
XT	接线端子		1	接线过渡	
R	电阻器	GF,6W,125	1	限流保护电阻	
KS	速度继电器	JY1	1	主轴反接制动	
SQ1	限位开关	LX	1	工作台纵向向右进给	
SQ2	限位开关	LX	1	工作台纵向向左进给	
SQ3	限位开关	LX	1	工作台向上和向后进给	
SQ4	限位开关	LX	1	工作台向下和向前进给	
SQ6	限位开关	LX	1	进给冲动控制	
SQ7	限位开关	LX	1	主轴冲动控制	
S7-200 PLC	可编程序控制器	CPU226	1	电气控制改造	
	开关电源		1	PLC 输入供电	

做一做

2. 按电路板安装步骤及工艺要求进行安装及接线

3. 在电路板上按电器元件布置图安装电器元件

4. 按接线图的走线方法进行线槽软布线和套编码套管

5. 检查电路板布线

根据电气接线图检查控制板布线是否正确。

6. 安装电动机

7. 连接电动机和按钮金属外壳的保护接地线（若按钮为塑料外壳，则按钮外壳不需接地线）

8. 连接电源、电动机等控制板外部的导线

做一做

填写项目实现记录单，见表7-7。

表 7-7　铣床电气控制及 PLC 改造项目实现记录单

课程名称	机床电气设备及升级改造				总学时：84
项目名称	铣床电气控制及 PLC 改造				参考学时：
班级		团队负责人		团队成员	
项目工作情况					
项目实施所遇到的问题					
相关资料及资源					
执行标准或工艺要求					
注意事项					
备注					

【项目运行】

做一做

教师：指导学生进行铣床电气控制及 PLC 改造电路板的调试、运行，讲解调试运行的注意事项及安全操作规程，并对学生的成果进行评价。

学生：检查铣床电气控制及 PLC 改造安装完成情况，调试运行，分析不足；汇报学习、工作心得；对项目完成情况进行总结，完成项目报告。

一、X62W 型万能铣床电气控制 PLC 改造的程序调试

1. 程序录入、下载

① 打开 STEP 7-Micro/WIN 应用程序，新建一个项目，选择 CPU 类型为 CPU226，打开程序块中的主程序编辑窗口，录入上述程序。

② 录入完程序后单击其工具按钮进行编译，当状态栏提示程序没有错误，检测 PLC 与计算机的连接正常，PLC 工作正常后，便可下载程序了。

③ 单击下载按钮后，程序所包含的程序块、数据块、系统块自动下载到 PLC 中。

2. 程序调试

(1) 程序运行　当下载完程序后，需要对程序进行调试。PLC 有两种工作方式，即 RUN（运行）模式与 STOP（停止）模式。在 RUN 模式下，通过执行反映控制要求的用户程序来实现控制功能。在 CPU 模块的面板上用“RUN” LED 显示当前工作模式。在 STOP

模式下，CPU不执行用户程序，可以用编程软件创建和编辑用户程序，设置PLC的硬件功能，并将用户程序和硬件设置信息下载到PLC。如果有致命的错误，在消除它之前不允许从STOP模式进入RUN模式。

CPU模块上的开关在STOP位置时，将停止用户程序的运行。

要通过STEP 7-Micro/WIN软件控制S7-200，模式开关必须设置为“TERM”或“RUN”。单击工具条上的“运行”按钮或在命令菜单中选择“PLC”→“运行”，出现一个对话框提示是否切换运行模式，单击“确认”。

（2）程序的监控　在运行STEP 7-Micro/WIN的计算机与PLC之间建立通信，执行菜单命令“调试”→“开始程序监控”，或单击工具条中的按钮，可以用程序状态功能监视程序运行的情况。

1）主轴起动控制：按下起动按钮SB1（或SB2）→I0.0有输入信号→Q0.2输出信号（继电器动作）→KM3得电→主轴电动机旋转。

2）主轴制动控制：按下起动按钮SB3（或SB4）→I0.1有输入信号→Q0.2失电→Q0.1得电→KM2得电→主轴电动机反接制动→当速度继电器KS转速<200r/min时→KM2失电→电动机M1停止旋转。

3）进给正转控制：压下开关SQ1或SQ3，使I0.3或I0.5得电，其常开触点闭合，在主轴电动机起动后，Q0.2常开触点闭合，这时Q0.3线圈得电，使进给电动机正转，拖动工作台进行向右、向前、向下的控制。

4）进给反转控制：压下开关SQ2或SQ4，使I0.4或I0.6得电，其常开触点闭合，在主轴电动机起动后，Q0.2常开触点闭合，这时Q0.4线圈得电，使进给电动机正转，拖动工作台进行向左、向后、向上的控制。

5）主轴变速冲动控制：压下主轴变速冲动开关SQ7，使I1.01得电。

6）进给变速冲动控制。

7）冷却泵电动机的控制。

8）圆工作台的控制。

9）指示照明。

二、X62W型万能铣床电气控制PLC改造整机调试与运行

把PLC与X62W型万能铣床的连线接好，把X62W型万能铣床用PLC控制，观察铣床的运行情况，应该与继电器-接触器控制是相同的。

（一）自检

① 根据电路图检查电路的接线是否正确、是否有压绝缘和漏接的地方。

② 检查热继电器的整定值和熔断器中熔体的规格是否符合要求。

③ 检查电动机及线路的绝缘电阻。

④ 检查电动机的安装是否牢固，与生产机械传动装置的连接是否可靠。

⑤ 清理安装现场。

（二）通电试车

① 接通电源，点动控制各电动机的起动，检查各电动机的转向是否符合要求。

② 先空载试车，正常后方可接上电动机试车。空载试车时，应认真观察各电器元件、

线路、电动机及各传动装置的工作是否正常。若发现异常，应立即切断电源进行检查，待调整或修复后方可再次通电试车。

（三）注意事项

① 电动机和线路的接地要符合要求。

② 接线时导线不允许有接头。

③ 试车时，要先合上电源开关，后按起动按钮；停车时要先按停止按钮，后断电源开关。

④ 通电试车必须在指导教师的监护下进行，必须严格遵守安全操作规程。

做一做

填写项目运行记录单，见表 7-8。

表 7-8　项目七项目运行记录单

课程名称	机床电气设备及升级改造				总学时：108
项目名称	铣床电气控制及 PLC 改造				学时：
班级		团队负责人		团队成员	
项目构思是否合理					
项目设计是否合理					
项目实现中遇到了哪些问题					
项目运行时故障点有哪些					
调试中运行是否正常					
备注					

三、铣床电气控制及 PLC 改造项目验收

项目完成后，应对各组完成情况进行验收和评定，具体验收项目包括：

X62W 型万能铣床电气控制电路故障诊断和排除及 X62W 型万能铣床 PLC 改造电气控制电路板制作考核要求。

X62W 型万能铣床电气控制电路故障检修考核要求及评分标准见表 7-9。

表 7-9　X62W 型万能铣床电气控制电路故障检修考核要求及评分标准

序号	考核内容	考核要求	评分标准	配分	扣分	得分
1	按下起动按钮 SB1 或 SB2，M1 起动运转；松开 SB1 或 SB2，M1 随之停止不能起动	分析故障范围，确定故障点并排除故障	（1）不能确定故障范围，扣 10 分 （2）不能找出原因，扣 5 分 （3）不能排除故障，扣 10 分	25 分		

（续）

序号	考核内容	考核要求	评分标准	配分	扣分	得分
2	主轴电动机运行中停车	分析故障范围，确定故障点并排除故障	（1）不能确定故障范围，扣10分 （2）不能找出原因，扣5分 （3）不能排除故障，扣10分	25分		
3	按下SB3或SB4，主轴电动机不能停止	分析故障范围，确定故障点并排除故障	（1）不能确定故障范围，扣10分 （2）不能找出原因，扣5分 （3）不能排除故障，扣10分	25分		
4	机床照明灯不亮	分析故障范围，确定故障点并排除故障	（1）不能确定故障范围，扣10分 （2）不能找出原因，扣5分 （3）不能排除故障，扣10分	25分		
5	安全文明生产	按生产规程操作	违反安全文明生产规程，扣10～30分			
6	定额工时	4h	每超5min（不足5min以5min计）扣2分			
起始时间			合计	100分		
结束时间			教师签字	年　月　日		

X62W型万能铣床PLC改造电气控制电路板制作考核要求及评分标准见表7-10。

表7-10　X62W型万能铣床PLC改造电气控制电路板考核要求及评分标准

测评内容	配分	评分标准	操作时间	扣分	得分
绘制电器元件布置图	10	绘制不正确，每处扣2分	20min		
安装电器元件	20	1. 不按图安装，扣5分 2. 电器元件安装不牢固，每处扣2分 3. 电器元件安装不整齐，不合理，每处扣2分 4. 损坏电器元件，扣10分	20min		
布线	50	1. 导线截面选择不正确，扣5分 2. 不按图接线，扣10分 3. 布线不合要求，每处扣2分 4. 接点松动，露铜过长，螺钉压绝缘层等，每处扣1分 5. 损坏导线绝缘或线芯，每处扣2分 6. 漏接接地线，扣5分	60min		
通电试车	20	1. 第一次试车不成功，扣5分 2. 第二次试车不成功，扣5分 3. 第三次试车不成功，扣5分	20min		
安全文明操作		违反安全生产规程，扣5～20分			
定额时间（2h）		每超时2min扣5分			

【知识拓展】

X62W 型万能铣床中所涉及的知识点有：万能转换开关、电气控制电路基本环节中的电动机正反转控制电路、电动机的反接制动控制电路、电动机的多地点控制电路等。其中电动机的正反转控制电路和电动机的反接制动控制电路在前文中已学习过，下面介绍万能转换开关、电动机的多地点控制电路。

一、万能转换开关

在 X62W 型卧式万能铣床中用到的一个新器件——万能转换开关。

万能转换开关是一种多档式、多触点、能够控制多回路的主令电器。它主要用于各种配电装置的远距离控制，也可以作为电气测量仪表的转换开关或用作小容量电动机的起动、制动、调速和转换的控制。由于触点的档数多，换接的线路多，用途又广泛，故称为万能转换开关。

（一）万能转换开关的结构及工作原理

万能转换开关中某一层的结构示意图如图 7-12 所示。

它一般由操作机构、面板、手柄及数个触点底座组成，用螺栓组装成为整体。触点的分断与接通由凸轮进行控制，由于每层凸轮可做成不同形状，因此当手柄转到不同位置时，通过凸轮的作用，可以使各对触点按需要的规律接通和分断。

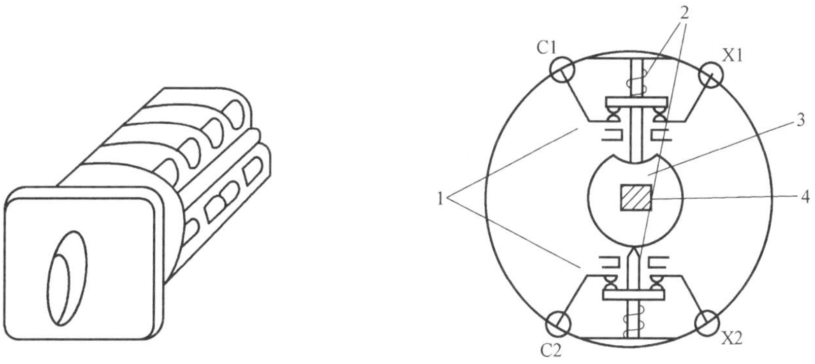

图 7-12　LW5 系列万能转换开关

1—触点　2—触点弹簧　3—凸轮　4—转轴

（二）常用型号

目前常用的万能转换开关型号有 LW2、LW5、LW6、LW8、LW9、LW10、LW12、LW15 和 3LB 等系列。

（三）电气符号

万能转换开关的图形符号、文字符号和通断表如图 7-13 所示。

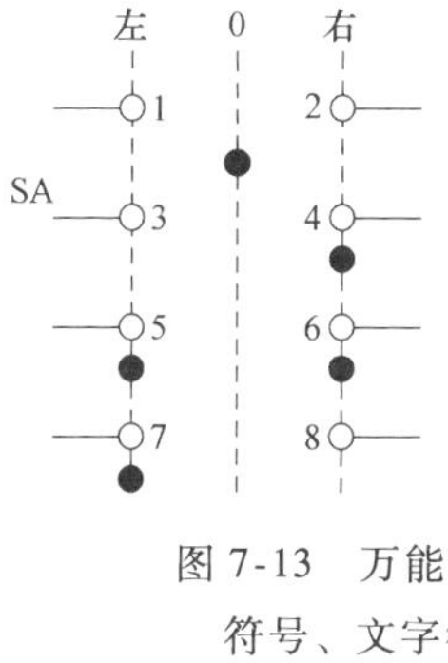

	位置		
触点	左	0	右
1-2		×	
3-4			×
5-6	×		×
7-8	×		

图 7-13　万能转换开关的图形符号、文字符号和通断表

图形符号中“每一横线”代表一路触点，而竖线的虚线代表手柄位置。哪一路接通就在代表该位置的虚线上的触点下面用黑点“·”

表示；触点通断也可用通断表来表示，表中“×”表示触点的闭合，空白表示触点断开。

（四）万能转换开关的选择

万能转换开关的选择主要从以下几个方面考虑：

① 按额定电压和工作电流选用合适的万能转换开关。

② 按操作要求选定手柄类型和定位特征。

③ 按控制要求参照转换开关样本确定触点数量和接线图编号。

④ 根据工作需要选择面板类型及标志。

二、电动机多地点起停控制电路

在机床应用中，有时为了操作方便需要在不同的地点对机床进行操作，即在不同的地点对电动机进行控制。例如，X62W 型万能铣床在操作台的正面及侧面均能对铣床的工作状态进行操作控制。能在两地或多地控制一台电动机的控制方式称为电动机的多地控制。图 7-14 为三相笼型异步电动机单方向旋转的两地控制电路。其中 SB1、SB3 为安装在甲地的起动按钮和停止按钮。其中，SB2 和 SB4 为安装在乙地的起动按钮和停止按钮。

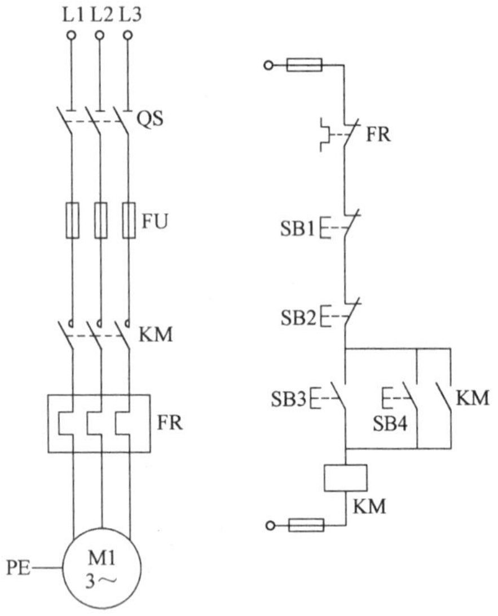

图 7-14　三相笼型异步电动机单方向旋转的两地控制电路

（一）电路的组成及工作原理

在图 7-14 中，起动按钮 SB3 和 SB4 是并联的，即当任一处按下起动按钮时，接触器线圈都能通电并自锁；停止按钮 SB1 和 SB2 是串联的，即当任一处按下停止按钮后，都能使接触器线圈断电，电动机停转。

（二）多地控制的规律

对电动机进行多地控制时，所有的起动按钮全部并联在自锁触点两端，按任一处的起动按钮都可以起动电动机；所有的停止按钮全部串联在接触器线圈回路，按任一处的停止按钮都可以停止电动机的工作。

（三）多地点起停控制电路的 PLC 改造

1. 确定输入、输出点数进行 I/O 分配

根据继电器-接触器控制电路，利用转换法确定出三相笼型异步电动机的两地控制电路的输入/输出点分配表见表 7-11。

表 7-11　输入/输出点分配表

输入			输出		
元件名称	符号	输入点	元件名称	符号	输出点
停止按钮	SB1、SB2	I0.0	电动机控制接触器	KM	Q0.0
起动按钮	SB3、SB4	I0.1			
热继电器	FR	I0.2			

2. PLC 接线图

两地起停控制电路 PLC 接线图如图 7-15 所示。

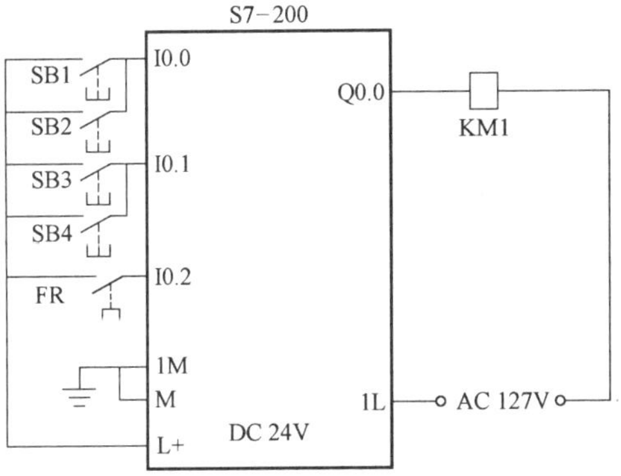

图 7-15　两地起停控制电路 PLC 接线图

3. 程序设计

两地起停控制电路 PLC 梯形图程序如图 7-16 所示。

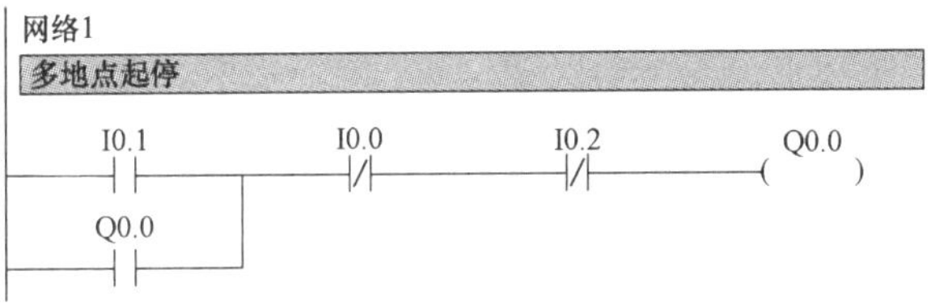

图 7-16　PLC 梯形图程序

4. 程序调试

将图 7-16 所示的梯形图输入个人计算机，下载到 S7-200 并调试。

三、电动机制动控制电路

在现代工业生产过程中，往往要求电动机能够迅速停车或者机械设备能够准确定位，因此制动的方法尤为重要。

在切断电源以后，利用电气原理或机械装置使电动机迅速停转的方法称为三相异步电动机的制动。

三相异步电动机的制动分类如下：

- 制动
  - 电气制动
    - 反接制动
    - 能耗制动
  - 机械制动
    - 电磁抱闸
    - 电磁离合器

机械制动采用电磁抱闸或电磁离合器进行制动，电气制动实际上是利用电气方法使电动机产生一个与原来转子的转动方向相反的制动转矩来制动。

在前面已介绍过电气制动，下面介绍机械制动。

在电动机被切断电源后，利用机械装置使电动机迅速停转的方法称为机械制动。应用较为普遍的机械制动装置有电磁抱闸和电磁离合器两种。这两种装置的制动原理基本相同，下面以电磁抱闸为例来说明机械制动的原理。

1. 电磁抱闸装置

电磁抱闸的外形及结构如图 7-17 所示。

电磁抱闸主要包括两部分：制动电磁铁和闸瓦制动器。制动电磁铁由铁心、衔铁和线圈三部分组成。闸瓦制动器由闸轮、闸瓦、杠杆和弹簧等部分组成。闸轮与电动机在同一根轴上。

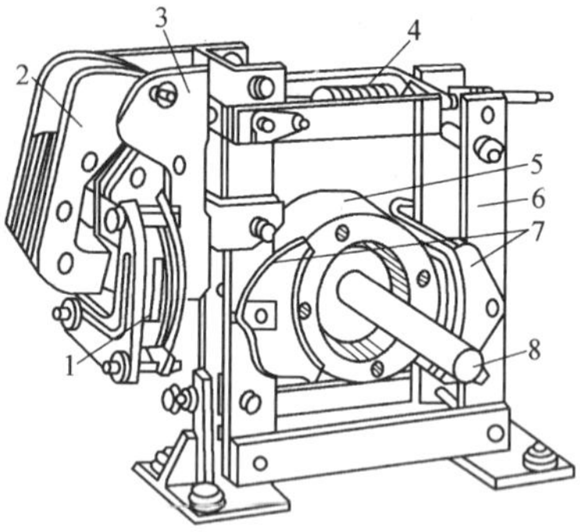

图 7-17　电磁抱闸的外形及结构

1—线圈　2—衔铁　3—铁心　4—弹簧　5—闸轮　6—杠杆　7—闸瓦　8—轴

2. 电磁抱闸控制电路

电磁抱闸制动器分为断电制动型和通电制动型。因此机械制动控制电路也有断电制动和通电制动两种。

1）断电制动控制电路。电磁抱闸断电制动控制电路如图 7-18 所示。

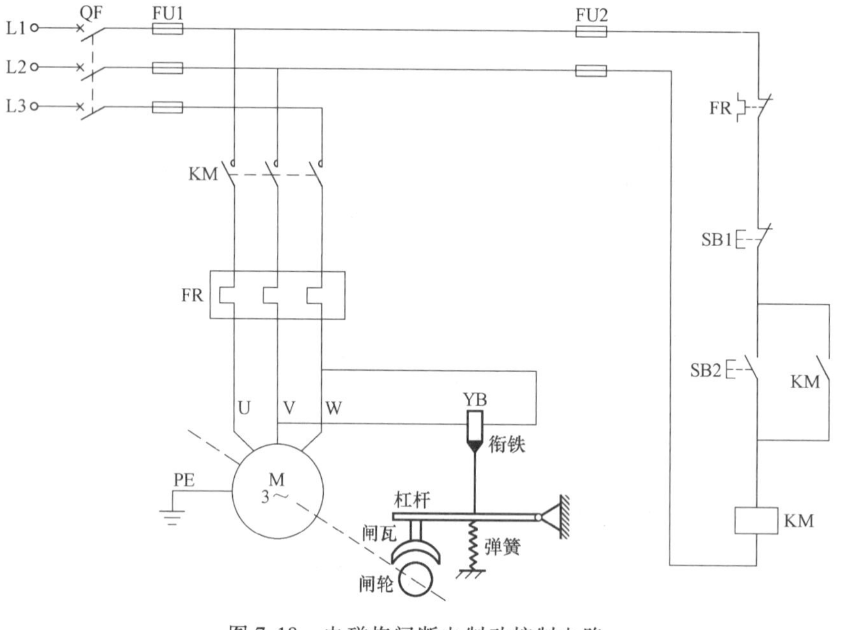

图 7-18　电磁抱闸断电制动控制电路

在电梯、起重机、卷扬机等一类升降机械上，采用制动闸平时处于“抱住”状态的制动装置，其控制电路如图 7-18 所示。其工作原理为：合上电源开关 QF，按下起动按钮 SB2，其接触器 KM 通电吸合，电磁抱闸线圈 YB 通电，使抱闸的闸瓦与闸轮分开，电动机起动；当需要制动时，按下停止按钮 SB1，接触器 KM 断电释放，电动机的电源被切断。同时，电磁抱闸线圈 YB 也断电，在弹簧的作用下，闸轮与闸瓦抱住，电动机迅速制动。这种制动方法不会因中途断电或电气故障而造成事故，比较安全可靠。但缺点是电源切断后，电动机轴就被制动刹住不能转动，不便调整，而有些机械（如机床等）有时还要用人工将电动机的转轴转动，这时应采用通电制动控制电路。

2）通电制动控制电路。像机床这类需要调整加工工件位置的机械设备，一般采用制动闸平时处于“松开”状态的制动装置。图 7-19 所示为电磁抱闸通电制动控制电路，该控制电路与断电制动型不同，制动的结构也不同。其工作原理为：在主电路有电流通过时，电磁抱闸没有电压，这时抱闸与闸轮松开；按下停止按钮 SB2 时，主电路断电，通过复合按钮 SB2 的常开触点闭合，使 KM2 线圈通电，电磁抱闸 YA 的线圈通电，抱闸与闸轮抱紧制动；当松开按钮 SB2 时，电磁抱闸 YA 线圈断电，抱闸又松开。这种制动方法在电动机不转动的常态下，电磁抱闸线圈无电流，抱闸与闸轮也处于松开状态。这样，如用于机床，在电动机未通电时，可以用手扳动主轴以调整和对刀。

经过以上分析得知，在电梯、起重起、卷扬机等升降机械上，通常采用断电制动，其优点是能够准确定位，同时可防止电动机突然断电或线路出现故障时重物的自行坠落；在机床等生产机械中采用通电制动，以便在电动机未通电时，可以用手扳动主轴以调整和对刀。

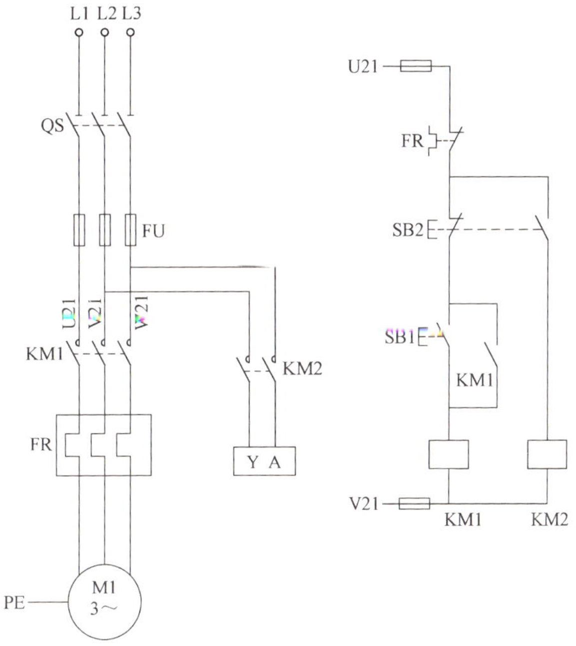

图 7-19 电磁抱闸通电制动控制电路

【工程训练】

试对 T68 型镗床传统的继电器-接触器控制系统进行 PLC 改造。传统的继电器-接触器控制电路如图 7-20 和图 7-21 所示。

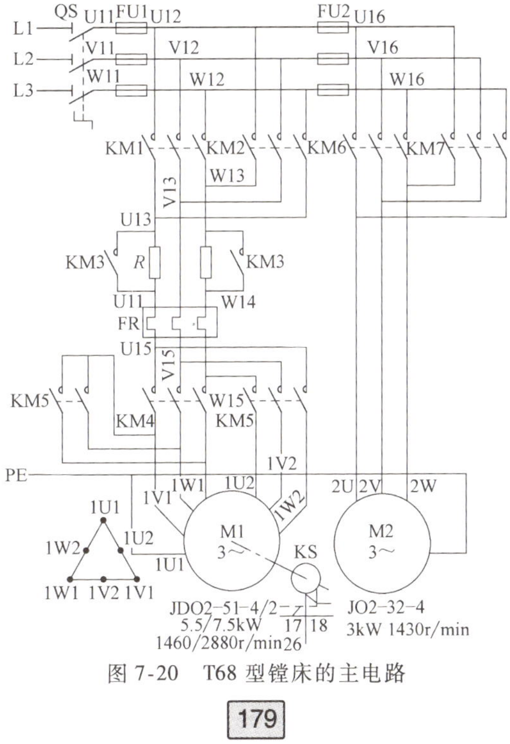

图 7-20 T68 型镗床的主电路

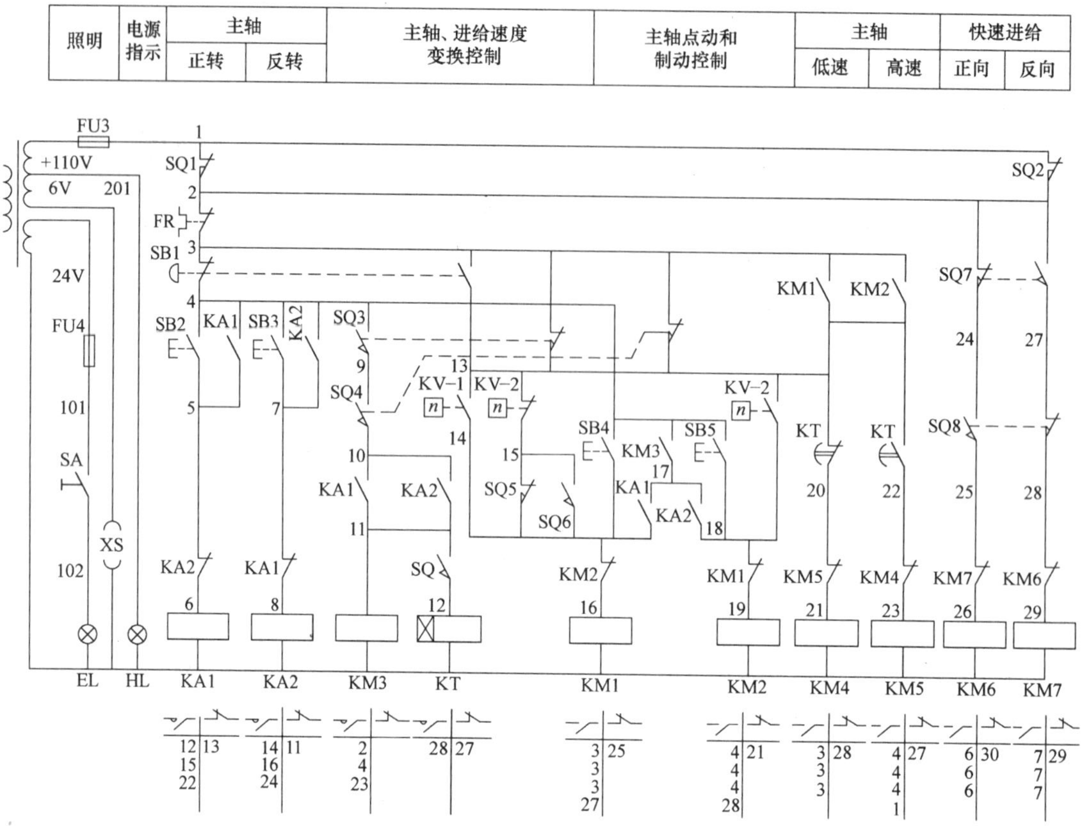

图 7-21　T68 型镗床电气控制电路

试编写出 PLC 改造程序并进行调试。

项目八
钻床电气控制及 PLC 改造

项目名称	钻床电气控制及 PLC 改造	参考学时	12 学时
项目引入	作为工业中应用非常极广的机床产品之一，钻床的应用可以说是无孔不入，在工业生产过程中，钻床可以帮助我们完成非常多的工作。钻床是一种孔加工机床，可用来钻孔、扩孔、铰孔、攻螺纹及修刮断面等多种形式的加工；用来加工平面、斜面、槽沟，装上分度头可以钻切直齿齿轮和螺旋面以及螺纹等。 项目来源于大中型企业，运行在生产一线的设备很多是 20 世纪 80 年代的旧设备，采用的是传统的继电器-接触器的控制方式。这种控制方式存在着可靠性低、故障率高的缺点，大大影响着企业的生产效率和市场竞争力。如果全部或部分更新这些设备，需要花费大量资金；如果不更新设备，必将影响生产效率，降低企业的竞争力。		
项目目标	通过钻床电气控制及 PLC 改造，能够正确绘制钻床的 PLC 改造 I/O 接线图，正确选择 PLC 型号和电器元件；掌握钻床的电气控制电路的分析方法和分析步骤、工作原理以及机械与电气控制配合的关系，组成电气线路的一般规律、保护环节以及电气控制电路的操作方法；常见电气故障诊断方法；掌握 PLC 编程的方法；有初步设计及 PLC 编程改造的能力；能够安装、调试典型设备； 通过该项目的训练，培养学生信息获取、资料收集整理的能力；会使用万用表、绝缘电阻表等测量工具和常用的安装、调试工具仪器；提高解决问题、分析问题的能力，及知识的综合运用能力；具有良好的工艺意识、标准意识、质量意识、成本意识，达到初步的 CDIO 工程项目的实践能力。		
项目要求	完成钻床电气控制及 PLC 改造，包括： 1. 根据钻床的控制要求和电气原理图画出钻床的 PLC 改造的外部接线图； 2. 选择合适型号的 PLC 和电器元件及导线； 3. 编制出 PLC 改造的程序，并进行程序调试； 4. 采用线槽布线的方法进行电路板的制作，严格按工艺要求完成安装接线和调试运行。		
(CDIO) 项目实施	构思（C）：项目构思与任务分解，学习相关知识，制定出工作计划及工艺流程，建议参考学时为 2 学时 设计（D）：学生分组设计项目 PLC 改造方案，建议参考学时为 2 学时 实现（I）：绘图、电器元件安装与布线，建议参考学时为 7 学时 运行（O）：调试运行与项目评价，建议参考学时为 1 学时		

【项目构思】

通过 PLC 改造后的机床设备不仅能提高设备工作的可靠性、提高产品质量、减少故障、降低成本，还可提高工作效率。

在本项目中，教师首先下发项目工单，布置本项目需要完成的任务及控制要求，介绍本项目的应用情况，进行项目分析。学生进行小组分工，明确项目工作任务；团队成员讨论项目如何实施，进行任务分解，学习完成项目所需的知识，学习 Z3040 型摇臂钻床电气控制原理，查找相关知识，制定项目实施工作计划，制定出工艺流程，然后制定钻床电气控制的 PLC 改造方案，再进行 I/O 分配和 PLC 编程，最后进行程序调试和整机安装调试。

项目实施时建议采用引导法、小组教学法、案例教学法、启发式教学法、实物教学法。

项目八的项目工单见表 8-1。

表 8-1 项目八项目工单

<table>
<tr><td>课程名称</td><td colspan="4">机床电气设备及升级改造</td><td>总学时：108</td></tr>
<tr><td>项目名称</td><td colspan="4">钻床电气控制及 PLC 改造</td><td>参考学时：12</td></tr>
<tr><td>班级</td><td></td><td>团队负责人</td><td></td><td>团队成员</td><td></td></tr>
<tr><td>项目描述</td><td colspan="5">现场观察熟悉钻床结构、运动形式，了解电气控制原理及制作要求，学习相关的知识，分析常见钻床电气控制原理，进行安装接线图的绘制。制定安装调试计划并进行决策，制定出合理的计划方案，然后选择合适的电器元件和线材，准备好工具和耗材，与团队成员合作进行安装制作并进行调试及故障诊断和查找，调试成功后再对传统的继电器-接触器控制部分进行 PLC 改造，改造完成再进行整机系统调试，最后进行综合评价。具体任务如下：
1. 了解钻床的结构、运动形式及控制要求；
2. 钻床电气控制原理的分析；
3. 故障诊断并排除；
4. 电气控制 PLC 的改造方案确定；
5. PLC 的选型；
6. I/O 接线图的绘制；
7. PLC 编程；
8. PLC 程序调试并监控运行；
9. 整机系统调试；
10. 做好维修记录。</td></tr>
<tr><td>相关资料及资源</td><td colspan="5">教材、典型机床控制设备视频录像、PPT 课件、钻床电气原理图和安装接线图、S7-200PLC 编程系统、编程软件、编程手册。</td></tr>
<tr><td>项目成果</td><td colspan="5">1. 完成钻床电气控制柜的配线，并通过 PLC 的改造实现控制要求；
2. 评价表；
3. CDIO 项目报告。</td></tr>
<tr><td>注意事项</td><td colspan="5">1. 每组在通电试车前一定要经过指导教师的允许才能通电；
2. 故障设置时，应该模拟成实际使用中造成的自然现象；
3. 故障设置时，不得更改线路或更换电器元件；
4. 调试完毕后先断电源后断负载；
5. 严禁带电操作；
6. 安装完毕及时清理工作台，工具归位。</td></tr>
<tr><td>引导性问题</td><td colspan="5">1. 你已经具备完成钻床电气控制柜的配线和 PLC 改造的所有资料了吗？应通过哪些渠道获得？
2. 在完成本次任务前，你还缺少哪些必要的知识？如何解决？
3. 你如何制定 PLC 改造方案？
4. 查找故障时采用了什么方法？
5. 在进行安装前，你准备好器材了吗？
6. 在安装接线时，你选择导线的规格多大？根据什么进行选择？
7. 你采取什么措施来保证制作质量，符合改造要求吗？
8. 你在安装和调试过程中，会使用哪些工具？
9. 你使用了什么方法进行 PLC 的电气改造？</td></tr>
</table>

一、钻床电气控制及 PLC 改造项目分析

通过对 Z3040 型摇臂钻床电气控制及 PLC 改造的学习，让学生熟悉 Z3040 型摇臂钻床的工作原理，熟练掌握钻床常见故障的检修方法，掌握钻床继电器-接触器控制 PLC 改造方案的制定，进一步提高学生对机床电气设备维护维修和 PLC 改造的基本技能。

让我们一起来了解钻床及其电气控制电路吧！

二、钻床电气控制及 PLC 改造相关知识

什么是钻床？请举例说明在实际生产、生活中应用摇臂钻床的场景。

（一）认知钻床及用途

常见的钻床如图 8-1 所示。

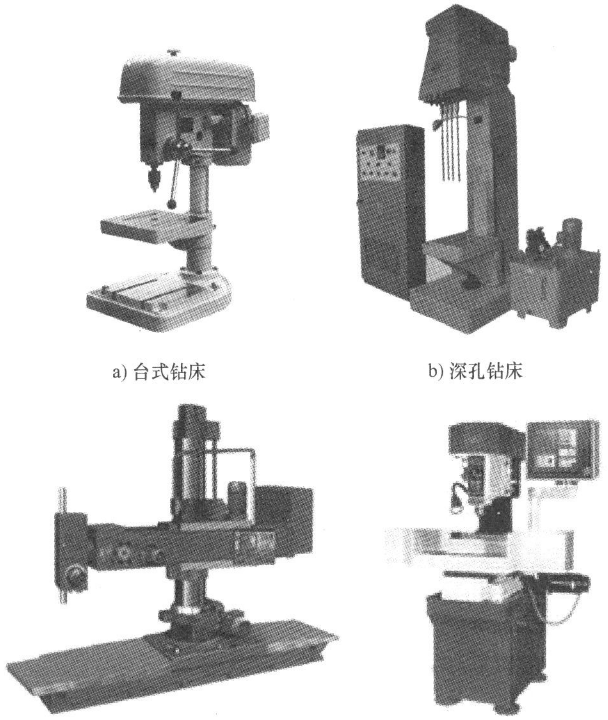

a) 台式钻床　　b) 深孔钻床

c) 万向摇臂钻床　　d) 数控钻床

图 8-1　常见的钻床

1. 钻床的用途及型号含义

钻床是一种孔加工机床，可用于钻孔、扩孔、铰孔、攻螺纹及修刮断面等多种形式的加工。

钻床的结构形式很多，有立式钻床、卧式钻床、深孔钻床及多轴钻床等。摇臂钻床是一种立式钻床，它适用于单件或批量生产中带有多孔大型零件的孔加工，是一般机械加工车间

常用的机床。钻床型号含义如图 8-2 所示。

钻床由哪几部分组成？对钻床的控制要求有哪些？

2. Z3040 型摇臂钻床的结构及运动形式

1）Z3040 型摇臂钻床的结构。Z3040 型摇臂钻床的结构如图 8-3 所示。

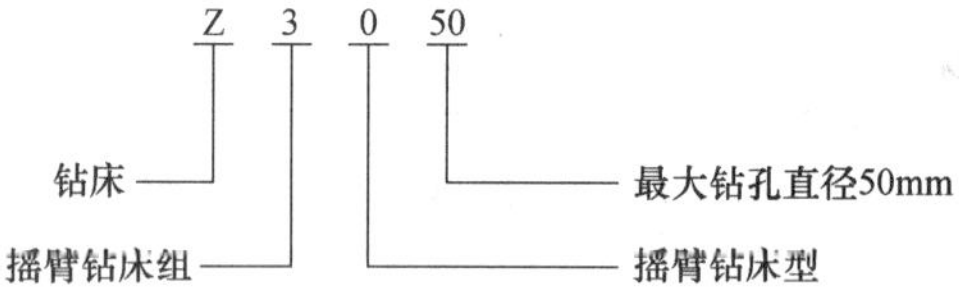

图 8-2 钻床型号含义

摇臂钻床主要由底座、内立柱、外立柱、摇臂、主轴箱及工作台等组成。内立柱固定在底座上，在它外面空套着外立柱，外立柱可绕着不动的内立柱回转一周。摇臂一端的套筒部分与外立柱滑动配合，借助于丝杠，摇臂可沿外立柱上下移动，但两者不能做相对转动，因此，摇臂只与外立柱一起相对内立柱回转。主轴箱是一个复合部件，它由主电动机、主轴和主轴传动机构、进给和进给变速箱机构以及机床的操作机构等部分组成。主轴箱安装在摇臂水平导轨上，它借助手轮操作使其在水平导轨上沿摇臂做径向运动。当进行加工时，由特殊的夹紧装置将主轴箱紧固在摇臂导轨上，外立柱紧固在内立柱上，摇臂紧固在外立柱上，然后进行钻削加工。钻削加工时，钻头一面旋转进行切削，同时进行纵向进给。可见摇臂钻床的主运动为主轴带着钻头的旋转运动；辅助运动有摇臂连同外立柱围绕着内立柱的回转运动以及摇臂在外立柱的上升、下降运动，主轴箱在摇臂上的左右运动等；而主轴的前进移动是机床的进给运动。摇臂钻床利用旋转的钻头对工件进行加工，它由底座、内外立柱、摇臂、主轴箱和工作台构成。主轴箱固定在摇臂上，可以沿摇臂径向运动。摇臂借助于丝杠，可以做升降运动，也可以与外立柱固定在一起，沿内立柱旋转。钻削加工时，通过夹紧装置，主轴箱紧固在摇臂上，摇臂紧固在外立柱上，外立柱紧固在内立柱上。

2）运动形式。由于摇臂钻床的运动部件较多，为简化传动装置，常采用多电动机拖动。它通常设有主电动机、摇臂升降电动机、夹紧放松电动机及冷却泵电动机。

3）机械、液压与电气控制配合的关系。

① 操纵机构液压系统。该系统液压油由主轴电动机拖动齿轮泵送出。

② 夹紧机构液压系统。主轴箱、立柱和摇臂的夹紧与松开，是由液压泵电动机拖动液压泵送出液压油，推动活塞、菱形块来实现的。

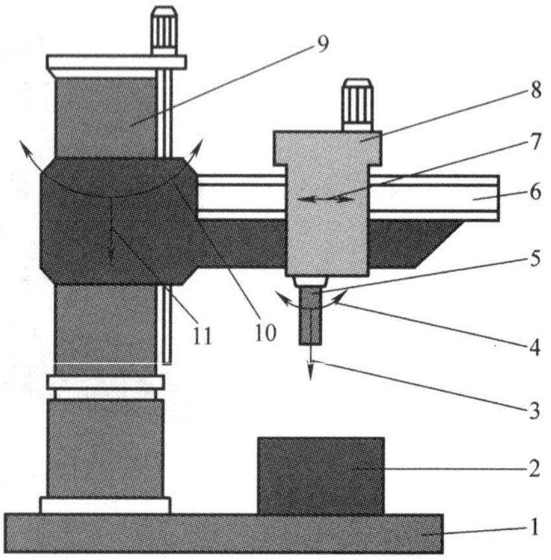

图 8-3 Z3040 型摇臂钻床的结构
1—底座 2—工作台 3—主轴纵向进给
4—主轴旋转主运动 5—主轴 6—摇臂
7—主轴箱沿摇臂径向运动 8—主轴箱
9—内外立柱 10—摇臂回转运动
11—摇臂垂直移动

3. 电力拖动特点及控制要求

① 由于摇臂钻床的运动部件较多，为简化传动装置的结构，采用多电动机拖动。主拖动电动机承担主钻削及进给任务，摇臂升降、夹紧放松和冷却泵各用一台电动机拖动。

② 主轴变速机构与进给变速机构应该放在一个

变速箱内，而且两种运动由一台电动机拖动是合理的。

③ 为了适应多种加工方式的要求，主轴旋转及进给运动均有较大的调速范围，一般情况下由机械变速机构实现。为简化变速箱的结构采用多速笼型异步电动机拖动。

④ 加工螺纹时，要求主轴能正反向旋转，采用机械方法实现，因此，拖动主轴的电动机只需单向旋转。

⑤ 摇臂的升降由升降电动机拖动，要求能实现正、反向旋转，采用笼型异步电动机。

⑥ 摇臂的夹紧与放松以及立柱的夹紧与放松由一台异步电动机配合液压装置来完成，要求这台电动机能正反转。

⑦ 钻削加工时，为对刀具及工件进行冷却，需要一台冷却泵电动机拖动冷却泵输送冷却液。

⑧ 要有必要的联锁和保护环节。

⑨ 机床安全照明和信号指示电路。

你能画出一种简单的钻床电气控制电路吗？钻床是怎样工作的呢？

（二）Z3040 型摇臂钻床的电气控制工作原理分析

1. 摇臂钻床的电气控制电路的读图方法

（1）电气控制电路分析的内容

1）设备说明书。

2）电气控制原理图。

3）电气设备总接线图。

（2）电气控制原理图的阅读和分析方法

1）读图的方法。阅读继电器-接触器控制原理图时，要掌握以下几点：

① 电气原理图主要分主电路和控制电路两部分。电动机的通路为主电路，接触器吸引线圈的通路为控制电路。此外还有信号电路、照明电路等。

② 在电气原理图中，同一电器的不同部件常常不画在一起，而是画在电路的不同地方，同一电器的不同部件都用相同的文字符号标明，例如接触器的主触点通常画在主电路中，而吸引线圈和辅助触点则画在控制电路中，但它们都用 KM 表示。

③ 同一种电器一般用相同的字母表示，但在字母的后边加上数码或其他字母下标以示区别，例如两个接触器分别用 KM1、KM2 表示，或用 KMF、KMR 表示。

④ 全部触点都按常态给出。对接触器和各种继电器，常态是指未通电时的状态；对按钮、行程开关等，则是指未受外力作用时的状态。在阅读电气原理图以前，必须对控制对象有所了解，尤其对于机、液压（或气压）、电配合得比较密切的生产机械，单凭电气线路图往往不能完全看懂其控制原理，只有了解了有关的机械传动和液压（气压）传动后，才能搞清全部控制过程。

2）阅读电气原理图的步骤。一般先看主电路，再看控制电路，最后看显示及照明等辅助电路。

先看主电路有几台电动机，各有什么特点，例如是否有正反转，采用什么方法起动，有无调速和制动等。

看控制电路时，一般从主电路的接触器入手，按动作的先后次序一个一个分析，搞清楚它们的动作条件和作用。控制电路一般都由一些基本环节组成，阅读时可把它们分解出来，先进行局部分析，再完成整体分析。此外还要看电路中有哪些保护环节。

2. Z3040 型摇臂钻床工作原理及分析

（1）Z3040 型摇臂钻床的电路　Z3040 型摇臂钻床的电路原理图如图 8-4 所示，包括电动机 M1 的控制、摇臂升降电动机 M2 和液压泵电动机 M3 的控制、立柱主轴箱的松开和夹紧控制等。

Z3040 型摇臂钻床设有 4 台电动机，即主轴电动机 M1、冷却泵电动机 M4、摇臂升降电动机 M2 及液压泵电动机 M3。主轴电动机提供主轴转动的动力，是钻床加工主运动的动力源。主轴应具有正反转功能，但主轴电动机只有正转工作模式，反转由机械方法实现。冷却泵电动机用于提供冷却液，只需正转。摇臂升降电动机提供摇臂升降的动力，需正反转。液压泵电动机提供液压油，用于摇臂、立柱和主轴箱的夹紧和松开，也需要正、反转。

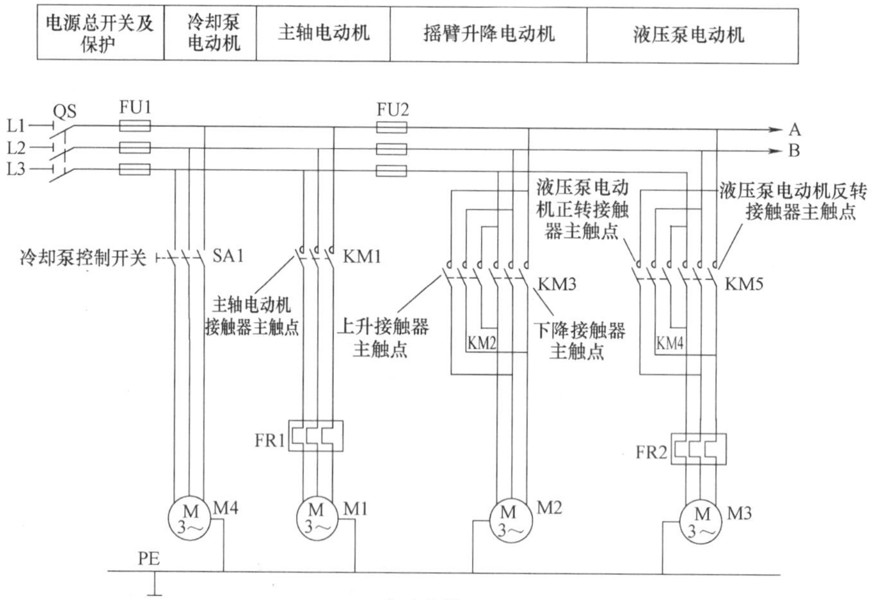

a) 主电路

图 8-4　Z3040 型摇臂钻床的电路原理图

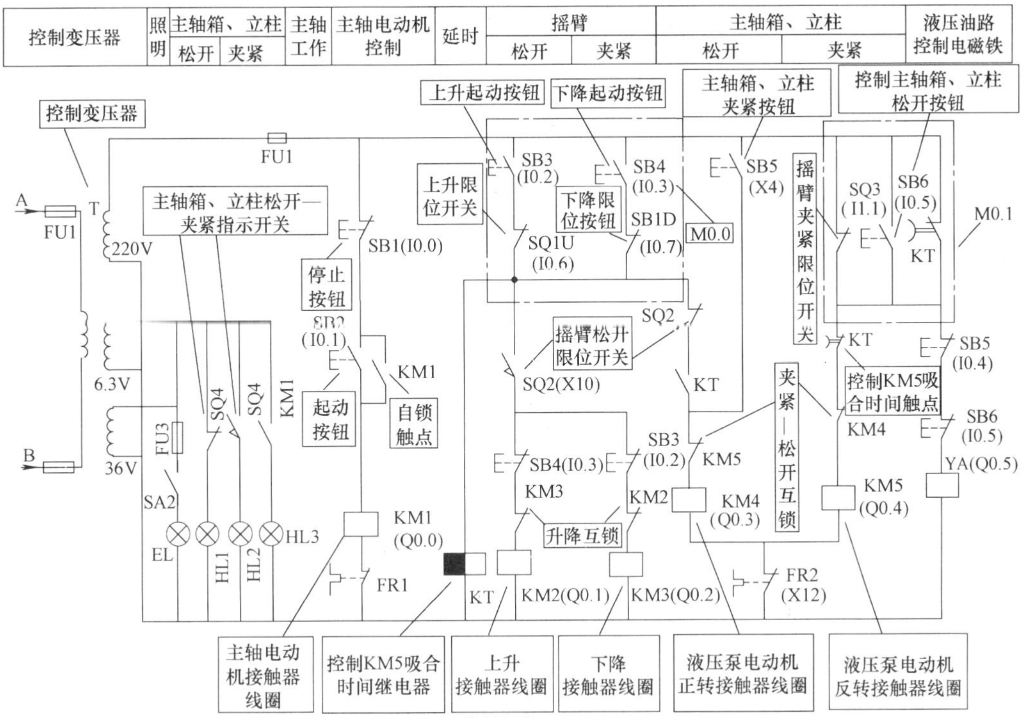

b) 控制电路

图 8-4　Z3040 型摇臂钻床的电路原理图（续）

Z3040 型摇臂钻床的操作主要通过手轮及按钮实现。手轮用于主轴箱在摇臂上的移动，这是手动的。按钮用于主轴的起动停止、摇臂的上升下降、立柱主轴箱的放松及夹紧等操作，再配合限位开关实现对机床的调节。

（2）Z3040 型摇臂钻床的控制电路

1）主轴电动机 M1 的控制。按下按钮 SB2，接触器 KM1 得电吸合并自锁，主轴电动机 M1 起动运转，指示灯 HL3 亮。按下停止按钮 SB1 时，接触器 KM1 失电释放，M1 失电停止运转。热继电器 FR1 起过载保护作用。

2）摇臂升降电动机 M2 和液压泵电动机 M3 的控制。按下按钮 SB3（或 SB4）时，断电延时时间继电器 KT 得电吸合，接触器 KM4 和电磁铁 YA 得电吸合。液压泵电动机 M3 起动运转，供给液压油，液压油经液压阀进入摇臂松开油腔，推动活塞和菱形块使摇臂松开。同时限位开关 SQ2 被压住，SQ2 的常闭触点断开，接触器 KM4 失电释放，液压泵电动机 M3 停止运转。SQ2 的常开触点闭合，接触器 KM2（或 KM3）得电吸合，摇臂升降电动机 M2 起动运转，使摇臂上升（或下降）。若摇臂未松开，SQ2 的常开触点不闭合，接触器 KM2（或 KM3）也不能得电吸合，摇臂就不可能升降。摇臂升降到所需位置时松开按钮 SB3（或 SB4），接触器 KM2（或 KM3）和时间继电器 KT 失电释放，电动机 M2 停止运转，摇臂停止升降。时间继电器 KT 延时闭合的常闭触点经延时闭合，使接触器 KM5 吸合，液压泵电动机 M3 反方向运转，供给液压油。经过机械液压系统，压住限位开关 SQ3，使接触器 KM5 释放。同时，时间继电器 KT 的常开触点延时断开，电磁铁 YA 释放，液压泵电动机 M3 停止运转。

KT 的作用是控制 KM5 的吸合时间，保证 M2 停转、摇臂停止升降后再进行夹紧。摇臂的自动夹紧升降由限位开关 SQ3 来控制。压合 SQ3，使 KM2 或 KM3 失电释放，摇臂升降电动机 M2 停止运转。摇臂升降限位保护由上下限位开关 SQ1U 和 SQ1D 实现。上升到极限位置后，常闭触点 SQ1U 断开，摇臂自动夹紧，与松开上升按钮动作相同；下降到极限位置后，常闭触点 SQ1D 断开，摇臂自动夹紧，与松开下降按钮动作相同，SQ1 的两对常开触点需调整在同时接通位置，动作时一对接通、一对断开。

3）立柱、主轴箱的松开和夹紧控制。按动放松按钮 SB5（或夹紧按钮 SB6），KM4（或 KM5）吸合，M3 起动，供给液压油，通过机械液压系统使立柱和主轴箱分别放松（或夹紧），指示灯亮。主轴箱、摇臂和内外主柱部分的夹紧均由 M3 带动的液压泵提供液压油，通过各自的液压缸使其夹紧和放松。

主轴箱和立柱的夹紧和松开是同时进行的。当按下松开按钮 SB5 时，接触器 KM4 线圈通电，液压泵电动机 M3 正转，拖动液压泵送出液压油，这时，电磁阀 YA 线圈处于断电状态，液压油经二位六通阀，进入主轴箱与立柱松开油腔，推动活塞和菱形块，使主轴箱与立柱松开，而由于 YA 线圈断电，液压油不会进入摇臂松开油腔，摇臂仍处于夹紧状态。当主轴箱与立柱松开时，行程开关 SQ4 不受压，常闭触点 SQ4 闭合，指示灯 HL1 亮，表示主轴箱与立柱确已松开。可以手动操作主轴箱在摇臂的水平导轨上移动，也可推动摇臂（套在外立柱上）使外立柱绕内立柱旋转移动，当移动到位后再按下夹紧按钮 SB6，接触器 KM5 线圈通电，液压泵电动机 M3 反转，拖动液压泵送出液压油至夹紧油腔，使主轴箱与立柱夹紧。当确已夹紧时，压下 SQ4，常开触点 SQ4 闭合，HL2 灯亮，而常闭触点 SQ4 断开，HL1 灭，指示主轴箱与立柱已夹紧，可以进行钻削加工。

在机床安装后，接通电源，可利用主轴箱与立柱的夹紧、松开来检查电源相序，当电源相序正确后，再来调整摇臂升降电动机 M2 的接线。

4）冷却泵电动机的控制。冷却泵电动机 M4 由转换开关 SA1 控制。

想一想

通过搜集钻床控制方式、控制原理及电路板制作工艺等资料、小组讨论，制定完成钻床电气控制及 PLC 改造项目构思的工作计划，填写在表 8-2 中。

表 8-2　钻床电气控制及 PLC 改造项目构思工作计划单

<table>
<tr><td colspan="4">项目构思工作计划单</td></tr>
<tr><td>项目</td><td colspan="2"></td><td>学时：</td></tr>
<tr><td>班级</td><td colspan="3"></td></tr>
<tr><td>组长</td><td></td><td>组员</td><td></td></tr>
<tr><td>序号</td><td>内容</td><td>人员分工</td><td>备注</td></tr>
<tr><td></td><td></td><td></td><td></td></tr>
<tr><td></td><td></td><td></td><td></td></tr>
<tr><td></td><td></td><td></td><td></td></tr>
<tr><td></td><td></td><td></td><td></td></tr>
<tr><td>学生确认</td><td></td><td>日期</td><td></td></tr>
</table>

【项目设计】

一、Z3040 型摇臂钻床电气控制 PLC 改造方案的设计

Z3040 型摇臂钻床电气控制 PLC 改造后的控制柜如图 8-5 所示。

图 8-5　Z3040 型摇臂钻床电气控制 PLC 改造后的控制柜

想一想，如何用 PLC 控制钻床的加工运动？你能制定出钻床电气控制 PLC 改造方案吗？

根据 Z3040 型摇臂钻床电气控制原理图，进行钻床的 PLC 改造方案的制定。由继电器控制过程，确定 PLC 的输入/输出均为开关量，PLC 改造流程为：选择 PLC 并进行 I/O 口分配；设计 PLC 改造后的接线图及 I/O 地址分配表；编写 PLC 程序，安装及布线；PLC 程序监控调试；整机调试。Z3040 型摇臂钻床电气控制 PLC 改造方案如图 8-6 所示。

图 8-6　Z3040 型摇臂钻床电气控制 PLC 改造方案

二、Z3040 型摇臂钻床电气控制电路的 PLC 改造硬件设计

想一想，钻床电气控制电路的 PLC 改造线路如何连接？

根据 Z3040 型摇臂钻床的电气控制电路选择输入设备 11 个，输出设备 6 个，所以可选 S7-200PLC CPU224 型的。

1. PLC 的 I/O 配置

表 8-3 为钻床 PLC 改造的 I/O 配置表。

表 8-3　钻床 PLC 改造的 I/O 配置表

输入设备		PLC 输入继电器	输出设备		PLC 输出继电器
代号	功能		代号	功能	
SB1	主轴停止按钮	I0.0	KM1	主轴电动机接触器	Q0.0
SB2	主轴起动按钮	I0.1	KM2	摇臂上升接触器	Q0.1
SB3	摇臂上升按钮	I0.2	KM3	摇臂下降接触器	Q0.2
SB4	摇臂下降按钮	I0.3	KM4	液压电动机正转接触器	Q0.3
SB5	主轴箱、立柱松开按钮	I0.4	KM5	液压电动机反转接触器	Q0.4
SB6	主轴箱、立柱夹紧按钮	I0.5	YA	电磁阀线圈	Q0.5
SQ1U	摇臂上升限位开关	I0.6			
SQ1D	摇臂下降限位开关	I0.7			
SQ2	摇臂松开限位开关	I1.0			
SQ3	摇臂夹紧限位开关	I1.1			
FR	热继电器	I1.2			

2. PLC 的 I/O 接线

PLC 的 I/O 接线如图 8-7 所示。

想一想，钻床电气控制电路的 PLC 改造梯形图如何编写？

三、PLC 控制电路梯形图程序设计

当 Z3040 型摇臂钻床采用 PLC 控制时，控制程序可用经验法进行设计；该控制系统的梯形图程序可以通过继电器控制电路转化得到。梯形图程序如图 8-8 所示。

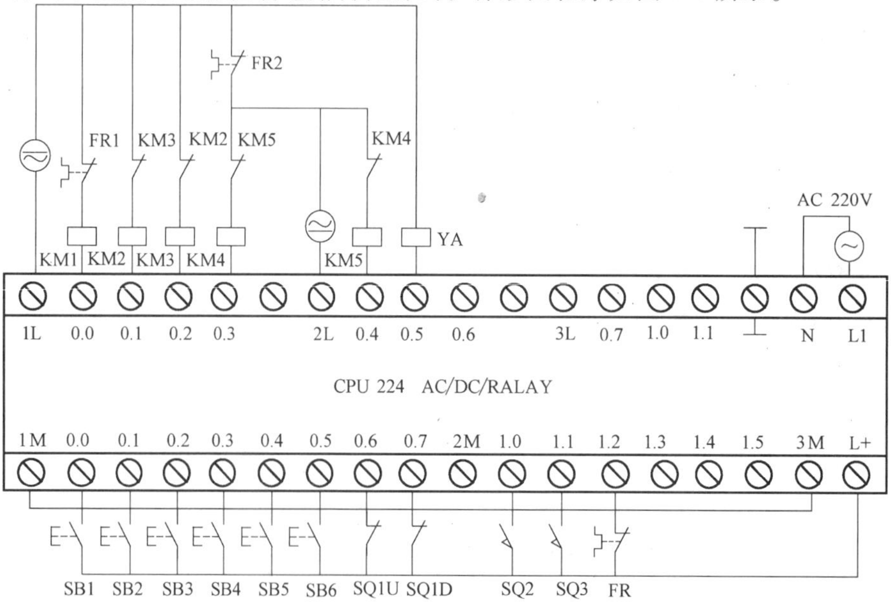

图 8-7　PLC 的 I/O 接线

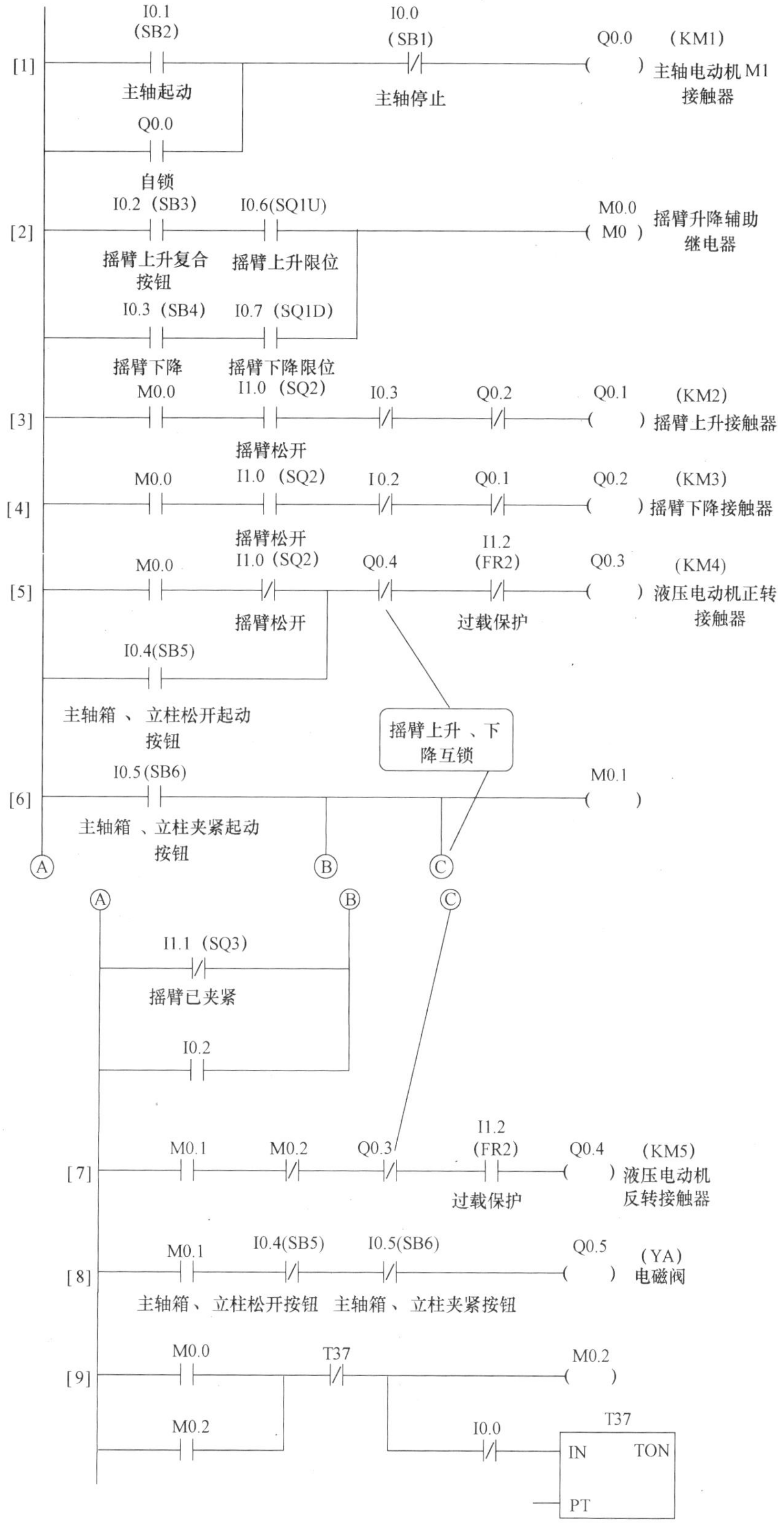
[1]
I0.1
(SB2)
主轴起动
I0.0
(SB1)
主轴停止
Q0.0
(KM1)
主轴电动机 M1
接触器
Q0.0
自锁
[2]
I0.2 (SB3)
摇臂上升复合
按钮
I0.6(SQ1U)
摇臂上升限位
M0.0
M0
摇臂升降辅助
继电器
I0.3 (SB4)
摇臂下降
I0.7 (SQ1D)
摇臂下降限位
[3]
M0.0
I1.0 (SQ2)
I0.3
Q0.2
Q0.1
(KM2)
摇臂上升接触器
摇臂松开
[4]
M0.0
I1.0 (SQ2)
I0.2
Q0.1
Q0.2
(KM3)
摇臂下降接触器
摇臂松开
[5]
M0.0
I1.0 (SQ2)
Q0.4
I1.2
(FR2)
Q0.3
(KM4)
液压电动机正转
接触器
摇臂松开
过载保护
I0.4(SB5)
主轴箱 、 立柱松开起动
按钮
摇臂上升 、下
降互锁
[6]
I0.5(SB6)
M0.1
主轴箱 、立柱夹紧起动
按钮
A
B
C
I1.1 (SQ3)
摇臂已夹紧
I0.2
[7]
M0.1
M0.2
Q0.3
I1.2
(FR2)
Q0.4
(KM5)
液压电动机
反转接触器
过载保护
[8]
M0.1
I0.4(SB5)
I0.5(SB6)
Q0.5
(YA)
电磁阀
主轴箱、立柱松开按钮
主轴箱、立柱夹紧按钮
[9]
M0.0
T37
M0.2
M0.2
I0.0
T37
IN
TON
PT

图 8-8 梯形图程序

做一做

填写项目设计记录单，见表 8-4。

表 8-4　钻床电气控制及 PLC 改造项目设计记录单

课程名称	机床电气设备及升级改造				总学时：
项目名称	钻床电气控制及 PLC 改造				项目学时：
班级		团队负责人		团队成员	
项目设计 方案一					
项目设计 方案二					
项目设计 方案三					
最优方案					
电气图					
设计方法					
相关资料及资源	教材、实训指导书、视频录像、PPT 课件、电气安装工艺及标准等				

【项目实现】

一、Z3040 型摇臂钻床电气控制电路板的调试与故障诊断

先了解检修机床所用的工具和设备

（一）故障检修所需工具和设备

1）工具：验电笔、电工刀、尖嘴钳、斜口钳、剥线钳、螺钉旋具及活扳手等。

2）仪表：万用表、绝缘电阻表及钳形电流表。

3）机床：Z3040 型摇臂钻床或 Z3040 型摇臂钻床实训考核装置。

再了解怎样对钻床电气控制电路中出现的故障进行诊断

（二）Z3040 型摇臂钻床常见故障

摇臂钻床电气控制的特殊环节是摇臂升降。Z3040 型摇臂钻床的工作过程是由电气与机械、液压系统紧密结合实现的。因此，在维修中不仅要注意电气部分能否正常工作，也要注意它与机械和液压部分的协调关系。

常见故障有：

① 摇臂不能升降。

② 摇臂升降后，摇臂夹不紧。

③ 立柱、主轴箱不能夹紧或松开。

④ 摇臂上升或下降限位保护开关失灵。

⑤ 按下 SQ6，立柱、主轴箱能夹紧，但释放后就松开。

下面仅以摇臂移动中的常见故障做一分析。

1. 摇臂不能升降

由摇臂上升的电气动作过程可知，摇臂移动的前提是摇臂完全松开，此时活塞杆通过弹簧片压下行程开关 SQ2，接触器 KM4 线圈断电，液压泵电动机 M3 停止旋转，而接触器 KM2 线圈通电吸合，摇臂升降电动机 M2 起动旋转，拖动摇臂上升。下面抓住 SQ2 开关有无动作来分析摇臂不能移动的原因。

若 SQ2 不动作，常见故障为 SQ2 安装位置不当或位置发生移动。这样，摇臂虽已松开，但活塞杆仍压不上 SQ2，致使摇臂不能移动。有时也会出现因液压系统发生故障，使摇臂没有完全松开，活塞杆压不上 SQ2，为此，应配合机械、液压系统调整好 SQ2 位置并安装牢固。有时，电动机 M3 电源相序接反，此时按下摇臂上升按钮 SB3 时，电动机 M3 反转，使摇臂夹紧，更压不上 SQ2，摇臂也不会上升。所以，机床大修或安装完毕后，必须认真检查电源相序及电动机正反转是否正确。

2. 摇臂升降后，摇臂夹不紧

摇臂移动到位后，松开 SB3 或 SB4 按钮后，摇臂应自动夹紧，而夹紧动作的结束是由行程开关 SQ3 来控制的。若摇臂夹不紧，说明摇臂控制电路能动作，只是夹紧力不够，这是由于 SQ3 动作过早，使液压泵电动机 M3 在摇臂还未充分夹紧时就停止旋转，这往往是由于 SQ3 安装位置不当，过早地被活塞杆上动作所致，这是液压系统的故障。有时电气控制系统工作正常，而电磁阀阀芯卡住或油路堵塞，造成液压控制系统失灵，也会造成摇臂无法移动。所以，在维修工作中应正确判断是电气控制系统还是液压系统的故障，然而，这两者之间又相互联系，为此，应相互配合共同排除故障。

3. 立柱、主轴箱不能夹紧或松开

立柱、主轴箱不能夹紧或松开的可能原因是油路堵塞、接触器 KM4 或 KM5 不能吸合。出现故障时，应检查按钮 SB5、SB6 接线情况是否良好，若接触器 KM4 或 KM5 能吸合，M3 能运转，可排除电气方面的故障，则应请液压、机械修理人员检修油路，以确定是否是油路故障。

4. 摇臂上升或下降限位保护开关失灵

组合开关 SQ1 的失灵分两种情况：一是组合开关 SQ1 损坏，SQ1 触点不能因开关动作而闭合或接触不良使线路断开，由此使摇臂不能上升或下降；二是组合开关 SQ1 不能动作，触点熔焊，使线路始终处于接通状态，当摇臂上升或下降到极限位置后，摇臂升降电动机 M2 发生堵转，这时应立即松开 SB3 或 SB4。根据上述情况进行分析，找出故障原因，更换或修理失灵的组合开关 SQ1 即可。

5. 按下 SQ6，立柱、主轴箱能夹紧，但释放后就松开

由于立柱、主轴箱的夹紧和松开机构都采用机械菱形块结构，所以这种故障多是由于机械原因造成的。可能是菱形块和承压块的角度方向搞错，或者距离不合适，也可能因夹紧力调得太大或夹紧液压系统压力不够导致菱形块立不起来，可找机械修理工检修。

最后，用你的经验正确、完美地处理故障

（三）故障设置

在设备的后侧被老师设置了电器元件故障 5 个、断点故障 15 个。学生可以通过检测开关或连线来排除故障。在设备面板的左侧专门设计了定时器、计数器。定时器用于学生排除故障时，老师设定时间。计数器用于学生记录排除电器元件故障的次数，每开关一次计数一次。

（四）故障维修训练

做一做

教师设好故障后，学生按要求完成任务。

【特别注意】

① 检查前认真阅读电路图，熟练掌握各个控制环节的原理及作用，并认真听取和仔细观察教师的示范。

② 由于该机床的电气控制与机械结构的配合十分密切，因此，在出现故障时，应首先判明是机械故障还是电气故障。

③ 停电后要验电。带电检修时，必须有指导教师在现场监护，以确保用电安全。同时要做好检修记录。

二、Z3040 型摇臂钻床电气控制及 PLC 改造电气图的绘制

做一做

（一）Z3040 型摇臂钻床的电气控制电路电器元件布置图的绘制

绘制 Z3040 型摇臂钻床电器元件布置图（可参照原理图绘制）：

（二）Z3040 型摇臂钻床的电气控制电路电器元件接线图的绘制

绘制 Z3040 型摇臂钻床的电气控制电路电器元件接线图：

三、Z3040 型摇臂钻床的电气控制及 PLC 改造整机安装与接线

想一想，Z3040 摇臂钻床电气控制及 PLC 改造需要哪些材料呢？

1. 训练工具、仪表及器材

1）工具：测试笔、螺钉旋具、斜口钳、尖嘴钳、剥线钳及电工刀等。

2）仪表：绝缘电阻表、万用表及钳形电流表。

3）器材。

① 控制板一块（包括所用的低压电器元件）。

② 导线及规格：主电路导线由电动机容量确定；控制电路一般采用截面积为 $1mm^2$ 的铜芯导线（RV）；按钮线一般采用 $0.75\ mm^2$ 的铜芯线（RV）；导线的颜色要求主电路与控制电路必须有明显的区别。

③ 备好编码套管。

④ Z3040 型摇臂钻床的电气控制电路板所需电器元件见表 8-5。

表 8-5　Z3040 型摇臂钻床电气控制及 PLC 改造电器元件明细表

代号	名称	型号及规格	数量	用途	备注
M1	主轴电动机	Y112M-4,4kW,220/380V,1440r/min	1	驱动主轴	
M2	摇臂升降电动机	Y90L-4,1.5kW,220/380V,1410r/min	1	驱动升降	
M3	液压泵电动机	Y802-4	1	驱动液压泵	
M4	冷却泵电动机	J042-4,0.125kW,220/380V,1440r/min	1	驱动冷却泵 输出冷却液	
FR1	热继电器	JR10-10	1	M1 过载保护	
FR2	热继电器	JR10-10	1	M3 过载保护	
KM1	交流接触器	CJ10-20,线圈电压 220V,20A	1	控制 M1	
KM2	摇臂上升接触器	CJ10-10,线圈电压 220V,10A	1	控制 M2	
KM3	摇臂下降接触器	CJ10-10,线圈电压 220V,10A	1	控制 M2	
KM4	液压电动机正转接触器	CJ10-10,线圈电压 220V,10A	1	控制 M3	
KM5	液压电动机反转接触器	CJ10-10,线圈电压 220V,10A	1	控制 M3	
SA1	转换开关		1	冷却泵电动 机转换开关	
SA2	转换开关		1	照明控制	
SQ1U	摇臂上升限位开关	HZ4-22	1	摇臂上升限位	
SQ1D	摇臂下降限位开关	HZ4-22	1	摇臂下降限位	
SQ2	摇臂松开限位开关	LX5-11	1	摇臂松开限位	
SQ3	位置开关	LX3-11K	1	自动夹紧	
SQ4	主轴箱、立柱夹紧 松开指示开关	LX3-11K	1	主轴箱、立柱夹紧 松开指示开关	
YA	电磁铁线圈		1	液压油路控制	

（续）

代号	名称	型号及规格	数量	用途	备注
QS	电源开关	HZ1-25/3	1	电源开关	
T	控制变压器	BK-150V·A,380/220、6.3、36V	1	降压	
EL	机床照明灯	JD3,24V,40W	1	工作照明	
HL1	主轴箱、立柱松开指示灯		1	主轴箱、立柱松开指示	
HL2	主轴箱、立柱夹紧指示灯		1	主轴箱、立柱夹紧指示	
HL3	主轴工作显示灯		1	主轴工作显示	
FU1	熔断器	RL1-60/30,60A,熔体 30A	3	电源短路保护	
FU2	熔断器	RL1-15/5,15A,熔体 5A	3	主轴电动机保护	
FU3	熔断器	BLX-15/5,1A	2	控制电路短路保护	
FU4	熔断器	RL1-15/2,15A,熔体 2A	1	照明电路保护	
XT	接线端子		1	接线过渡	
SB1	主轴停止按钮	LA19	1	主轴停止	
SB2	主轴起动按钮	LA19	1	主轴起动	
SB3	摇臂上升按钮	LA19	1	摇臂上升	
SB4	摇臂下降按钮	LA19	1	摇臂下降	
SB5	主轴箱、立柱松开按钮	LA19	1	主轴箱、立柱松开	
SB6	主轴箱、立柱夹紧按钮	LA19	1	主轴箱、立柱夹紧	
KT	时间继电器	JS7-4A	1	线圈电压 220V	
S7-200 PLC	可编程序控制器	CPU226	1	电气控制改造	
	开关电源		1	PLC 输入供电	
	线槽		1	放置导线	

做一做

2. 按电路板安装步骤及工艺要求进行安装及接线

3. 在电路板上按电器元件布置图安装电器元件

4. 按接线图的走线方法进行线槽软布线和套编码套管

5. 检查控制板布线

根据电气接线图检查电路板布线是否正确。

6. 安装电动机

7. 连接电动机和按钮金属外壳的保护接地线

若按钮为塑料外壳，则按钮外壳不需接地线。

8. 连接电源、电动机等控制板外部的导线

做一做

填写项目实现记录单，见表 8-6。

表 8-6　钻床电气控制及 PLC 改造项目实现记录单

课程名称	机床电气设备及升级改造				总学时：108
项目名称	钻床电气控制及 PLC 改造				参考学时：
班级		团队负责人		团队成员	
项目工作情况					
项目实施所遇到的问题					
相关资料及资源					
执行标准或工艺要求					
注意事项					
备注					

【项目运行】

一、Z3040 型摇臂钻床电气控制及 PLC 改造的程序调试

1. 程序录入、下载

① 打开 STEP 7-Micro/WIN 应用程序，新建一个项目，选择 CPU 类型为 CPU226，打开程序块中的主程序编辑窗口，录入上述程序。

② 录入完程序后单击其工具按钮进行编译，当状态栏提示程序没有错误，检测 PLC 与计算机的连接正常，PLC 工作正常后，便可下载程序了。

③ 单击下载按钮后，程序所包含的程序块、数据块、系统块自动下载到 PLC 中。

2. 程序调试

(1) 程序运行　当下载完程序后，需要对程序进行调试。PLC 有两种工作方式，即 RUN（运行）模式与 STOP（停止）模式。在 RUN 模式下，通过执行反映控制要求的用户程序来实现控制功能。在 CPU 模块的面板上用“RUN” LED 显示当前工作模式。在 STOP 模式下，CPU 不执行用户程序，可以用编程软件创建和编辑用户程序，设置 PLC 的硬件功能，并将用户程序和硬件设置信息下载到 PLC。如果有致命的错误，在消除它之前不允许从 STOP 模式进入 RUN 模式。

CPU 模块上的开关在 STOP 位置时，将停止用户程序的运行。

要通过 STEP 7-Micro/WIN 软件控制 S7-200，模式开关必须设置为“TERM”或“RUN”。单击工具条上的“运行”按钮或在命令菜单中选择“PLC”→“运行”，出现一个对话框提示是否切换运行模式，单击“确认”。

(2) 程序的监控　在运行 STEP 7-Micro/WIN 的计算机与 PLC 之间建立通信，执行菜单命令“调试”→“开始程序监控”，或单击工具条中的按钮，可以用程序状态功能监视程序运行的情况。

二、Z3040 型摇臂钻床电气控制及 PLC 改造整机调试与运行

做一做

把 PLC 与 Z3040 型摇臂钻床电气控制的连线接好，把 Z3040 型摇臂钻床用 PLC 控制，

观察钻床的运行情况，应该与继电器-接触器控制是相同的。

（一）自检

① 根据电路图检查电路接线是否正确、是否有压绝缘和漏接的地方。

② 检查热继电器的整定值和熔断器中熔体的规格是否符合要求。

③ 检查电动机及线路的绝缘电阻。

④ 检查电动机的安装是否牢固，与生产机械传动装置的连接是否可靠。

⑤ 清理安装现场。

（二）通电试车

① 接通电源，点动控制各电动机的起动，以检查各电动机的转向是否符合要求。

② 先空载试车，正常后方可接上电动机试车。空载试车时，应认真观察各电器元件、线路、电动机及各传动装置的工作是否正常。若发现异常，应立即切断电源进行检查，待调整或修复后方可再次通电试车。

（三）注意事项

① 电动机和线路的接地要符合要求。

② 接线时导线不允许有接头。

③ 试车时，要先合上电源开关，后按起动按钮；停车时要先按停止按钮，后断电源开关。

④ 通电试车必须在指导教师的监护下进行，必须严格遵守安全操作规程。

做一做

填写项目运行记录单，见表 8-7。

表 8-7　项目八的项目运行记录单

课程名称	机床电气设备及升级改造				总学时：108
项目名称	钻床电气控制及 PLC 改造				学时：
班级		团队负责人		团队成员	
项目构思是否合理					
项目设计是否合理					
项目实现中遇到了哪些问题					
项目运行时故障点有哪些					
调试中运行是否正常					
备注					

三、钻床电气控制及 PLC 改造项目验收

项目完成后，应对各组完成情况进行验收和评定，具体验收项目包括：

Z3040 型摇臂钻床电气控制电路故障诊断和排除 Z3040 型摇臂钻床 PLC 改造电气控制电路板制作考核要求。

Z3040 型摇臂钻床的电气控制电路故障检修考核要求及评分标准见表 8-8。

表 8-8　Z3040 型摇臂钻床的电气控制电路故障检修考核要求及评分标准

序号	考核内容	考核要求	评分标准	配分	扣分	得分
1	按下起动按钮 SB2,M1 起动运转;松开 SB2,M1 随之停止不能起动	分析故障范围,确定故障点并排除故障	(1)不能确定故障范围,扣 10 分 (2)不能找出原因,扣 5 分 (3)不能排除故障,扣 10 分	25 分		
2	主轴电动机运行中停车	分析故障范围,确定故障点并排除故障	(1)不能确定故障范围,扣 10 分 (2)不能找出原因,扣 5 分 (3)不能排除故障,扣 10 分	25 分		
3	按下 SB3,摇臂不能松开	分析故障范围,确定故障点并排除故障	(1)不能确定故障范围,扣 10 分 (2)不能找出原因,扣 5 分 (3)不能排除故障,扣 10 分	25 分		
4	机床照明灯不亮	分析故障范围,确定故障点并排除故障	(1)不能确定故障范围,扣 10 分 (2)不能找出原因,扣 5 分 (3)不能排除故障,扣 10 分	25 分		
5	安全文明生产	按生产规程操作	违反安全文明生产规程,扣 10 ~ 30 分			
6	定额工时	4h	每超 5 min(不足 5 min 以 5 min 计)扣 2 分			
起始时间			合计	100 分		
结束时间			教师签字	年　月　日		

Z3040 型摇臂钻床的电气控制电路的 PLC 改造考核要求及评分标准见表 8-9。

表 8-9　Z3040 型摇臂钻床的电气控制电路的 PLC 改造考核要求及评分标准

序号	考核内容	考核要求	评分标准	配分	扣分	得分
1	硬件设计(I/O 点数确定)	根据继电器-接触器控制电路确定选择 PLC 点数	(1)点数确定的过少,扣 10 分 (2)点数确定的过多,扣 5 分 (3)不能确定点数,扣 10 分	25 分		
2	硬件设计(PLC 选型及接线图的绘制并接线)	根据 I/O 点数选择 PLC 型号、画接线图并接线	(1)PLC 型号选择不能满足控制要求,扣 10 分 (2)接线图绘制错误,扣 5 分 (3)接线错误,10 分	25 分		
3	软件设计(程序编制)	根据控制要求编制梯形图程序	(1)程序编制错误,扣 10 分 (2)程序繁琐,扣 5 分 (3)程序编译错误,扣 10 分	25 分		
4	调试(程序调试和整机调试)	用软件输入程序监控调试;运行设备整机调试	(1)程序调试监控错误,扣 10 分 (2)整机调试一次不成功,扣 5 分 (3)整机调试二次不成功,扣 5 分	25 分		
5	安全文明生产	按生产规程操作	违反安全文明生产规程,扣 10 ~ 30 分			
6	定额工时	4h	每超 5 min(不足 5 min 以 5 min 计)扣 2 分扣 2 分			
起始时间			合计	100 分		
结束时间			教师签字	年　月　日		

【知识拓展】

电磁阀是用电磁控制的工业设备，是用来控制流体的自动化基础元件，属于执行器，并不限于液压、气动。它用在工业控制系统中调整介质的方向、流量、速度和其他的参数。电磁阀可以配合不同的电路来实现预期的控制，而控制的精度和灵活性都能够保证。电磁阀有很多种，不同的电磁阀在控制系统的不同位置发挥作用，最常用的是单向阀、安全阀、方向控制阀、速度调节阀等。

电磁阀里有密闭的腔，在不同位置开有通孔，每个孔连接不同的油管，腔中间是活塞，两面是两块电磁铁，哪面的电磁铁线圈通电阀体就会被吸引到哪边，通过控制阀体的移动来开启或关闭不同的排油孔，而进油孔是常开的，液压油就会进入不同的排油管，然后通过油的压力来推动液压缸的活塞，活塞又带动活塞杆，活塞杆带动机械装置。这样通过控制电磁铁的电流通断就控制了机械运动。

电磁阀选型首先应该依次遵循安全性、可靠性、适用性、经济性四大原则，其次是根据六个方面的现场工况（即管道参数、流体参数、压力参数、电气参数、动作方式、特殊要求）进行选择。

选型依据：根据管道参数选择电磁阀的通径规格（即 DN）、接口方式。

1）按照现场管道内径尺寸或流量要求来确定通径（DN）尺寸。

2）接口方式，一般 >DN50 要选择法兰接口，≤DN50 则可根据用户需要自由选择。

【工程训练】

设计一个深孔钻组合机床的 PLC 控制系统。控制要求为：

深孔钻组合机床进行深孔钻削时，为了利于钻头排屑和冷却，需要周期性地从工作中退出钻头，刀具进退与行程开关示意图如图 8-9 所示。

在起始位置 O 点时，行程开关 SQ1 被压合，按下起动按钮，电动机正转起动，刀具前进。退刀由行程开关控制，当动力头依次压在 SQ3、SQ4、SQ5 上时电动机反转，刀具会自动退刀，退刀到起始位置时，SQ1 被压合，退刀结束，又自动进刀，直到三个过程自动结束。

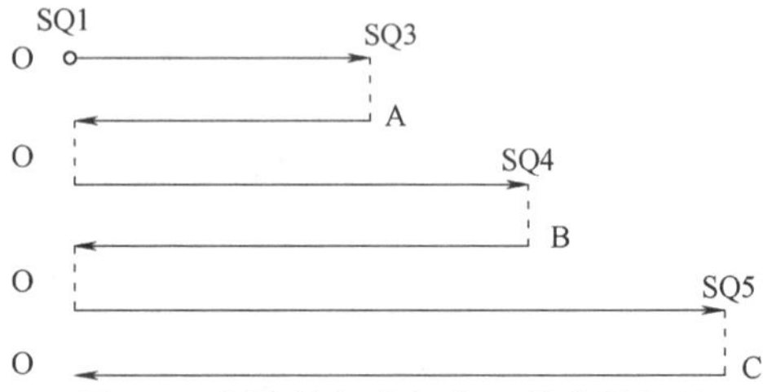

图 8-9　深孔钻组合机床刀具进退与行程开关工作示意图

试进行 PLC 硬件配置、程序设计，并调试运行。

项目九
起重机电气控制及PLC改造

项目名称	起重机电气控制及 PLC 改造	参考学时	24 学时
项目引入	起重机的应用领域较为广泛，是经济建设中不可缺少的设备之一，随着各行业领域的发展，起重机的应用范围也随之广泛起来，并且在各项工作中发挥着巨大的作用。 项目来源于大中型企业，桥式起重机是现代工业生产和起重运输中实现生产过程机械化、自动化的重要工具和设备，它在工矿企业、钢铁化工、铁路交通、港口码头以及物流周转等部门和场所均得到广泛的应用。桥式起重机作为物料搬运机械在整个国民经济中有着十分重要的地位。经过几十年的发展，我国桥式起重机制造厂和使用部门在设计、制造工艺、设备使用维修、管理方面，不断积累经验，不断改造，推动了桥式起重机的技术进步。但在实际使用中，其传统控制经常出现故障，一旦出现故障难以查找，势必影响生产和工作效率，而 PLC 作为现代工业控制的主流产品，因此对电气控制进行 PLC 改造是现实可行的		
项目目标	通过桥式起重机电气控制及 PLC 改造，能够正确绘制桥式起重机的 PLC 改造 I/O 接线图，正确选择 PLC 型号和电器元件；掌握桥式起重机的电气控制电路的分析方法和分析步骤、工作原理以及机械与电气控制配合的关系，组成电气线路的一般规律、保护环节以及电气控制电路的操作方法，常见电气故障诊断方法，掌握 PLC 编程的方法；有初步设计及 PLC 编程改造的能力。 通过该项目的训练，培养学生信息获取、资料收集整理的能力；会使用万用表、绝缘电阻表等测量工具和常用的安装、调试工具仪器；提高解决问题、分析问题的能力及知识的综合运用能力；具有良好的工艺意识、标准意识、质量意识、成本意识，达到初步的 CDIO 工程项目的实践能力		
项目要求	完成桥式起重机电气控制及 PLC 改造，包括： 1. 根据桥式起重机的控制要求和电气原理图画出桥式起重机的 PLC 改造的外部接线图； 2. 选择合适型号的 PLC 和电器元件及导线； 3. 编制出 PLC 改造的程序，并进行程序调试； 4. 采用线槽布线的方法进行电路板的制作，严格按工艺要求完成安装接线和调试运行。		
(CDIO) 项目实施	构思（C）：项目构思与任务分解，学习相关知识，制定出工作计划及工艺流程，建议参考学时为 4 学时； 设计（D）：学生分组设计项目 PLC 改造方案，建议参考学时为 4 学时； 实现（I）：绘图、电器元件安装与布线，建议参考学时为 14 学时； 运行（O）：调试运行与项目评价，建议参考学时为 2 学时。		

【项目构思】

桥式起重机是横架于车间、仓库和料场上空进行物料吊运的起重设备。它的两端坐落在高大的水泥柱或者金属支架上，形状似桥。桥式起重机的桥架沿铺设在两侧高架上的轨道纵向运行，可以充分利用桥架下面的空间吊运物料，不受地面设备的阻碍。它是使用范围最广、数量最多的一种起重机械。通过PLC改造后的机床设备不仅能提高设备工作的可靠性、提高产品质量、减少故障、降低成本，还可提高工作效率。

在本学习项目中，教师首先下发项目工单，布置本项目需要完成的任务及控制要求，介绍本项目的应用情况，进行项目分析，学生进行小组分工，明确桥式起重机电气控制及PLC改造项目工作任务，团队成员讨论项目如何实施并进行任务分解，学习完成项目所需的知识，查找起重机电气改造的相关知识，制定项目实施工作计划和PLC改造方案，制定出工艺流程；再进行I/O分配和PLC编程，最后进行程序调试和整机安装调试。

项目实施时建议采用引导法、小组教学法、案例教学法、启发式教学法、实物教学法。

项目九的项目工单见表9-1。

表9-1 项目九的项目工单

课程名称	机床电气设备及升级改造				总学时：108
项目名称	起重机电气控制及PLC改造				参考学时：24
班级		团队负责人		团队成员	
项目描述	现场观察熟悉桥式起重机结构、运动形式，了解电气控制原理及制作要求，学习相关的知识，分析常见起重机电气控制的原理，进行安装接线图的绘制。制定安装调试计划并进行决策，制定出合理的计划方案，然后选择合适的电器元件和线材，准备好工具和耗材，与团队成员合作进行安装制作并进行调试及故障诊断和查找，调试成功后再对传统的继电器-接触器控制部分进行PLC改造，改造完成再进行整机系统调试，最后进行综合评价。具体任务如下： 1. 了解桥式起重机结构、运动形式及控制要求； 2. 桥式起重机电气控制原理的分析； 3. 电气控制PLC的改造方案确定； 4. PLC的选型； 5. I/O接线图的绘制； 6. PLC编程； 7. PLC程序调试并监控运行； 8. 整机系统调试。				
相关资料及资源	教材、典型机床控制设备视频录像、PPT课件、电气原理图和安装接线图、S7-200PLC编程系统、编程软件、编程手册。				
工作成果	1. 完成项目的编程训练并在PLC上调试成功； 2. 评价表； 3. CDIO项目报告。				
注意事项	1. 编程时一定按控制要求进行； 2. 每组在通电试车前一定要经过指导教师的允许才能通电； 3. 安装调试完毕后先断电源后断负载； 4. 严禁带电操作； 5. 调试完毕及时清理工作台，工具归位。				
引导性问题	1. 通过哪些渠道获得起重机电气控制柜的配线和PLC改造的所有资料？ 2. 在完成本次任务前，你还缺少哪些必要的知识？如何解决？ 3. 你选择哪种PLC进行改造？ 4. 在进行安装前，你准备好器材了吗？ 5. 在安装接线时，你选择导线的规格多大？根据什么进行选择？ 6. 你采取哪些措施来保证工作质量，符合工艺要求吗？ 7. 你在安装和调试过程中，会使用哪些工具？ 8. 在进行PLC电气控制部分改造时你选择了哪些方法编程？				

一、起重机电气控制及 PLC 改造项目分析

桥式起重机作为一种物料搬运用设备，其起升机构工作的安全性和可靠性是保证物料在高空运输的前提，同时对地面设备和人员的安全也是至关重要的，随着设备使用年限的增加和继电器-接触器有触点控制性能的下降，桥式起重机在物料起升中出现故障的概率逐渐增加。经过长期使用后，某厂 20/5t 桥式起重机出现瞬时溜钩、机械声响大、微动控制难、设备颤动大、档位不定位、元件烧坏、突然停机等故障现象，严重威胁设备和人员的安全。本项目在不改变桥式起重机大车运行机构、小车运行机构的前提下，以某企业 20/5t 桥式起重机的起升机构电气系统改造为研究对象，采用交流变频调速技术和 PLC 控制技术，对该桥式起重机的起升系统的电气控制进行技术改造，构建了相应技术改造方案，进一步提高学生对机床电气设备维护维修和 PLC 改造的基本技能。

让我们一起来了解起重机及其电气控制电路吧！

二、起重机电气控制及 PLC 改造相关知识

你见过起重机吗？你能举出几种起重机在生产、生活中应用的实例吗？

（一）初步认识起重机

常见的起重机如图 9-1 所示。

a) 单梁桥式起重机

b) 双梁桥式起重机

c) 门式起重机

d) 塔式起重机

图 9-1　常见的起重机

1. 起重机的用途

工矿企业、港口、车站等广泛使用着各种起重设备，主要包括一些小型起重设备和大型起重设备。电动葫芦是常见的小型起重设备，而桥式起重机是具有起重吊钩或其他取物装置

在空间内实现垂直升降和水平运移重物的大型起重设备，在工矿企业中广泛应用。

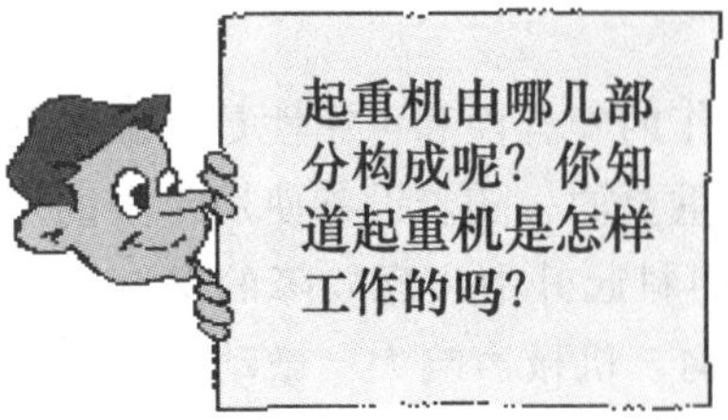

2. 桥式起重机的结构

桥式起重机一般由桥架（又称大车）、装有提升机构的小车、大车移行机构、操作室、小车导电装置（辅助滑线）、起重机总电源导电装置（主滑线）等部分组成。

桥式起重机的桥架称为大车，大车可以沿车间两侧立柱的轨道做纵向（前后）移动；大车上设有小车专用轨道，供小车沿轨道做横向（左右）移动；主钩和副钩都装在小车上，副钩用来提升5t以下的较轻物件。主钩用来提升不大于20t的重物；副钩在其额定负载范围内可协同主钩完成吊运工作，但不允许主、副钩同时提升两个物件；当两个吊钩同时使用时，起吊总重量最大不能超过主钩的额定重量。

桥式起重机的结构示意图如图9-2所示。

1）桥架。桥架是桥式起重机的基本构件，它由主梁、端梁、走台等部分组成。主梁跨架在跨间的上空，有箱型、桁架、腹板、圆管等结构形式。主梁两端有端梁，在两主梁外侧有走台，设有安全栏杆。在操作室一侧的走台上装有大车移行机构，在另一侧走台上装有给小车电气设备供电的装置，即辅助滑线。在主梁上方铺有导轨，供小车移动。整个桥式起重机在大车移行机构拖动下，沿车间长度方向的导轨移动。

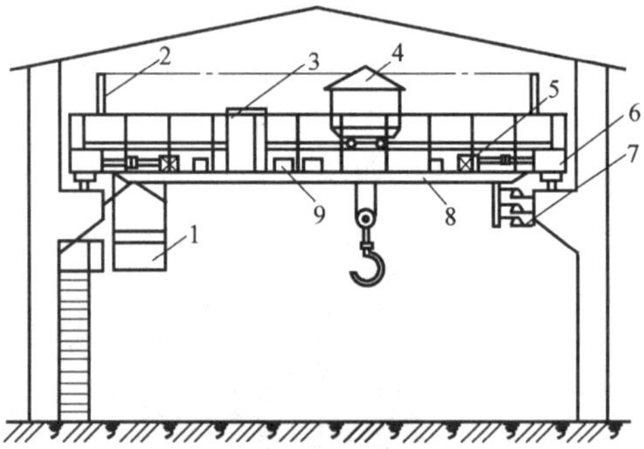

图9-2　桥式起重机的结构示意图

1—操作室　2—辅助滑线架　3—交流磁力控制盘
4—起重小车　5—大车拖动电动机
6—端梁　7—主滑线　8—主梁　9—电阻箱

2）大车移行机构。大车移行机构由大车拖动电动机、传动轴、联轴器、减速器、车轮及制动器等部件构成。安装方式有集中驱动与分别驱动两种。集中驱动方式，由一台电动机减速机构驱动两个主动轮；分别驱动方式，由两台电动机分别驱动两个主动轮。后者自重轻，安装、调试方便，我国生产的桥式起重机大多采用分别驱动。

3）小车。小车安放在桥架导轨上，可沿车间宽度方向移动。小车主要由钢板焊接而成的小车架以及其上的小车移行机构和提升机构等组成。

小车移行机构由小车电动机、制动器、联轴器、减速器及车轮等组成。小车电动机经减速器驱动小车主动轮，拖动小车沿导轨移动。由小车主动轮拖动小车沿导轨移动。由于小车主动轮相距较近，故由一台电动机驱动。

4）提升机构。提升机构由提升电动机、联轴器、减速器、卷筒、制动器等组成。提升电动机经联轴器、制动器，与减速器连接，减速器的输出轴与缠绕钢丝绳的卷筒相连接，钢丝绳的另一端装有吊钩，当卷筒转动时，吊钩就随钢丝绳在卷筒上的缠绕或放开而上升或下降。图 9-3 为小车传动机构示意图。对于起重量在 15t 及以上的起重机，备有两套提升机构，即主钩与副钩。

由上可知，重物在吊钩上随着卷筒的旋转获得上下运动；随着小车在车间宽度方向获得左右运动并能随大车在车间长度方向做前后运动。这样就可实现重物在垂直、横向、纵向三个方向的运动，把重物移至车间任一位置，完成起重运输任务。

5）操作室。操作室是操纵起重机的吊舱，又称驾驶室。操作室内有大、小车移行机构控制装置，提升机构装置以及起重机的保护装置等。

操作室一般固定在主梁的一端，也有少数装在小车下方随小车移动。操作室上方开有通向走台的舱口，供检修大车与小车机械与电气设备时人员上下用。

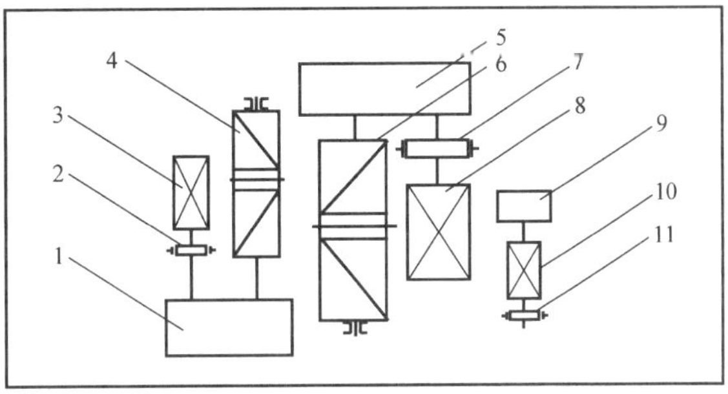

图 9-3　小车传动机构示意图
1、5、9—副卷扬、主卷扬、小车的减速器
2、7、11—制动器　3、8、10—电动机　4、6—副卷筒、主卷筒

3. 桥式起重机对电力拖动的要求

桥式起重机的工作性质为重复、短时工作制，因此拖动电动机经常处于起动、制动、正反转状态；起重机的负载很不规律，时重时轻并经常承受过载和机械冲击。起重机的工作环境较为恶劣，所以对起重用电动机、提升机构及移行机构电力拖动提出了下列要求。

1）对起重用电动机的要求。

① 为满足起重机重复、短时工作制的要求，其拖动电动机按相应的重复、短时工作制设计制造，且用负荷持续率 ε 表示。

② 为适应在频繁的重载下起动，要求电动机具有较大的起动转矩和过载能力。

③ 为适应频繁起动、制动，加快过程和减小起动损耗，起重电动机的转动惯量应较小；在结构特征上，转子长度与直径的比值较大，转子制成细长形。

④ 为获得不同的运行速度，采用绕线转子异步电动机转子串接电阻进行调节。

⑤ 为适应恶劣环境和机械冲击，电动机采用封闭式，且具有坚固的机械结构的气隙，采用较高的耐热绝缘等级。

现在我国生产的新系列起重用电动机为 YZR 与 YZ 系列，前者为绕线转子异步电动机，后者为笼型异步电动机。

起重用电动机铭牌上标注有基准负荷持续率及对应的额定功率。在实际使用时电动机不一定工作在基准负荷持续率下，而当电动机工作在其他任意负荷持续率时，电动机的额定功率近似计算式为

$$P' = P_N \sqrt{\frac{\varepsilon_N}{\varepsilon'}} \tag{9-1}$$

式中，P'为任一负荷持续率下的功率（kW）；P_N 为基准负荷持续率下的电动机额定功率（kW）；ε_N 为基准负荷持续率；ε'为任意负荷持续率。

2）对提升机构与移行机构电力拖动的要求。

① 具有合适的升降速度，空钩能实现快速升降，轻载时的提升速度大于重载时的提升速度。

② 具有一定的调速范围，普通起重机调速范围为 2～3。

③ 具有适当的低速区。当提升重物开始或下降重物至预定位置之前，都要求低速运行。为此，往往在 30% 额定速度内分成若干档级，以便灵活地进行选择。但由高速向低速过渡时应逐级减速，以保持稳定运行。

④ 提升的第一档作为预备级，用以消除传动系统中的齿轮间隙，将钢丝绳张紧，避免过大的机械冲击。预备级的起动转矩一般限制在额定转矩的一半以下。

在负载下放时，根据负载的大小，提升电动机即可工作在电动状态，也可工作在倒拉反接制动状态或再生发电制动状态，以满足对不同下降速度的要求。

⑤ 为保证安全可靠地工作，不仅需要机械抱闸的机械制动，还应具有电气制动以减轻机械抱闸的负担。

⑥ 大车与小车移行机构对电力拖动的要求比较简单，要求有一定的调速范围以实现准确停车，必须采用制动停车。

⑦ 由于桥式起重机应用广泛，起重机的电气设备均已系列化、标准化，可根据电动机的功率、工作频繁程度以及对可靠性的要求等来选择。

4. 桥式起重机电动机的工作状态

对于移行机构拖动用电动机，其负载为摩擦力矩，它始终为反抗力矩。所以移行机构拖动用电动机工作在正反向电动状态。

对于提升机构情况则比较复杂，除存在较小的摩擦力矩外，主要是重物和吊钩的重力矩：重力矩提升时呈现为阻力矩；下降时却呈现为动力矩。所以，提升机构工作时，拖动电动机依负载情况不同工作状态也不一样。

（1）提升重物时电动机的工作状态　提升重物时，电动机承受两个阻力矩：一个是重物的自重产生的重力转矩 T_g；另一个是在提升过程中传动系统存在的摩擦转矩 T_f。当电动机电磁转矩克服阻力转矩时，重物将被提升，电动机处于电动状态，以提升方向为正向旋转方向，则电动机工作在正向电动状态，如图 9-4 所示。

$T_e = T_g + T_f$ 时，电动机稳定运行在 n_a 转速下。而在起动时，为获得较大的起动转矩，减少起动电流，往往在绕线转子异步电动机转子电路中串接电阻，然后再依次切除，使提升速度逐渐升高，最后达到预定提升速度。

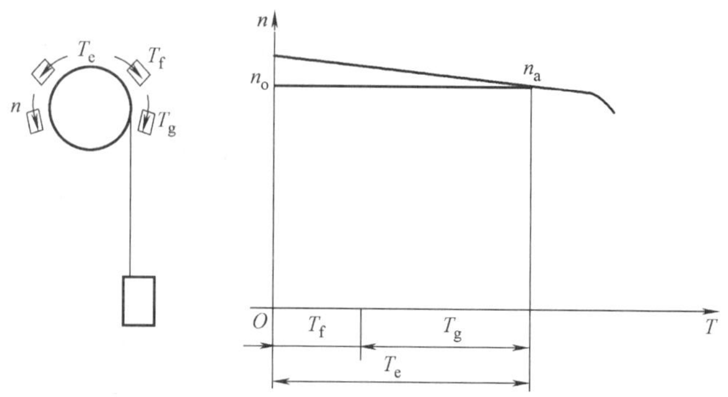

图 9-4　提升重物时的电动工作状态

（2）下降重物时电动机的工作状态

1）反向电动状态。当空钩或轻载下放重物时，由于负载的重力转矩小于摩擦转矩，这时依靠重物自身重量不能下降，为此电动机必须向着重物下降方向产生电磁转矩，与重力转矩一起克服摩擦转矩，强迫空钩或轻载下放，如图 9-5a 所示。此时 T_e 与 T_g 方向一致，当 $T_e+T_g=T_f$ 时，电动机稳定运行在 $-n_a$ 转速下放重物。此时电动机工作在反向电动状态，又称强力下放重物。

2）再生发电制动状态。当重物下放时，若拖动电动机按反转相序接通电源，此时电磁转矩 T_e 方向与重力转矩 T_g 方向相同，这时电动机将在 T_e 和 T_g 共同作用下加速旋转，当 $n=n_o$ 时，电磁转矩为零，但电动机在重力转矩作用下仍加速并超过电动机的同步转速。当 $T_e+T_g=T_f$ 时电动机稳定运行在高于电动机同步转速的速度 $-n_b$ 上，如图 9-5b 所示，这时电动机工作在再生发电制动状态，下放重物是超同步转速状态下放，为使下放速度不致过高，应运行在较硬的机械特性上，最好运行在转子电阻全部切除的特性上。

3）倒拉反接制动状态。当负载较重时，为获得低速下降，可采用倒拉反接制动状态下放。这时电动机按正转接线，产生向上的电磁转矩 T_e，这时 T_e 与重力转矩 T_g 方向相反，成为阻碍重物下放的制动转矩，以此来降低重物下放速度，如图 9-5c 所示。当 $T_g=T_f+T_e$ 时，电动机以 $-n_a$ 转速稳定运行下放重物。为低速下放重物，电动机转子中应串接较大电阻，特性较软为好。

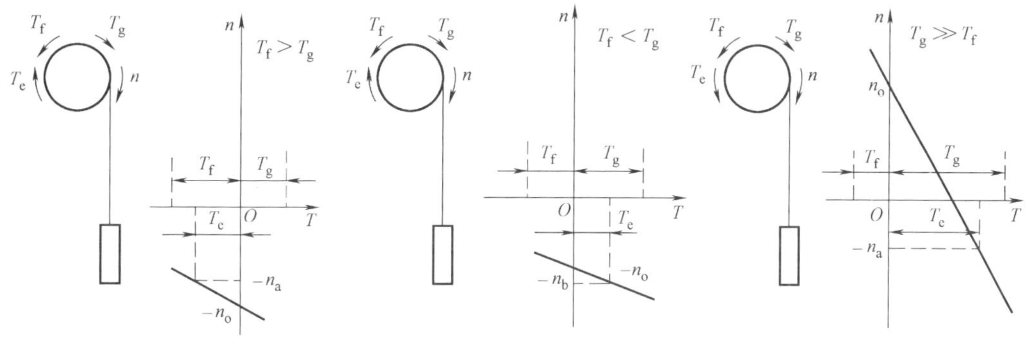

图 9-5　下放重物时电动机的三种工作状态

（二）20/5t 桥式起重机的电气控制工作原理分析

在桥式起重机的控制电路中，一般选用绕线转子异步电动机作为驱动部件，利用在其转子中串接可调电阻的方式（即通过改变转子回路的电阻值），来达到调节电动机输出转矩和转速的目的，同时还可以起到限制电动机起动电流的作用。在起重机各种不同的控制电路中，控制的方法也有所不同，下面将以 20/5t 桥式起重机为例分别介绍。

1. 凸轮控制器的结构及控制原理

凸轮控制器是一种大型手动控制电器，用以直接操作与控制电动机的正反转、转速、起动与停止。凸轮控制器是靠凸轮运动来使触点动作。应用凸轮控制器控制的电动机控制电路简单，维护方便，广泛用于中、小型起重机的平移机构和小型起重机的提升机构的控制中。

1）凸轮控制器的结构及工作原理。凸轮控制器的结构及工作原理图如图 9-6 所示。

凸轮控制器主要由弹簧、触点系统、凸轮、转轴等组成。凸轮转动时，凹凸部分推动滚轮 5 使触点动作，触点闭合或分断。KTJ 系列凸轮控制器有 12 对触点，其中 9 对常开触点，3 对常闭触点。AC1 ~ AC4 的 4 对常开触点接于主电路，带灭弧罩；AC5 ~ AC9 接转子电阻 R，用于起动或调速；AC10 ~ AC12 接于电动机控制电路起零位保护作用。

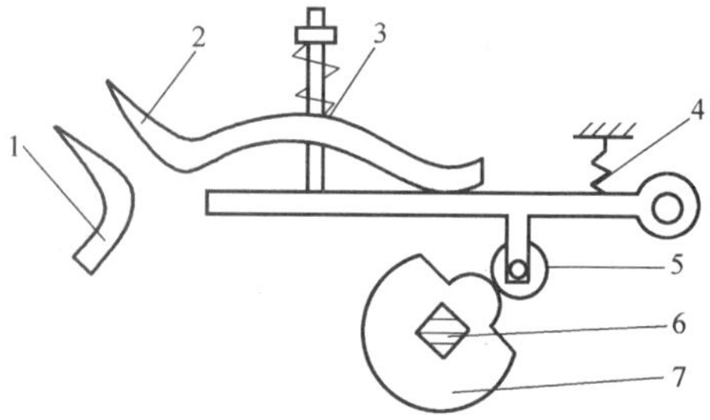

图 9-6　凸轮控制器的结构及工作原理图

1—静触点　2—动触点　3—触点弹簧
4—复位弹簧　5—滚轮　6—绝缘方轴　7—凸轮

图 9-7 所示为 KTJ-50/1 型凸轮控制器的触点分合表，左侧是凸轮控制器的 12 对触点，上面一行阿拉伯数字表示手轮的 11 个位置。手轮所在位置可接通的触点打有黑点，不接通的空白。

2）凸轮控制器的主要参数。

① 手柄位置：手柄位置不同，接通或断开的触点不同。

② 额定电流：凸轮控制器在不同的工作制中允许的工作电流。

③ 额定控制功率：在不同的电压下凸轮控制器的控制功率。

④ 操作次数：每小时允许的操作次数。

3）凸轮控制器的选择。

① 根据被控制电路的额定电压、额定电流、设备容量和工作制选择凸轮控制器的额定电压、额定电流和额定控制功率。

② 根据要控制的电路触点数和位置数选择凸轮控制器的位置数。

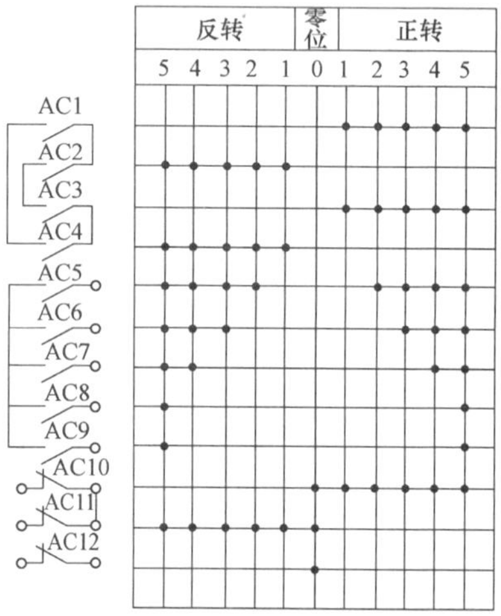

	反转					零位	正转				
	5	4	3	2	1	0	1	2	3	4	5
AC1							•	•	•	•	•
AC2	•	•	•	•	•						
AC3							•	•	•	•	•
AC4	•	•	•	•	•						
AC5	•	•	•	•				•	•	•	•
AC6	•	•	•						•	•	•
AC7	•	•								•	•
AC8	•										•
AC9	•										•
AC10						•	•	•	•	•	•
AC11	•	•	•	•	•	•					
AC12						•					

• 表示闭合

图 9-7　KTJ-50/1 型凸轮控制器的触点分合表

2. 凸轮控制器控制的小车移行机构控制电路

（1）控制电路的特点

1）可逆对称电路。通过凸轮控制器触点来换接电动机定子电源相序，实现电动机正反转及改变电动机转子外接电阻。凸轮控制器的手柄在正转和反转对应位置时，电动机的工作情况完全相同。

2）串接不对称电阻。由于凸轮控制器的触点数量有限，为获得尽可能多的调速等级，电动机转子串接不对称电阻。

（2）控制电路分析　KT14-25J/1 型凸轮控制器控制原理如图 9-8 所示。

在图 9-8 中，凸轮控制器左右各有五个工作位置，共有九对常开触点、三对常闭触点，采用对称接法。其中四对常开触点接于电动机定子电路进行换相控制，实现电动机正反转；另外的五对主触点接于电动机转子电路，实现转子电阻的接入和切除。由于转子电阻采用不对称接法，在凸轮控制器提升或下放的五个位置，逐级切除转子电阻，以得到不同的运行速度。三对常闭触点，其中一对用于实现零位保护，另两对常闭触点与上升限位开关 SQ2 实现限位保护。

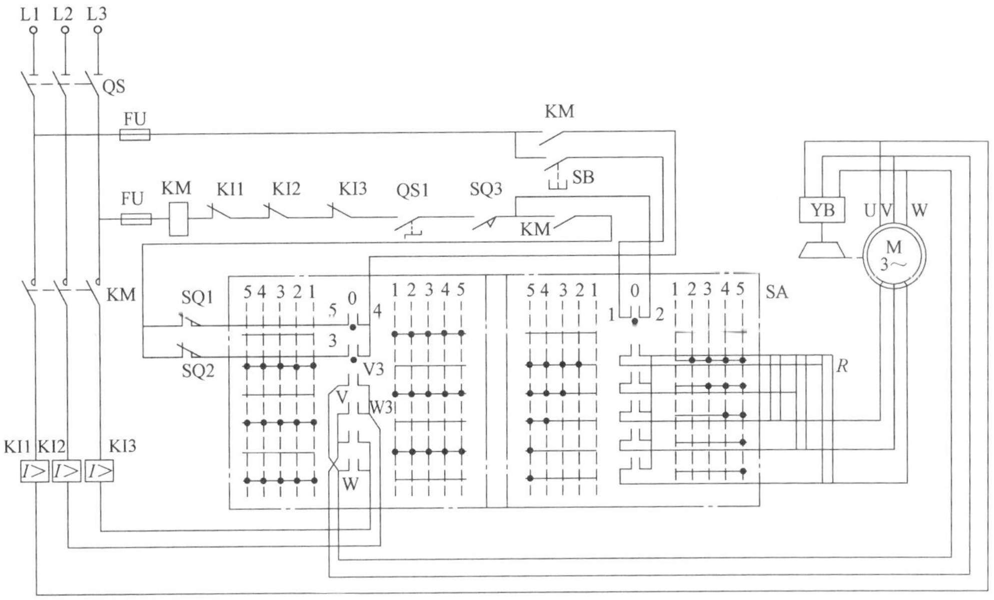

图 9-8　KT14-25J/1 型凸轮控制器控制原理

此外，在凸轮控制器控制的电路中，KI1～KI3 为过电流继电器，实现过载与短路保护；QS1 为紧急开关，实现事故情况下的紧急停车；SQ3 为驾驶室顶舱门口上安装的舱口门安全开门，防止人在桥架上开车造成人身事故；YB 为电磁抱闸线圈，实现准确停车。

当凸轮控制器手柄位于“0”位置时，合上电源开关 QS，按下起动按钮 SB 后，接触器 KM 接通并自锁，做好起动准备。

当凸轮控制器手柄向右方各位置转动时，对应触点两端 W 与 V3 接通，V 与 W3 接通，电动机正转运行。手柄向左方各位置转动时，对应触点两端 V 与 V3 接通，W 与 W3 接通，可见接到电动机定子的两相电源对调，电动机反转运行，从而实现电动机正转与反转控制。

当凸轮控制器手柄置于“1”位置时，转子外接全部电阻，电动机处于最低速运行，如图 9-9a 所示。手柄转动在“2”“3”“4”“5”位置时，依次短接（即切除）不对称电阻，如图 9-9 b、c、d、e 所示，电动机的转速逐渐升高。因此通过控制凸轮控制器手柄的不同位置，可调节电动机的转速，获得如图 9-10 所示的机械特性曲线。取第一档（“1”位置）起动的转矩为 $0.75T_n$，作为切换转矩（满载起动时作为预备级，轻载起动时作为起动级）。凸轮控制器分别转到“1”“2”“3”“4”“5”位置时，分别对应图 9-10 中的机械特性曲线 1、2、3、4、5。手柄在“5”的位置时，转子电路的外接电阻全部切除，电动机运行在固有机械特性曲线上。

在运行中若将限位开关 SQ1 和 SQ2 撞开，将切断接触器 KM 的控制电路，KM 失电，电动机电源切除，同时电磁抱闸 YB 断电，制动器将电动机制动轮抱住，达到准确停车。因而防止发生越位事故，从而起到限位保护作用。

在正常工作时，若发生停电事故，接触器 KM 断电，电动机停止转动。一旦重新恢复供电，电动机不会自行起动，而必须将凸轮控制器手柄返回倒“0”位，再次按下起动按钮 SB，再将手柄转动至所需位置，电动机才能再次起动工作。从而防止了电动机在转子电路外接电阻切除情况下自行起动，产生很大的冲击电流或发生事故，这就是零位触点（1-2）的零位保护作用。

3. 凸轮控制器控制的大车移行机构和副钩控制电路

凸轮控制器控制大车移行机构，其工作情况与小车工作情况基本相似，但被控制的电动机容量和电阻器的规格有所区别。此外，控制大车的一个凸轮控制器要同时控制两台电动机，因此选择比小车凸轮控制器多五对触点的凸轮控制器，如KT14-60/2，以切除第二台电动机的转子电阻。

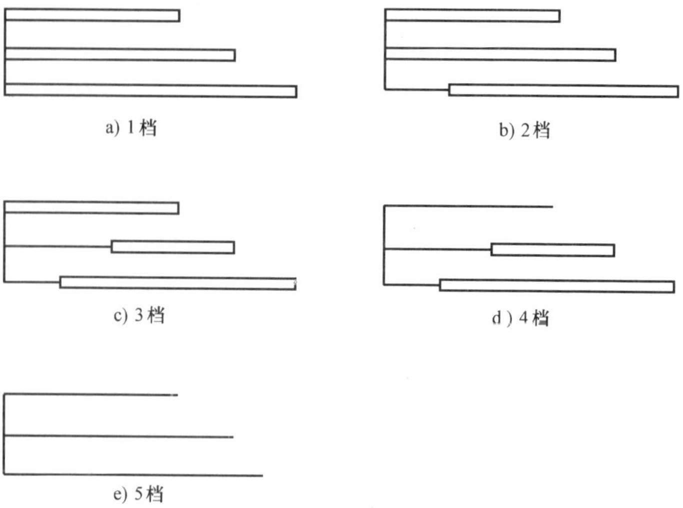

图 9-9　转子电路电阻逐级切除情况

在副钩上的凸轮控制器的工作情况与小车基本相似，但在提升与下放重物时，电动机处于不同的工作状态。

在提升重物时，控制器手柄的第“1”位置为预备级，用于张紧钢丝绳，在将手柄置于“2”“3”“4”“5”位置时，提升速度逐渐升高。

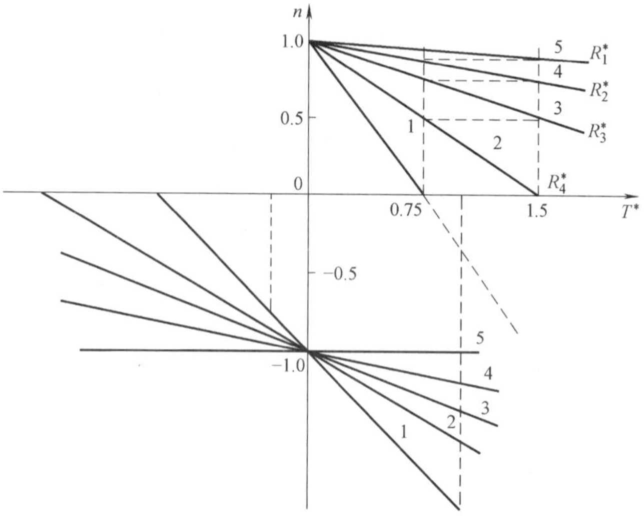

图 9-10　凸轮控制器控制的电动机机械特性

在下放重物时，由于负载较重，电动机工作在发电制动状态，为此操作重物下降时应将控制手柄从“0”位置迅速扳到第“5”位置，中间不允许停留。往回操作时也应该从第“5”位置快速扳到“0”位置，以免引起重物的高速下落而造成事故。

对于轻载提升，手柄第“1”位置变为预备级第“1”“2”“3”“4”“5”位置的提升速度逐渐升高，但提升速度的大小变化不大。下降时所吊重物太轻而不足以克服摩擦转矩时，电动机工作在强力下降状态，即电磁转矩与重物重力矩方向一致帮助下降。

由以上分析可知，凸轮控制器控制电路不能获得重载或轻载时的低速下降。为了获得下降时的准确定位，采用电动操作，即将控制器手柄在下降第“1”位置时与“0”位之间来回操作，并配合电磁抱闸来实现。

在操作凸轮控制器时还应注意：当将凸轮控制手柄从左扳动至中间经过“0”位置时，

应略停一下，以减小电流冲击，同时使转动机构得到较平稳的反向过程。

4. 主钩升降机构的控制电路

由于拖动主钩升降机构的电动机容量较大，不适合采用转子三相电阻不对称调速，因此采用主令控制器和 PQR10A 系列控制屏组成的磁力控制器来控制主钩升降。图 9-11 为 LK1-12/90 型主令控制器与 PQR10A 系列控制屏组成的磁力控制器电气原理图。

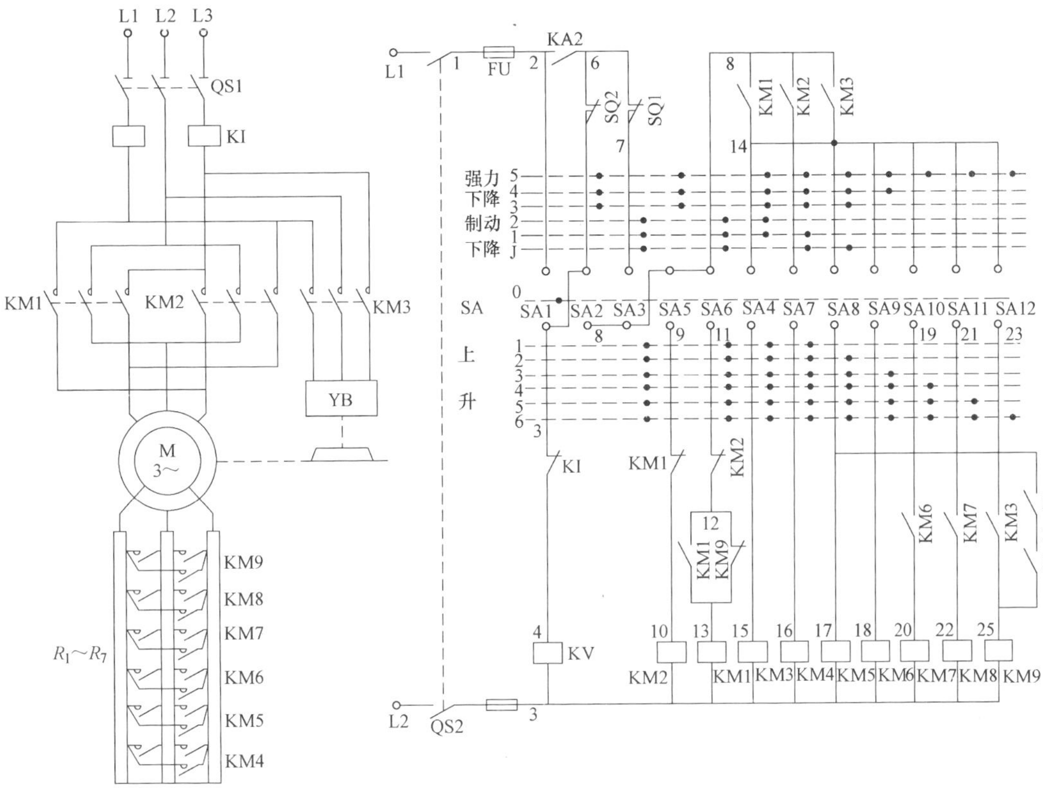

图 9-11　磁力控制器电气原理图

在图 9-11 中，主令控制器 SA 有 12 对触点，“提升”与“下降”个有六个位置。通过主令控制器这 12 对触点的闭合与分断来控制电动机和转子电路的接触器，并通过这些接触器来控制电动机的各种工作状态，拖动主钩按不同速度提升和下降，由于主令控制器为手动操作，所以电动机工作状态的变化由操作者掌握。

在图 9-11 中，KM1、KM2 为电动机正反转接触器，KM3 为控制接触器，YB 为三相交流电磁制动器，KM4、KM5 为反接制动接触器，KM6～KM9 为起动加速接触器，用来控制电动机转子电阻的切除和串入，转子电路串有七段三相对称电阻，其中两段 R1、R2 为反接制动限流电阻，R3～R6 为起动加速电阻，转子中还有一段 R7 为常串电阻，用来软化机械特性。

当合上电源开关 QS1 和 QS2，主令控制器手柄置于“0”位置时，零电压继电器 KV 线圈通电自锁，为电动机起动做好准备。

(1) 提升重物时电路工作情况　在提升重物时，主令控制器的手柄有六个位置。

当主令控制器SA的手柄扳到提升“1”位置时，触点SA3、SA4、SA6、SA7闭合。SA3闭合，将提升限位开关SQ1串于提升控制电路中，实现提升极限限位保护。SA4闭合，制动接触器KM3通电吸合，制动电磁铁YB通电，松开电磁抱闸。SA6闭合，正转接触器KM1通电吸合，电动机定子接通正向电源。SA7闭合，接触器KM4通电吸合，切除转子电阻R1。此时，电动机的运行如图9-12中的机械特性曲线1所示，由于这条特性曲线对应的起动转矩较小，一般吊不起重物，只作为张紧钢丝绳、消除吊钩传动系统齿轮间隙的预备级。

当指令控制器手柄扳到提升“2”位置时，除“1”位置以闭合的触点仍然闭合外，SA8闭合，接触器KM5通电吸合，切除转子电阻R2，转矩略有增加，电动机加速，运行在图9-12机械特性曲线2上。

同样，将主令控制器手柄从提升“2”位置依次扳到“3”“4”“5”“6”位置时接触器KM6、KM7、KM8、KM9依次通电吸合，逐级短接转子电阻，其通电顺序由上述各接触器线圈电路中的常开触点KM6、KM7、KM8、KM9得以保证，相对应的机械特性曲线如图9-12中的3、4、5、6。由此可知，提升时电动机均工作在电动状态，得到五种提升速度。

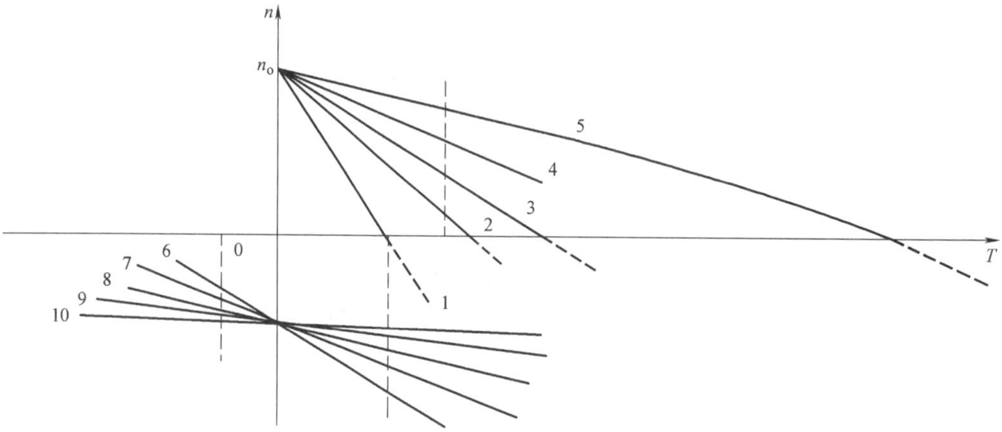

图9-12 电动机运行的机械特性曲线图

（2）下降重物时电路工作情况　在下降重物时，主令控制器的手柄也有六个位置。但根据重物的重量，可使电动机工作在不同的状态。若为重物下降，要求低速运行，电动机定子为正转提升方向通电，同时转子电路串接大电阻，使电动机处于倒拉反接制动状态。这一过程可用图9-12中的曲线1、2来表示，称为制动下降位置。若为空钩或轻载下降，当重力矩不足以克服传动机构的摩擦力矩时，可以使电动机定子反向通电，运行在反向电动状态，使电磁矩和重力矩共同作用克服摩擦力矩，强迫下降。这一过程可用图9-12中的曲线3、4、5来表示，称为强迫下降位置。

1）制动下降。

① 当主令控制器手柄扳向“J”位置时，触点SA4断开释放，YB断电释放，电磁抱闸将主钩电动机闸住。同时触点SA3、SA6、SA7、SA8闭合。SA3闭合，提升限位开关SQ1串接在控制电路中。SA6闭合，正向接触器KM1通电吸合，电动机按正转提升相序接通电源，又由于SA7、SA8闭合使KM4、KM5通电吸合，短接转子回路中的电阻R_1和R_2由此产生一个提升方向的电磁转矩，与向下方向的重力矩相平衡，配合电磁抱闸牢牢地将吊钩及

重物闸住，所以，“J”位置一般用于提升重物后，稳定地停在空中或移行；另一方面，当重载时主令控制器手柄由下降其他位置扳回“0”位时，在通过“J”位时既有电动机的倒拉反接制动，又有机械抱闸制动，在两者的作用下有效地防止溜钩，实现可靠停车。“J”位置时，转子回路所串电阻与提升“2”位置时相同，机械特性为提升曲线 2 在第Ⅳ象限的延伸，由于转速为零，故为虚线，如图 9-12 所示。

主令控制电器的手柄扳到下降“1”位置时，SA3、SA6、SA7 仍通电吸合，同时 SA4 闭合，SA4 闭合使制动接触器 KM3 通电吸合，接通制动电磁铁 YB，松开电磁抱闸，电动机可以运转。SA8 断开，反接制动接触器 KM5 断电释放，电阻 R_2 重新串接转子电路，此时转子电阻与提升“1”位置相同，电动机运行在提升曲线 1 在第Ⅳ象限的延伸部分上，如图 9-12 中的曲线在第Ⅳ象限的延伸。

② 主令控制器的手柄扳到下降“2”位置时，SA3、SA4、SA6 仍闭合，而 SA7 断开，使反接制动接触器 KM4 断电释放，R_1 重新串接转子电路，此时转子电路的电阻全部接入，机械特性更软，如图 9-12 中的曲线在第Ⅳ象限的延伸。

由上述分析可知，在电动机倒拉反接制动状态下，可获得两级重载下放速度。但对于空钩或轻载下放时，切不可将主令控制器手柄停留在下降“1”或“2”位置，因为这时电动机产生的电磁转矩将大于负载重力矩，使电动机不是处于倒拉反接下放状态而变成电动提升状态。

2）强迫下降。

① 主令控制器手柄扳向下降“3”位置时，触点 SA2、SA4、SA5、SA7、SA8 闭合。SA2 闭合的同时 SA3 断开，将提升限位开关 SQ1 从电路切除，接入下降限位开关 SQ2。SA4 闭合，KM3 通电吸合，松开电磁抱闸，允许电动机转动。SA5 闭合，反接接触器 KM2 通电吸合，电动机定子接入反相序电源，产生下降反向的电磁转矩。SA7、SA8 闭合，反接接触器 KM4、KM5 通电吸合，切除转子电阻 R_1 和 R_2。此时，电动机所串转子电阻情况和提升“2”位置时相同，电动机的运行如图 9-12 中的机械特性曲线 2 的延伸，为反转下降电动状态。若重物较重，则下降速度将超过电动机同步转速，而进入发电制动状态，电动机的运行如图 9-12 中的机械特性曲线 3 的延长线所示，形成高速下降，这时应立即将手柄扳倒下一位置。

② 主令控制器手柄扳到下降“4”位置时，在“3”位置闭合的所有触点仍闭合，另外 SA9 触点闭合，接触器 KM6 通电吸合，切除转子电阻 R_3，此时电动机所串接转子电阻情况与提升“3”位置时相同。电动机的运行如图 9-12 中的机械特性曲线 3 的延长线，为反接电动状态。若重物较重，则下降速度将超过电动机的同步转速下降，这时应立即将手柄扳到下一位置。

③ 主令控制器手柄扳到下降“5”位置时，在“4”位置闭合的所有触点仍闭合，另外，SA10、SA11、SA12 触点闭合，接触器 KM7、KM8、KM9 按顺序相继通电吸合，转子电阻 R_4、R_5、R_6 依次被切除，从而避免了过大的冲击电流，最后转子的各相电路中仅保留一段常接电阻 R_7。电动机的运行如图 9-12 中的机械特性曲线 5 的延长线所示，为反转电动状态。若重物较重时，电动机变为再生发电制动，电动机的运行如图 9-12 中的特性曲线 5 的延长线所示，下降速度超过同步转速，但比在“3”“4”位置的下降速度要小得多。

由上述分析可知：主令控制器手柄位于下降“J”位置时为提起重物后稳定地停在空中或吊着移行，或用于重载时准确停车；下降“1”位与“2”位为重载时做低速下降用；下降“3”位置与“4”“5”位置为轻载或空钩低速强迫下降用。

3）电路的保护与联锁。

① 在下放较重重物时，为避免高速下降而造成事故，应将主令控制器的手柄放在下降的“1”位或“2”位上。若对货物的重量估计失误，手柄扳到下降的第“5”位上，重物下降速度将超过同步转速进入再生发电制动状态。这时要取得较低的下降速度，手柄应从下降“5”位置换到下降“2”“1”位置。在手柄换位过程中必须经过下降“4”“3”位置，由以上分析可知，对应下降“4”“3”位置的下降速度比“5”位置还要快得多。为了避免经过“4”“3”位置时造成更危险的超高速，线路中采用了接触器 KM9 的常开触点（24-25）和接触器 KM2 的常开触点，此电路不起作用从而不会影响提升时的调速。

② 保证在制动电阻串接的条件下才进入制动下降的联锁。主令控制器的手柄由下降“3”位置转到下降“2”位置时，触点 SA5 断开、SA6 闭合，反向接触器 KM2 断电释放，正向接触器 KM1 通电吸合，电动机进入了反接制动状态。为防止制动过程中产生过大的冲击电流，在 KM2 断电后应使 KM9 立即断电释放，电动机转子电路串入全部电阻后，KM1 再通电吸合。因此，一方面在主令电器触点闭合顺序上保证了 SA8 断开后 SA6 才闭合；另一方面还设计了 KM2 常开触点 KM2（11-12）和 KM9（12-13）与 KM1（9-10）构成联锁环节。这就保证了只有在 KM9 断电释放后，KM1 才能接通并自锁工作。此环节还可以防止因 KM9 主触点熔焊，转子在只剩下常串电阻 R_7 时电动机正向直接起动的事故发生。

③ 当主令控制器的手柄在下降“2”位置与“3”位置之间转换，控制正向接触器 KM1 与 KM2 进行换接时，由于二者之间采用了电气和机械联锁，必然存在一瞬间有一个已经释放而另一个尚未吸合的现象，电路中触点 KM1、KM2 均断开，此时容易造成 KM3 断电，造成电动机在高速下进行机械制动，引起不允许的强烈振动。为此引入 KM3 自锁触点与 KM1、KM2 并联，以确保在 KM1 与 KM2 换接瞬间 KM3 始终通电。

④ 加速接触器 KM6～KM8 的常开触点串接到下一级加速接触器 KM7～KM9 电路中，实现短接转子电阻的顺序联锁作用。

⑤ 该线路的零位保护是通过电压继电器 KV 与主令电器 SA 实现的；该电路的过电流保护是通过电流继电器 KI 实现的；重物提升、下降的限位保护是通过限位开关 SQ1、SQ2 实现的。

5. 起重机的保护

为了保证安全可靠的工作，起重机的电气控制一般都具有下列保护与联锁：电动机过载保护，短路保护，欠电压保护，控制器的零位联锁，终端保护，舱盖、端梁、栏杆门安全开关等保护。

（1）交流起重机保护箱　采用凸轮机构控制器、主令控制的交流桥式起重机，广泛使用保护箱来实现过载、短路、失电压零位联锁、终端、舱盖、栏杆门安全等保护。该保护箱是为凸轮控制器操作的控制系统进行保护而设置的。保护箱由刀开关、接触器、过电流继电器、熔断器等组成。起重机上使用的标准保护箱为 XQB1 型。

1）XQB1 型保护箱的控制电路。XQB1 型保护箱的控制电路如图 9-13 所示。

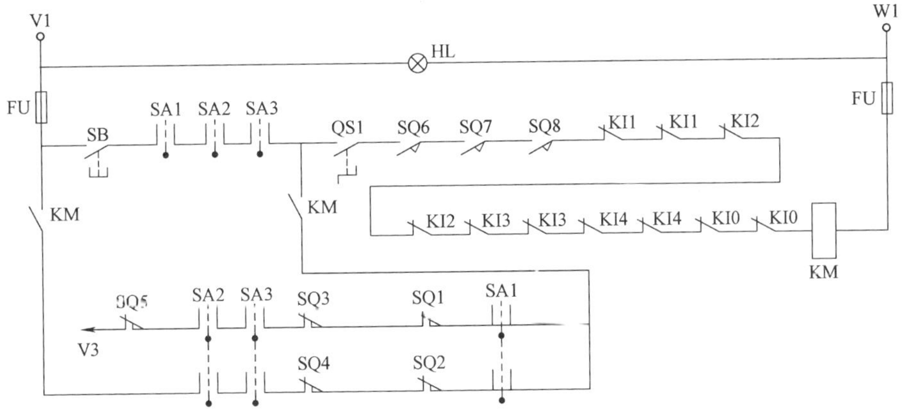

图 9-13 XQB1 型保护箱的控制电路

在图 9-13 中，HL 为电源信号灯，指示电源通断。QS1 为紧急事故开关，在出现紧急情况下切断电源。SQ6 ~ SQ8 为舱口门、横梁门开关，任何一个门打开时起重机都不能工作。KI0 ~ KI4 为过电流继电器的触点，实现过载和短路保护。SA1、SA2、SA3 分别为大车、小车、副钩凸轮控制器零位闭合触点，每个凸轮控制器采用了三个零位闭合触点，只在零位闭合的触点与按钮 SB 串联；用于自锁回路的两个触点，其中一个为零位和正向位置均闭合，另一个为零位和反向位置均闭合，它们和对应方向的限位开关串联后并联在一起，实现零位保护和自锁功能。SQ1、SQ2 为大车移行机构的行程限位开关，装在桥架上，挡铁装在轨道的两端；SQ3、SQ4 为小车移行行程开关，装在桥架上小车轨道的两端，挡铁装在小车上；SQ5 为副钩提升限位开关。这些行程开关实现各自的终端保护作用。KM 为线路接触器，KM 的闭合控制着主钩、副钩、大车、小车的供电。

当三个凸轮控制器都在零位；舱口门、横梁门均关上，SQ6 ~ SQ8 均闭合；紧急开关 QS1 闭合；无过电流，KI0、KI1 ~ KI4 均闭合时按下起动按钮，线路接触器 KM 通电吸合且自锁，其主触点接通主电路，给主、副钩及大车、小车供电。

当起重机工作时，线路接触器 KM 的自锁回路中，并联的两条支路只有一条是通的，例如小车向前时，凸轮控制器 SA2 与 SQ4 串联的触点断开，向后限位开关 SQ4 不起作用；而 SA2 与 SQ3 串联的触点仍是闭合的，向前限位开关 SQ3 起限位作用等。

当线路接触器 KM 断电切断总电源时，整机停止工作。若要重新工作，必须将全部凸轮控制器手柄置于零位，电源才能接通。

2）XQB1 型保护箱照明及信号电路。图 9-14 为 XQB1 型保护箱照明与信号电路。

在图 9-14 中，QS1 为操作室照明开关，QS3 为大车向下照明开关，QS2 为操作室照明灯 EL1 的开关，SB 为音响设备 HA 的按钮。EL2、EL3、EL4 为大车向下照明灯，XS1、XS2、XS3 为手提检修灯、电风扇插座。除大车向下照明电压为 220V 外，其余均由安全电压 36V 供电。

（2）制动器与制动电磁铁 桥式起重机是一种间歇工作的设备，经常处在起动和制动状态；另外，为了提高生产效率，缩短非生产的停车时间，以及准确停车和保证安全，常采用电磁抱闸。电磁抱闸由制动器和制动电磁铁组成，它既是工作装置又是安全装置，是桥式起重机的重要部件之一。平时制动器抱紧制动轮，当起重机工作电动机通电时才松开，因此在任何时候停电都会使制动器闸瓦抱紧制动轮，实现机械制动。

制动器是保证起重机安全、正常工作的重要部件，在桥式起重机上常用块式制动器，它是一种简单、可靠的制动器。块式制动器又可分为短行程、长行程和液压推杆式制动器。

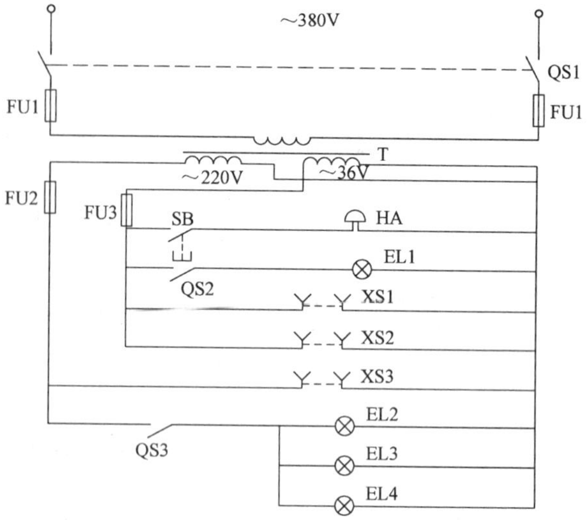

图 9-14　XQB1 型保护箱照明与信号电路

1）短行程块式制动器。短行程块式制动器如图 9-15 所示。

当起重机某一机构工作时，与该机构拖动电动机绕组并联的电磁铁线圈同时通电，静铁心产生吸力，吸引动铁心，于是推动顶杆 2，使左右两个制动臂在副弹簧 6 作用下向外侧运动，松开制动轮。与此同时，主弹簧 4 伸张，带动制动臂向里侧运动，抱紧制动轮。

短行程块式制动器的优点是：松闸、上闸动作迅速；结构简单、自重轻、外形尺寸小；松闸器的行程小；制动块与制动臂之间是铰链连接，所以瓦块与制动轮的接触较好，磨损均匀。缺点是：合闸时由于动作迅速产生冲击，所以声响较大；由于电磁铁尺寸的限制，制动力矩较小，一般应用在制动力矩较小及制动轮直径在 100～300mm 范围的机构中。

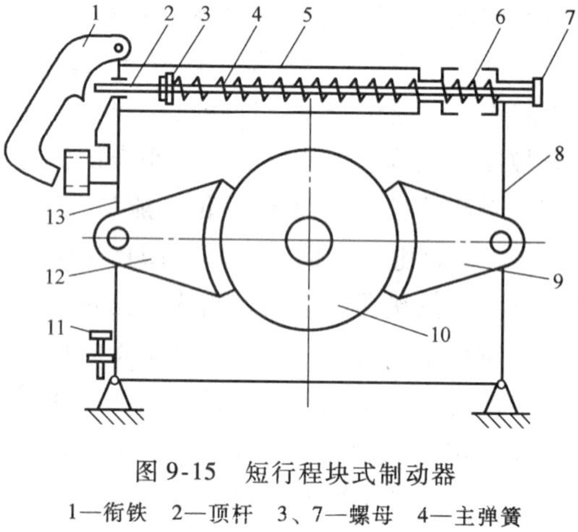

图 9-15　短行程块式制动器

1—衔铁　2—顶杆　3、7—螺母　4—主弹簧
5—框形拉杆　6—副弹簧　8—右制动臂
9—右制动瓦块　10—制动轮　11—调整螺母
12—左制动瓦块　13—左制动臂

2）长行程块式制动器。短行程块式制动器的制动力矩较小，如要求制动力矩大的机构，只有通过杠杆系统将松闸器产生的松闸力放大，这类制动器称为长行程块式制动器。长行程式杠杆具有较大的力臂，宜用于需要较大制动转矩的场合，但力矩过大，会使杠杆铰链接处磨损，机构变形，降低了可靠性，同时，制动器尺寸比较大，松闸与放闸缓慢，工作准确性较差，适用于要求较大制动力矩的提升机构。

3）液压推杆式制动器。为了克服电磁块式制动器冲击大的缺点，可采用液压推杆式制动器。它的松闸动力依靠液压推动器中推杆的上下运动，再通过三角形杠杆牵动斜拉杆完成制动，是一种新型的长行程块式制动器。

液压推杆式制动器由驱动电动机和离心泵组成。通电时，电动机带动叶轮旋转，在活塞内产生压力，迫使活塞迅速上升，固定在活塞上的垂直推杆及三角板同时上升，克服主弹簧作用力，并经杠杆作用将制动瓦松开。当断电时，叶轮减速并停止，活塞在主弹簧及杠杆作用下实现制动。

液压推杆式制动器的优点是：工作平稳，无噪声；允许每小时通电次数可达 720 次，使用寿命长。缺点是合闸较慢，容易发生漏油，适用于运行机构。

操作制动器的控制电器为交流电磁铁与液压推杆。其中短行程块式制动器配用 MZD1 型交流电磁铁，长行程块式制动器配用 MZS1 型交流电磁铁。一般对于交流传动系统的运行机构，在负荷持续率不大于 25% 时，每小时通电次数不大于 300 次。在制动力矩小时，可采用单相短行程电磁铁，但对于提升机构则采用三相长行程电磁铁。

（3）其他安全装置

1）缓冲器。缓冲器用来吸引大车或小车运行到终点与轨端挡板相撞的能量，达到缓减冲击的目的。

2）提升高度限位器。提升高度限位器用来防止由于司机操作失误或其他原因引起的吊钩脱落，从而可能造成拉断提升钢丝绳、钢丝绳固定短板开裂脱落或滑轮等与重物一起下落的重大事故。为此起重机必须安装有提升高度限位器，当吊钩提升到一定高度时能自动切断电动机电源而停止提升。常用的有压绳式限位器、螺杆式限位器与重锤式限位器。

3）载荷限制器及称量装置。载荷限制器是控制起重机起吊极限载荷的一种安全装置。称量装置是用来称量并显示起重机起吊物品重量的装置，简称电子秤，目前在桥式起重机中应用越来越广泛。

6. 起重机的供电

桥式起重机的大车与厂房之间、小车与大车之间都存在着相对运动，因此其电源不能像一般固定的电气设备那样采用固定连接，而必须适应其工作经常移动的特点。对于小型起重机采用软电缆供电，随着大车和小车的移动，供电电缆随之伸长和叠卷。对于大中型起重机常用滑线和电刷供电。三相交流电源接到沿车间长度架设的三根主滑线上，再通过大车上的电刷引入到操纵室中保护箱的总电源刀开关 QS 上，由保护箱再经穿管导线送至大车电动机、大车电磁抱闸及交流控制站，送至大车一侧的辅助滑线。对于主钩、副钩、小车上的电动机、电磁抱闸、提升限位器的供电和转子电阻的连接，则是由架设在大车侧的辅助滑线与电刷来实现的。

7. 总体控制电路

20/5t 桥式起重机的总体控制电路图如图 9-16 所示。

它有两个吊钩，主钩为 20t、副钩为 5t。

20/5t 桥式起重机共配置 5 台电动机 M1 ~ M5。大车移行机构由 2 台电动机 M1、M2 同速拖动，用凸轮控制器 SA1 控制；小车运行机构由 1 台电动机 M3 拖动，用凸轮控制器 SA2 控制；副钩升降机构由 1 台电动机 M4 拖动，用凸轮控制器 SA3 控制；这 4 台电动机由 XQB1-150-4F 型交流保护箱进行保护。主钩升降机构由 1 台电动机 M5 拖动，用主令控制器 SA5 控制。上述控制原理在前面均已讨论过，在此不再重复。

SQ 为主钩提升限位开关，SQ5 为副钩提升限位开关，SQ3、SQ4 为小车两个方向的限位开关，SQ1、SQ2 为大车两个方向的限位开关。

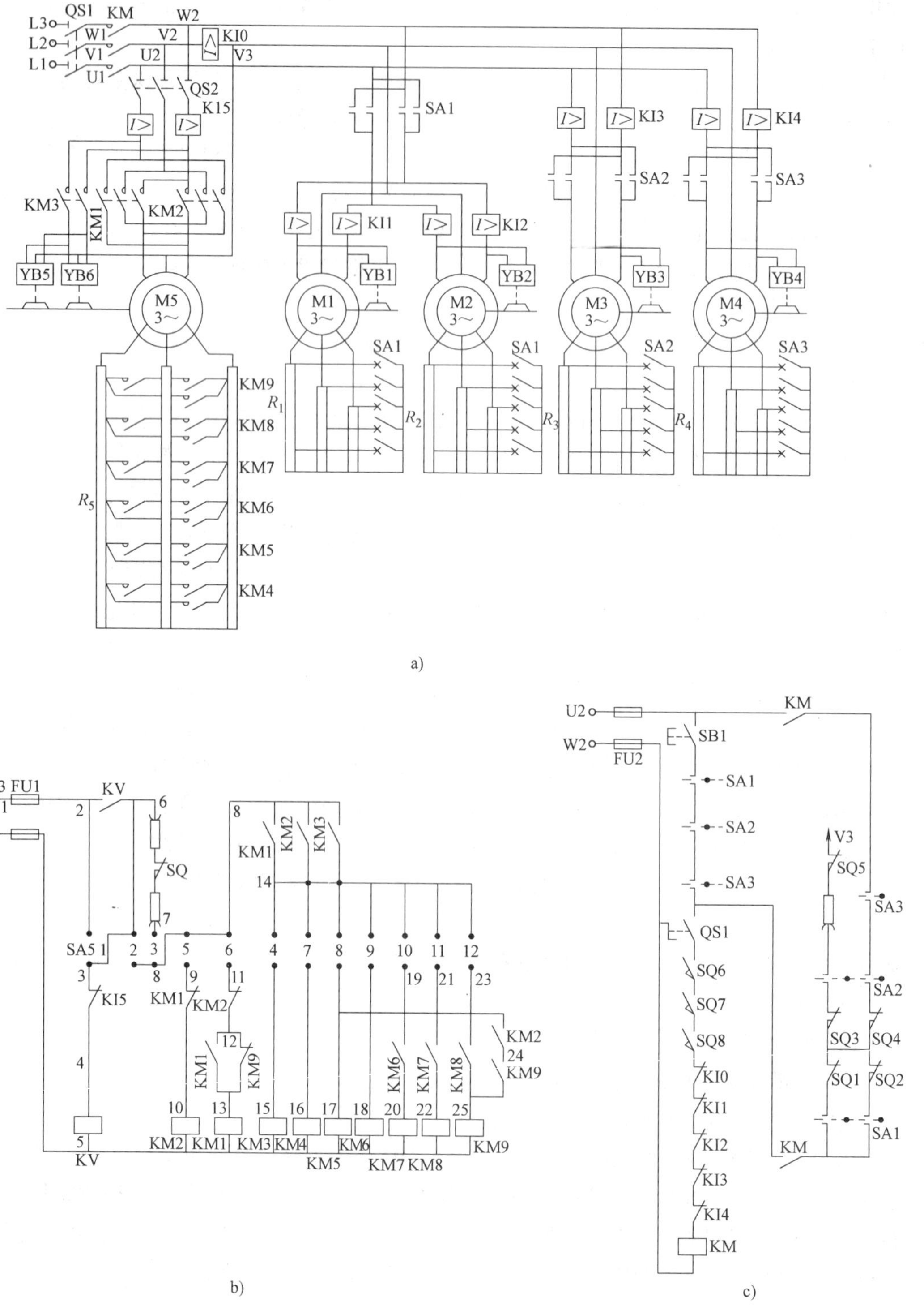

图 9-16　20/5t 桥式起重机的总体控制电路图

将凸轮控制器 SA1、SA2、SA3 和主令控制器 SA5，交流保护箱及紧急开关等安装在操作室中。电动机各转子电阻 $R_1 \sim R_5$，大车电动机 M1、M2，大车制动器 YB1、BY2，大车限位开关 SQ1、SQ2，交流控制屏安放在大车的一侧。在大车的另一侧，装设了 21 根辅助滑线以及小车限位开关 SQ3、SQ4。小车上装设有小车电动机 M3、主钩电动机 M5、副钩电动机 M4 以及其各自的制动器 YB3 ~ YB6、主钩提升限位开关 SQ 与副钩提升限位开关 SQ5。

想一想

通过搜集起重机控制方式、控制原理及电路板制作工艺等资料、小组讨论，制定完成起重机电气控制及 PLC 改造项目构思的工作计划，填写在表 9-2 中。

表 9-2　起重机电气控制及 PLC 改造项目构思工作计划单

项目构思工作计划单			
项目			学时：
班级			
组长		组员	
序号	内容	人员分工	备注
学生确认		日期	

【项目设计】

一、桥式起重机的电气控制 PLC 改造方案的设计

（一）桥式起重机的电气控制 PLC 改造方案

20/5t 桥式起重机的电气控制电路的 PLC 控制柜如图 9-17 所示。

图 9-17　20/5t 桥式起重机的电气控制电路的 PLC 控制柜

想一想，如何用 PLC 控制起重机的运动？你能制定出起重机电气控制 PLC 改造方案吗？

根据桥式起重机电气控制原理图，进行桥式起重机的 PLC 改造方案的制定。由继电器控制过程，确定 PLC 的输入/输出均为开关量，PLC 改造流程为：选择 PLC 并进行 I/O 口分配；设计 PLC 改造后的接线图及 I/O 地址分配表；编写 PLC 程序，安装及布线；PLC 程序监控调试；整机调试。起重机电气控制 PLC 改造方案如图 9-18 所示。

图 9-18　起重机电气控制 PLC 改造方案

（二）桥式起重机控制系统总体框图

桥式起重机控制系统总体框图如图 9-19 所示，PLC 为核心控制器，通过检测操作面板上按钮的输入、各个限位开关的输入，完成相关设备的运行、停止和调速控制。

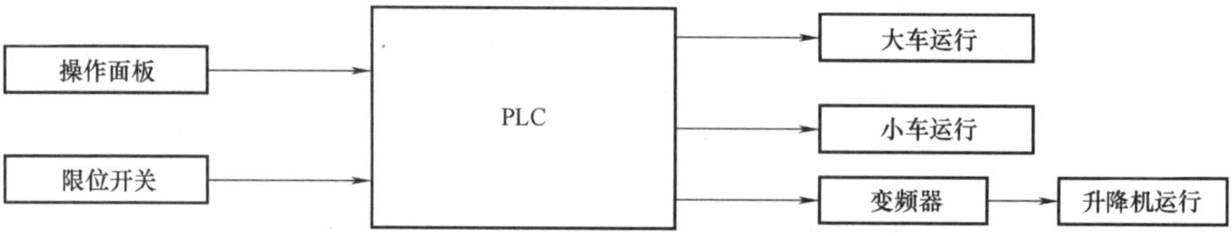

图 9-19　桥式起重机控制系统总体框图

在此控制系统中核心处理器是 PLC，其输入和输出量都为数字量，变频器的控制采用 RS-485 通信。

在起动状态下，各类设备的控制应根据操作面板上按钮输入来控制，升降机在起动和停止时，通过检测变频器输出的频率，控制电磁制动器的运行，其工作过程如下：

① 接通电源，起动系统。

② 按下大车运行按钮，大车起动，通过加速、减速按钮改变大车速度。

③ 按下小车运行按钮，小车起动，通过加速、减速按钮改变小车速度。

④ 按下升降机运行按钮，升降机起动，通过加速、减速按钮改变升降机速度；当需要重物悬停半空时，减小变频器输出频率，直到设定值，频率停止下降，起动电磁制动器，将重物抱住，防止溜钩现象；当重物需从半空开始上升或下降时，增加变频器的输出频率，到达某设定值时，频率停止上升，制动器停止工作，松开重物，变频器输出频率特性持续增加到所需值。

二、桥式起重机电气控制电路的 PLC 改造硬件设计

想一想，起重机电气控制电路的 PLC 改造线路如何连接？

（一）PLC 选型

根据桥式起重机电气控制系统的功能要求，以及其复杂程度，从经济性、可靠性等方面来考虑，选择西门子 S7-200 PLC 作为桥式起重机电气控制系统的控制主机。由于桥式起重

机电气控制系统涉及较多的输入/输出端口，其控制过程相对简单，因此采用 CPU 224 作为该控制系统的主机。

在桥式起重机控制系统中使用的数字量输入点比较多，因此除了 PLC 主机自带的 I/O 外，还需扩展一定数量的 I/O 扩展模块。在此采用 EM223 输入/输出混合扩展模块，16 点 DC 输入/16 点 DC 输出型，可以满足控制系统输入点的要求，虽然输出点有较多空闲，但能为后期扩展功能提供硬件条件。

（二）PLC 的 I/O 资源配置

根据系统的功能要求，对 PLC 的 I/O 进行配置，具体分配将在下面的介绍中体现。

1. 数字量输入部分

在此控制系统中，所需要的输入量基本上都属于数字量，主要包括各种控制按钮、旋钮和各种限位开关，共有 26 个数字输入量，见表 9-3。

表 9-3　数字输入量地址分配

输入地址	输入设备	输入地址	输入设备
I0.0	急停	I1.5	重物下降
I0.1	起动	I1.6	重物加速
I0.2	大车前进	I1.7	重物减速
I0.3	大车后退	I2.0	重物停止
I0.4	大车加速	I2.1	大车前进限位
I0.5	大车减速	I2.2	大车后退限位
I0.6	大车停止	I2.3	小车左移限位
I0.7	小车左移	I2.4	小车右移限位
I1.0	小车右移	I2.5	重物上升限位
I1.1	小车加速	I2.6	重物下降限位
I1.2	小车减速	I2.7	大车变频器复位
I1.3	小车停止	I3.0	小车变频器复位
I1.4	重物上升	I3.1	升降机变频器复位

2. 数字量输出部分

在这个控制系统中，主要输出控制的设备有各种接触器、电动机等，共有 7 个输出点，其具体分配见表 9-4。

表 9-4　数字输出量地址分配

输出地址	输出设备	输出地址	输出设备
Q0.0	大车正向运行接触器	Q0.4	升降机正向运行接触器
Q0.1	大车反向运行接触器	Q0.5	升降机反向运行接触器
Q0.2	小车正向运行接触器	Q0.6	电磁制动器
Q0.3	小车反向运行接触器		

根据控制系统的功能要求、表 9-3 和表 9-4 所示的 I/O 分配情况，以及图 9-19 所示的控制系统总体框图，设计出桥式起重机控制系统的硬件接线图，如图 9-20 所示，此控制面

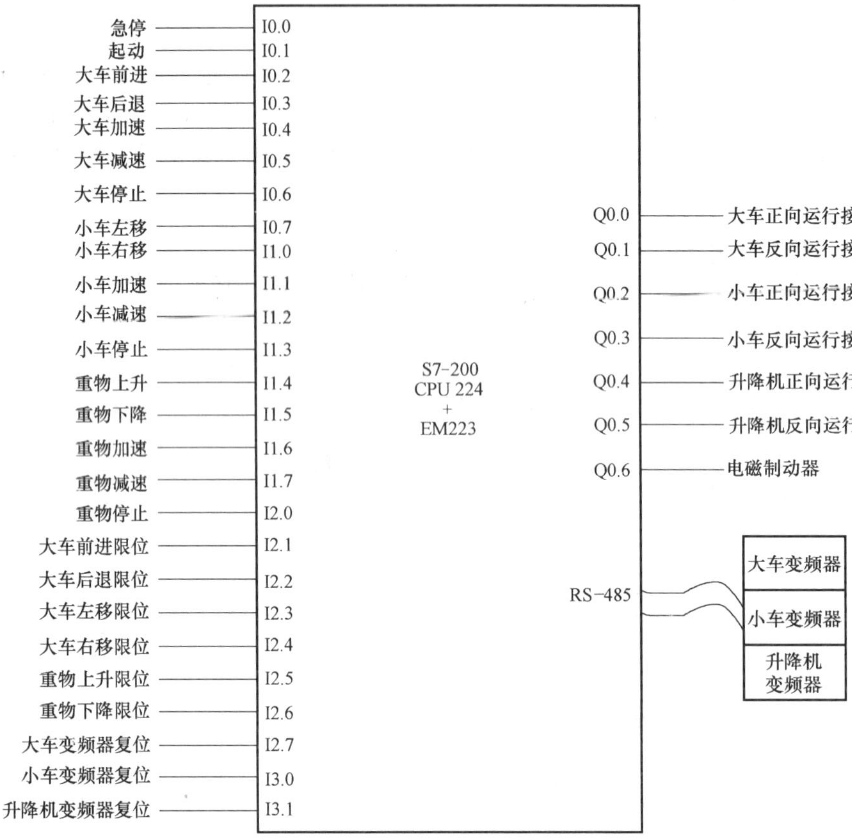

图 9-20　桥式起重机控制系统的硬件接线图

板上的按钮全部为手动控制方式。

（三）其他资源配置

要完成系统的控制功能除了需要 PLC 主机及其扩展模块之外，还需要各种限位开关、接触器和变频器等仪器设备。

1. 接触器

在起重机控制系统中，所有设备的运行都不是连续的，而是根据控制面板上的按钮情况进行动作的，因此需要 PLC 根据当前的工作情况，以及按钮的情况来控制所有设备的起停，共需要 4 个接触器：大车电动机接触器、小车电动机接触器、升降机电动机接触器、电磁制动器接触器。

① 大车电动机接触器。大车电动机接触器包括两接触器：一个是控制正转的接触器；另一个是控制反转的接触器，通过 PLC 输出的指令控制电动机的正反转和停止，从而控制大车的运行与停止。

② 小车电动机接触器。小车电动机接触器包括两接触器：一个是控制正转的接触器；另一个是控制反转的接触器，通过 PLC 输出的指令控制电动机的正反转和停止，从而控制小车的运行与停止。

③ 升降机电动机接触器。升降机电动机接触器包括两接触器：一个是控制正转的接触触

器；另一个是控制反转的接触器，通过 PLC 输出的指令控制电动机的正反转和停止，从而控制升降机的运行与停止。

④ 电磁制动器接触器。通过 PLC 输出的指令控制电磁制动器接触器的断开和闭合，从而控制电磁制动器的运行和停止。

2. 变频器

在该系统中，采用西门子公司的 MM4 系列变频器，该系列变频器是最常用也是功能较强的一种变频器，主要应用于各种工业、冶金、建筑、水利、纺织、交通等领域，性能良好，价格实惠，是一种性价比较高的变频器。

该系列中的 MM440 变频器是一种通用变频器，能适用于一切传动系统，采用了现代先进的矢量控制系统，使得当负载突然增加时仍能保持控制的稳定性。

如要对变频器进行通信控制，需要先对变频器的参数进行设置，主要对以下几个参数进行调整，见表 9-5。

表 9-5　变频器参数设置表

参数号	参数值	说明
P0005	21	显示实际频率
P0700	5	COM 链路的 USS 设置
P1000	5	通过 COM 链路的 USS 设定
P2010	6	9600baud
P2011	1	USS 地址
P0300	根据具体电动机设置	电动机类型
P0304	根据具体电动机设置	电动机额定电压
P0305	根据具体电动机设置	电动机额定电流
P0310	根据具体电动机设置	电动机额定频率
P0311	根据具体电动机设置	电动机额定转速

该系统中的三个变频器都采用通信控制，对于不同变频器的控制，只需要将这三个变频器进行地址编号，在程序控制当中，通过对不同地址的变频器发送控制命令，实现对不同变频器的控制，即对于控制不同设备的变频器，改变参数 P2011 中的值，在此系统中，控制大车变频器的地址为 1，控制小车变频器的地址为 2，控制升降机变频器的地址为 3。

3. 各类按钮

在这个控制系统的自动操作中，采用三个机械按钮，控制装盘机系统的起动和停止，手动/自动按钮使用旋钮，即旋到一边接通，旋到另外一边就断开；自动起动按钮采用触点触发式按钮；急停按钮使用旋转复位按钮，按下后系统停止，旋转后自动弹起复位。

在手动控制状态时，对于每个设备都对应设置一个按钮，采用触点触发式按钮，即按下接通，松开复位。

4. 限位开关

在此系统中，共用了 6 个限位开关：前进限位开关、后退限位开关、左移限位开关、右移限位开关、上升限位开关和下降限位开关。限位开关主要是用来控制设备在运动过程中的停止时刻和位置。

（1）大车前进限位开关　前进限位开关用于控制大车向前运行时的位置，防止大车向前运动超出范围。事先在纵向轨道一端的合适位置上安装好限位开关，当大车向前运行时，如果未进行停车操作，当接触到轨道前方的限位开关时，PLC 控制大车停止运行。

（2）大车后退限位开关　后退限位开关用于控制大车向后运行时的位置，防止大车向后运动超出范围。事先在纵向轨道另外一端的合适位置上安装好限位开关，当大车向后运行时，如果未进行停车操作，当接触到轨道后方的限位开关时，PLC 控制大车停止运行。

（3）小车左移限位开关　左移限位开关用于控制小车向左运行时的位置，防止小车向左运动超出范围。事先在横向轨道一端的合适位置上安装好限位开关，当小车向左运行时，如果未进行停车操作，当接触到轨道左边的限位开关时，PLC 控制小车停止运行。

（4）小车右移限位开关　右移限位开关用于控制小车向右运行时的位置，防止小车向右运动超出范围。事先在横向轨道另外一端的合适位置上安装好限位开关，当小车向右运行时，如果未进行停车操作，当接触到轨道右边的限位开关时，PLC 控制小车停止运行。

（5）重物上升限位开关　上升限位开关用于控制升降机向上运行时的位置，防止升降机向上运动超出范围。事先在工作台上端的合适位置上安装好限位开关，当升降机向上运行时，如果未进行停车操作，当接触到工作台上端的限位开关时，PLC 控制升降机停止运行。

（6）重物下降限位开关　下降限位开关用于控制升降机向下运行时的位置，防止升降机向下运动超出范围。事先在工作台下端的合适位置上安装好限位开关，当升降机向下运行时，如果未进行停车操作，当接触到工作台下端的限位开关时，PLC 控制升降机停止运行。

想一想，起重机电气控制电路的 PLC 改造梯形图如何编写？

三、PLC 控制电路梯形图程序设计

编程软件依然采用西门子公司为 S7-200 PLC 开发的 STEP 7-Micro/WIN32，关于该软件的特点前面已介绍过。

以上介绍了桥式起重机的结构，以及 PLC 外围电路连接，这些是桥式起重机控制系统的硬件基础，该部分的设计与控制系统能否实现其预想的功能有很大关系。在完成硬件设计的基础上，就可以根据起重机的控制要求，进行软件设计。软件设计采用自上而下的设计方法，需要先设计出控制系统的功能流程图，然后根据具体的控制要求，逐步细化控制框图，最后完成每个功能模块的设计，然后进行编译、调试、修改过程。

（一）总体流程设计

根据系统的控制要求，控制过程全部在人工控制下运行，每个设备可单独运行，也可同时运行，以测试设备的性能，桥式起重机控制系统流程图如图 9-21 所示。

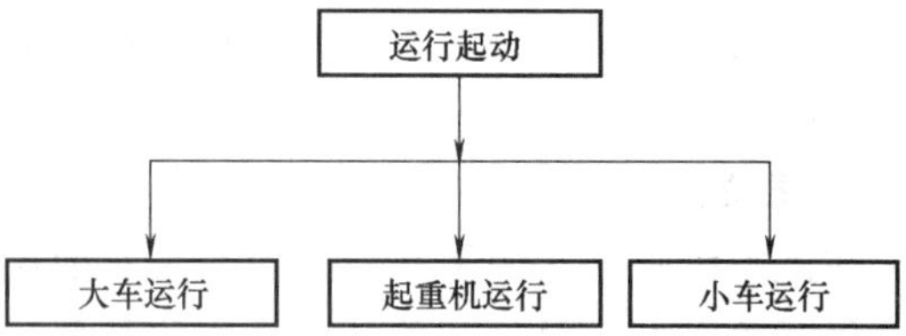

图 9-21　桥式起重机控制系统流程图

可以通过按钮对大车、小车和起重机进行起停控制，并且可以通过按钮增大或减小变频器的频率来改变其速度，以检测调速性能。

1. 大车控制系统

人工操作大车的运行、停止、加速及减速，按下起动按钮后，系统开始上电工作，其工作过程主要包括以下几个方面。

① 通过按钮控制大车的运行。

② 通过按钮控制大车的停止。

③ 通过按钮控制大车的加速。

④ 通过按钮控制大车的减速。

⑤ 通过前进限位开关防止大车向前运行超出范围。

⑥ 通过后退限位开关防止大车向后运行超出范围。

以上工作过程并不是顺序控制方式，而是按照 PLC 检测到按钮状态进行起动，大车控制系统流程图如图 9-22 所示。

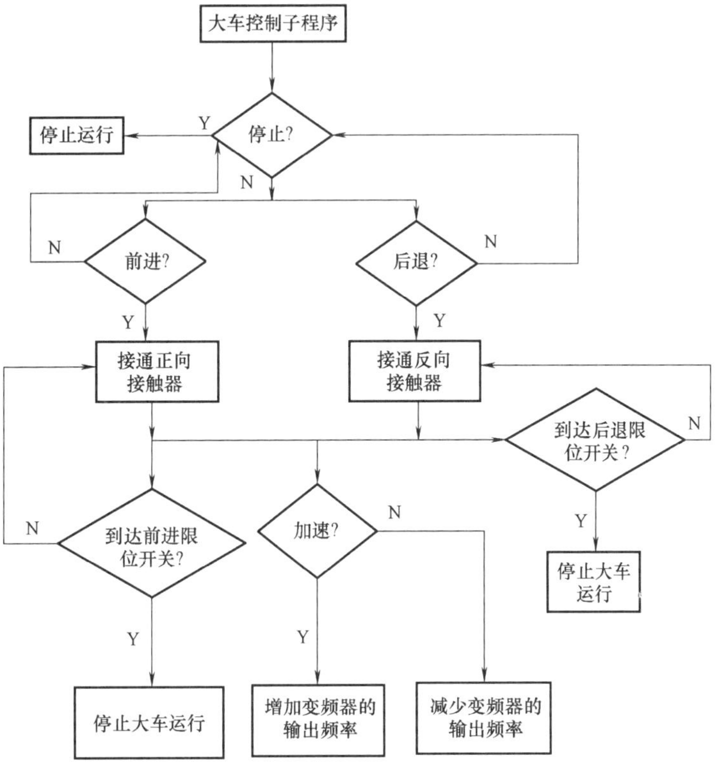

图 9-22　大车控制系统流程图

2. 小车控制系统

人工操作小车的运行、停止、加速及减速，按下起动按钮后，系统开始上电工作，其工作过程主要包括以下几个方面。

① 通过按钮控制小车的运行。

② 通过按钮控制小车的停止。

③ 通过按钮控制小车的加速。

④ 通过按钮控制小车的减速。

⑤ 通过左移限位开关防止小车向左运行超出范围。

⑥ 通过右移限位开关防止小车向右运行超出范围。

以上工作过程并不是顺序控制方式，而是按照 PLC 检测到按钮状态进行起动，小车控制系统流程图如图 9-23 所示。

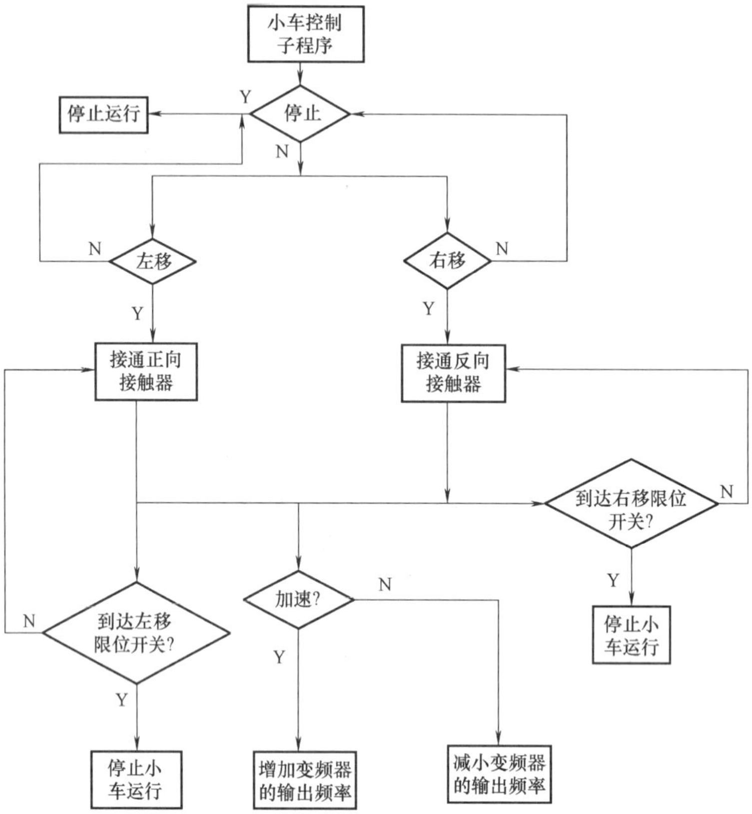

图 9-23　小车控制系统流程图

3. 升降机控制系统

人工操作升降机的运行、停止、加速及减速，按下起动按钮后，系统开始上电工作，其工作过程主要包括以下几个方面。

① 通过按钮控制升降机的运行。

② 通过按钮控制升降机的停止。

③ 通过按钮控制升降机的加速。

④ 通过按钮控制升降机的减速。

⑤ 通过上升限位开关防止升降机向上运行超出范围。

⑥ 通过下降限位开关防止升降机向下运行超出范围。

以上工作过程并不是顺序控制方式，而是按照 PLC 检测到按钮状态进行起动，起重机控制流程图如图 9-24 所示。

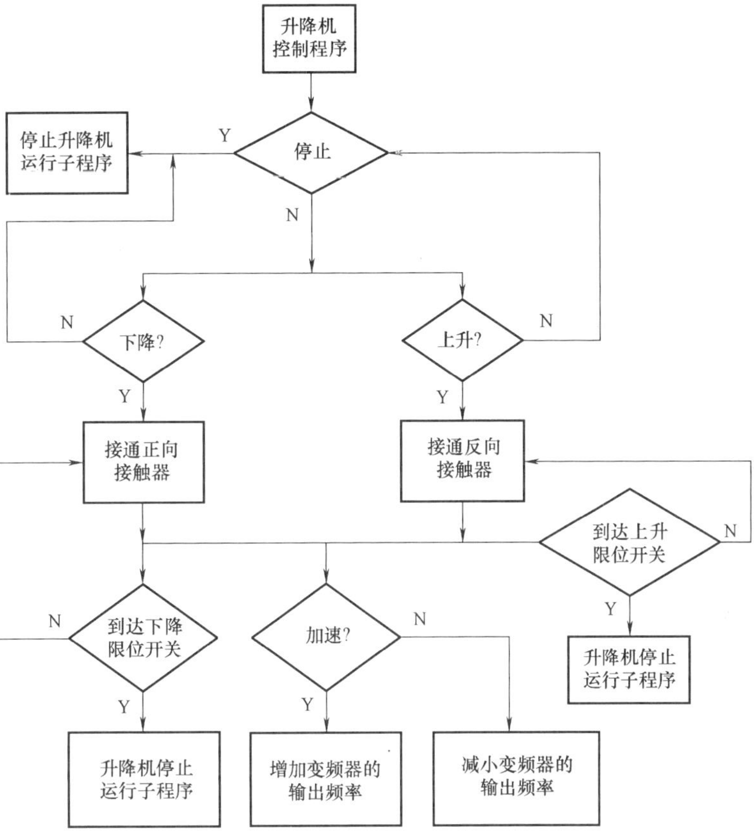

图 9-24　起重机控制流程图

4. 升降机悬停控制系统

人工操作升降机在空中的停止，按下起动按钮后，系统开始上电工作，其工作过程主要包括以下几个方面：

① 重物停止时，变频器频率逐渐降低，下降至某设定值后，停止下降，起动定时器。

② 定时到，起动电磁制动器。

③ 电磁制动器起动后，变频器频率降低至 0Hz。

④ 重物起动时，变频器频率逐渐升高，上升至某设定值后，停止上升，起动定时器。

⑤ 定时到，停止电磁制动器。

⑥ 电磁制动器停止后，变频器频率逐渐上升，重物在空中起动。

以上工作过程根据重物所处的位置，并按照 PLC 读取的变频器参数进行控制，升降机悬停控制流程图如图 9-25 所示。

（二）各个模块梯形图设计

在设计程序过程中，会使用到许多寄存器、中间继电器、定时器等软元件，为了便于编程及修改，在程序编写前应先列出可能用到的软元件，见表 9-6。

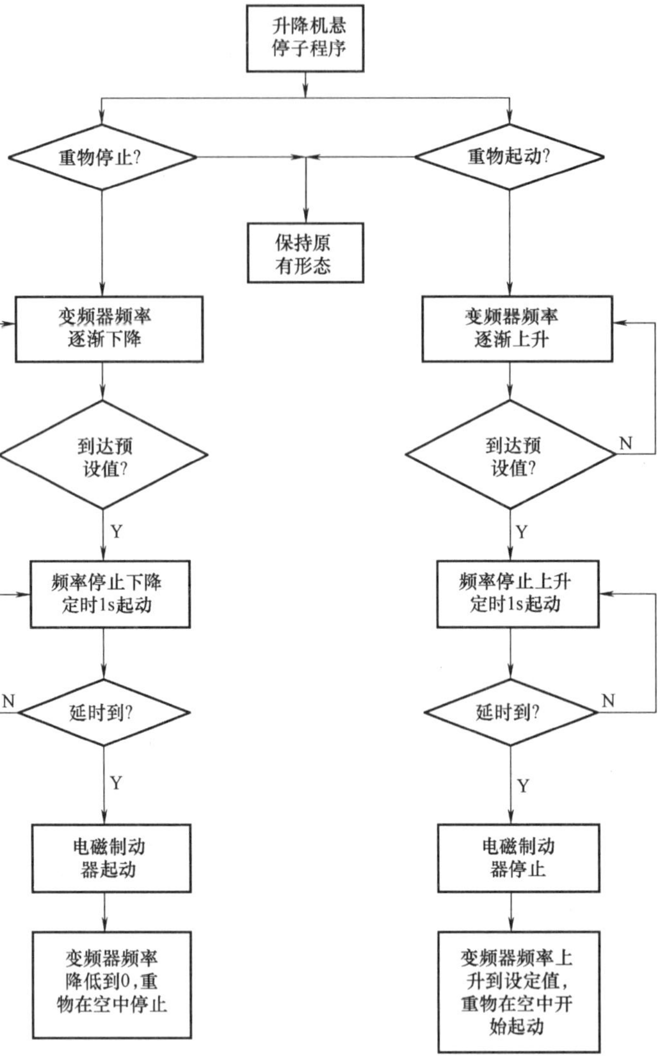

图 9-25　升降机悬停控制流程图

表 9-6　软元件设置

元　件	意　义	内　容	备　注
M0.0	起重机停止标志		on 有效
M0.1	起重机起动标志		on 有效
M0.2	起重机电磁制动器起动标志		on 有效
M0.3	大车电动机正转标志		on 有效
M0.4	大车电动机反转标志		on 有效
M0.5	大车停止标志		on 有效
M0.6	小车电动机正转标志		on 有效
M0.7	小车电动机反转标志		on 有效
M1.1	小车停止标志		on 有效

（续）

元　件	意　义	内　容	备　注
M1.1	升降机上升标志		on 有效
M1.2	升降机下降标志		on 有效
M1.3	升降机停止标志		on 有效
M2.0	到达升降机下限频率标志		on 有效
M2.1	电磁制动器起动标志		on 有效
M2.2	送 0Hz 到升降机变频器标志		on 有效
M2.3	到升降机上限频率标志		on 有效
M2.4	送上限频率标志		on 有效
M2.5	断开电磁制动器标志		on 有放
M3.0	电磁制动器运行标志		on 有效
M4.0	USS_INIT 指令完成标志		on 有效
M4.1	确认大车变频器的响应标志		on 有效
M4.2	指示大车变频器的运行状态标志	on 为运行;off 为停止	
M4.3	指示大车变频器的运行方向标志	on 为逆时针;off 为顺时针	
M4.4	指示大车变频器上的禁止位状态标志	on 为被禁止;off 为不禁止	
M4.5	指示大车变频器故障状态标志	on 为故障;off 为无故障	
M5.0	USS_INIT 指令完成标志		on 有效
M5.1	确认小车变频器的响应标志		on 有效
M5.2	指示小车变频器的运行状态标志	on 为运行;off 为停止	
M5.3	指示小车变频器的运行方向标志	on 为逆时针;off 为顺时针	
M5.4	指示小车变频器上的禁止位状态标志	on 为被禁止;off 为不禁止	
M5.5	指示小车变频器故障位状态标志	on 为故障;off 为无故障	
M6.0	USS_INIT 指令完成标志		on 有效
M6.1	确认升降机变频器的响应标志		on 有效
M6.2	指示升降机变频器的运行状态标志	on 为运行;off 为停止	
M6.3	指示升降机变频器的运行方向标志	on 为逆时针;off 为顺时针	
M6.4	指示升降机变频器上的禁止位状态标志	on 为被禁止;off 为不禁止	
M6.5	指示升降变频器故障位状态标志	on 为故障;off 为无故障	
T37	频率降低定时器		
T38	频率升高定时器		
VD10	下降频率寄存器		
VD20	上升频率寄存器		
VD30	大车频率寄存器		
VD40	小车频率寄存器		
VD50	升降机频率寄存器		
VD60	升降机频率反馈值寄存器		
VB400	USS_INIT 指令执行结果		
VB402	USS_CTRL 错误状态字节		
VW404	大车变频器返回的状态字原始值		
VD406	大车全速度百分值的变频速度	-200% ~200%	
VB500	USS_INIT 指令执行结果		
VB502	USS_CTRL 错误状态字节		
VW504	小车变频器返回的状态字原始值		

（续）

元　件	意　义	内　容	备　注
VD506	小车全速度百分值的变频速度	-200%～200%	
VB600	USS_INIT指令执行结果		
VB602	USS_CTRL错误状态字节		
VW604	升降机变频器返回的状态字原始值		
VD606	升降机全速度百分值的变频速度	-200%～200%	

1. 大车控制程序

系统上电后，通过操作面板上的控制按钮操作大车的运行，大车控制梯形图程序如图9-26所示。

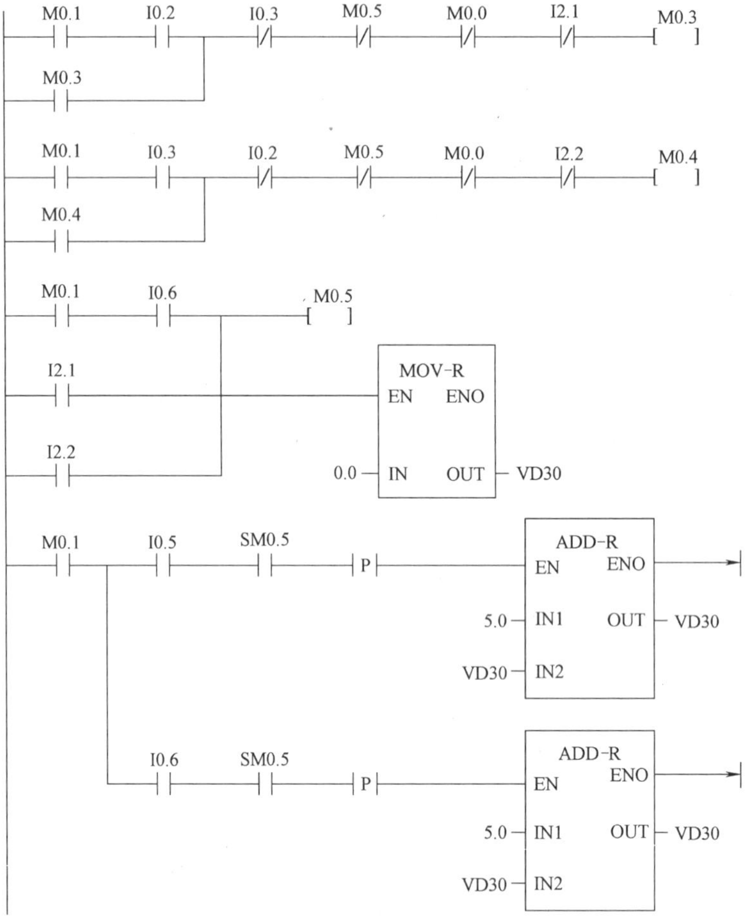

图9-26　大车控制梯形图程序

2. 小车控制程序

系统上电后，通过操作面板上的控制按钮操作小车的运行，小车控制梯形图程序如图9-27所示。

3. 升降机控制程序

系统上电后，通过操作面板上的控制按钮操作升降机的运行，升降机控制梯形图程序如图9-28所示。

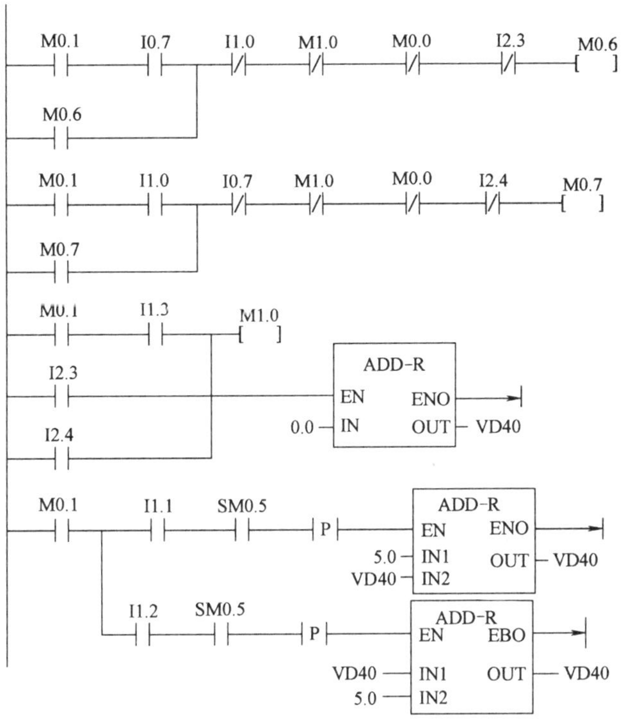

图 9-27　小车控制梯形图程序

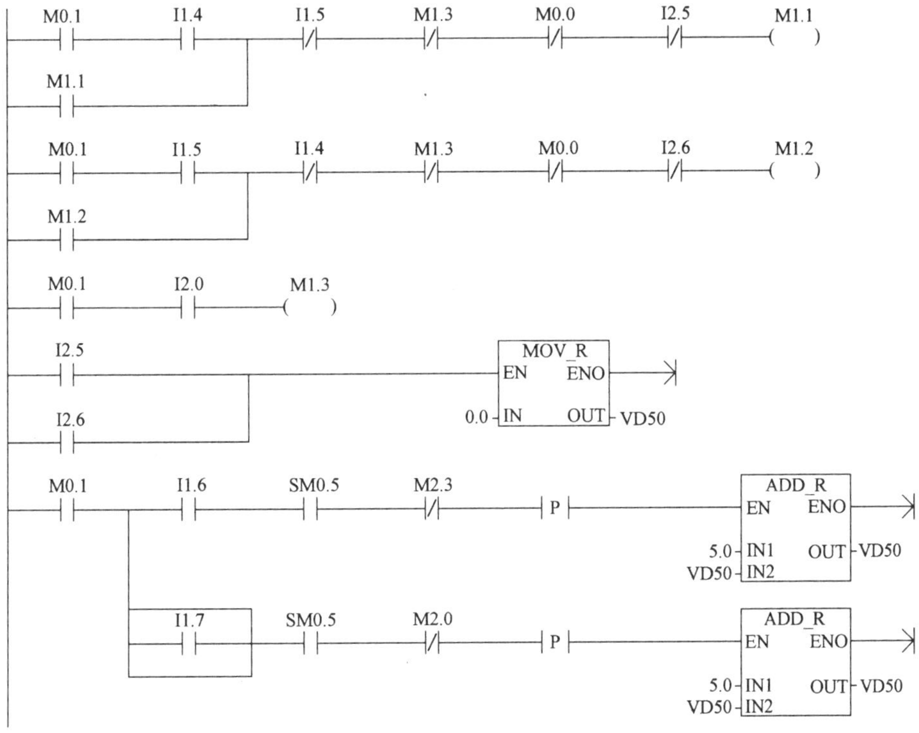

图 9-28　升降机控制梯形图程序

4. 升降机悬停/起动控制程序

系统上电后，升降机在半空进行停止和起动的控制，升降机悬停/起动控制梯形图程序如图 9-29 所示。

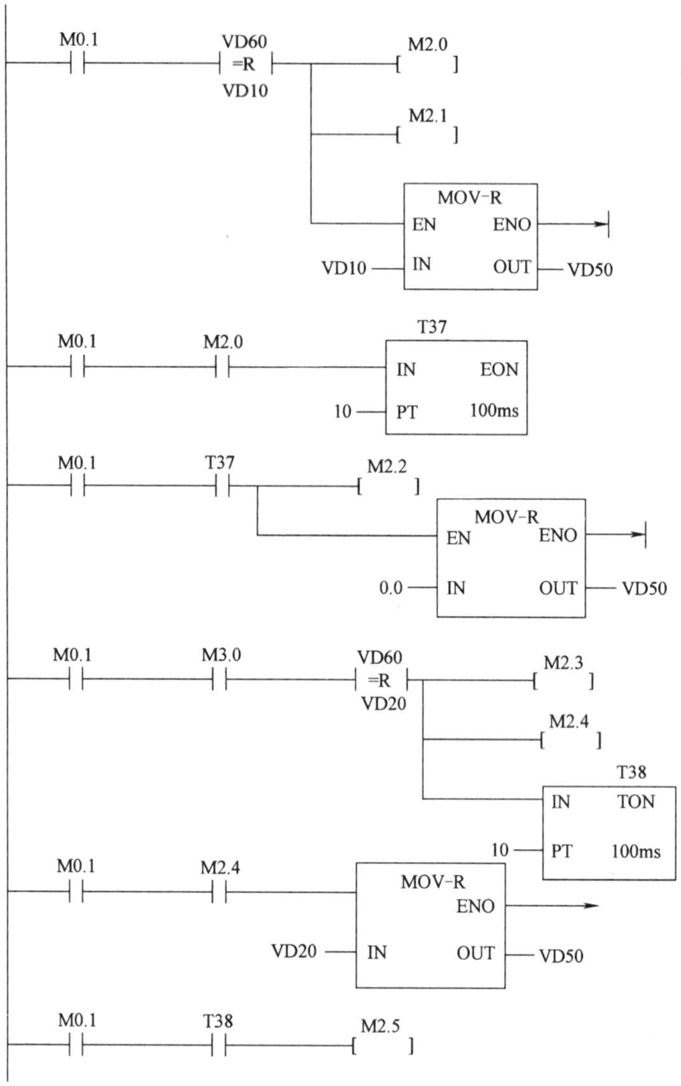

图 9-29　升降机悬停/起动控制梯形图程序

5. 设备变频器控制通信梯形图程序

大车变频器控制通信梯形图程序如图 9-30 所示。

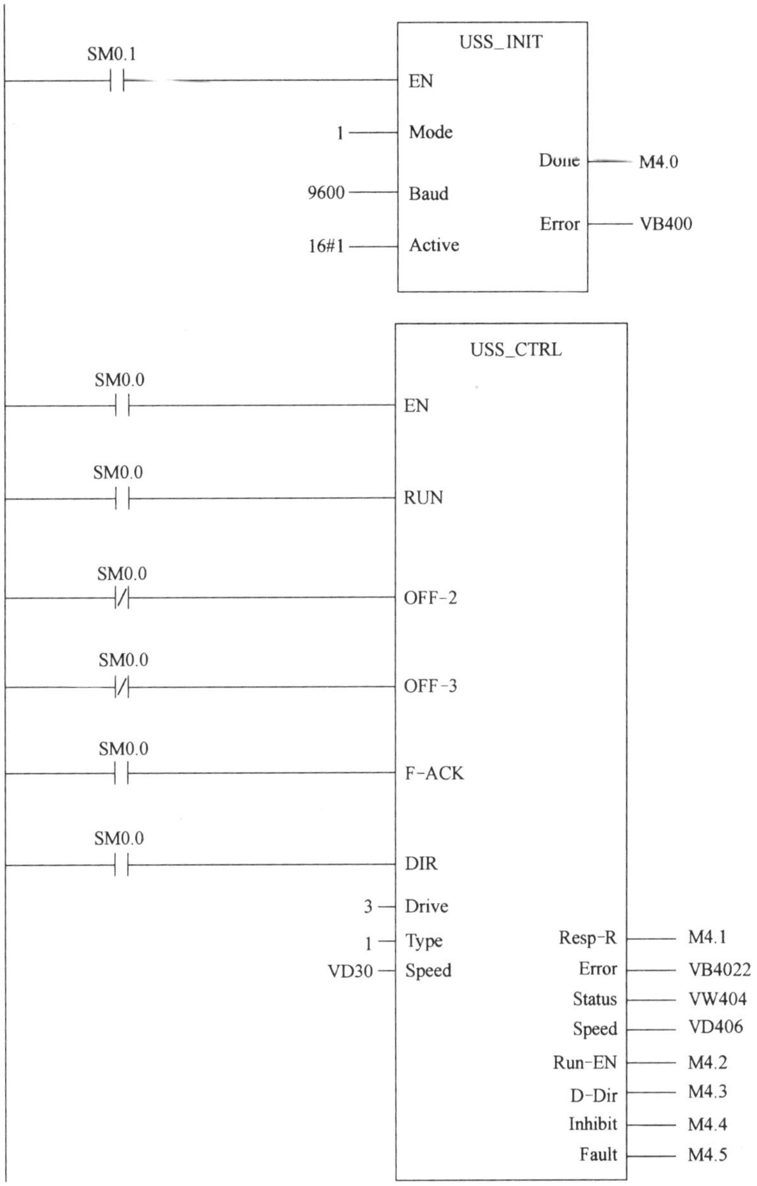

图 9-30　大车变频器控制通信梯形图程序

小车变频器控制通信梯形图程序如图 9-31 所示。

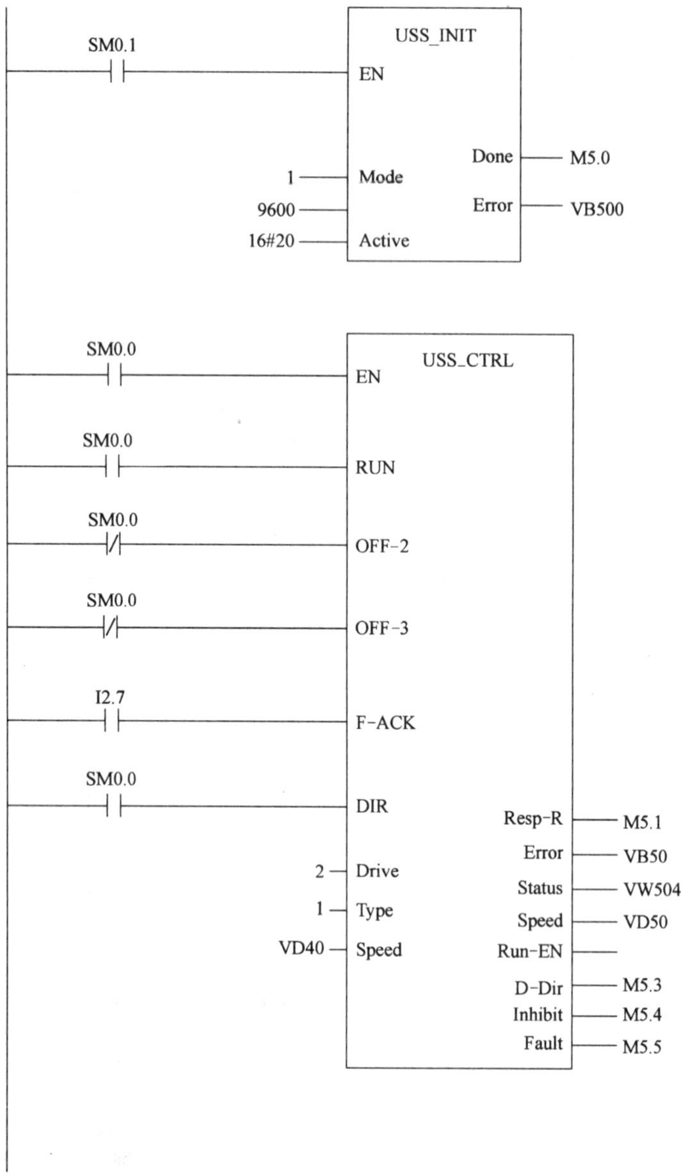

图 9-31　小车变频器控制通信梯形图程序

6. 升降机变频器控制通信梯形图程序

升降机变频器控制通信梯形图程序如图 9-32 所示。

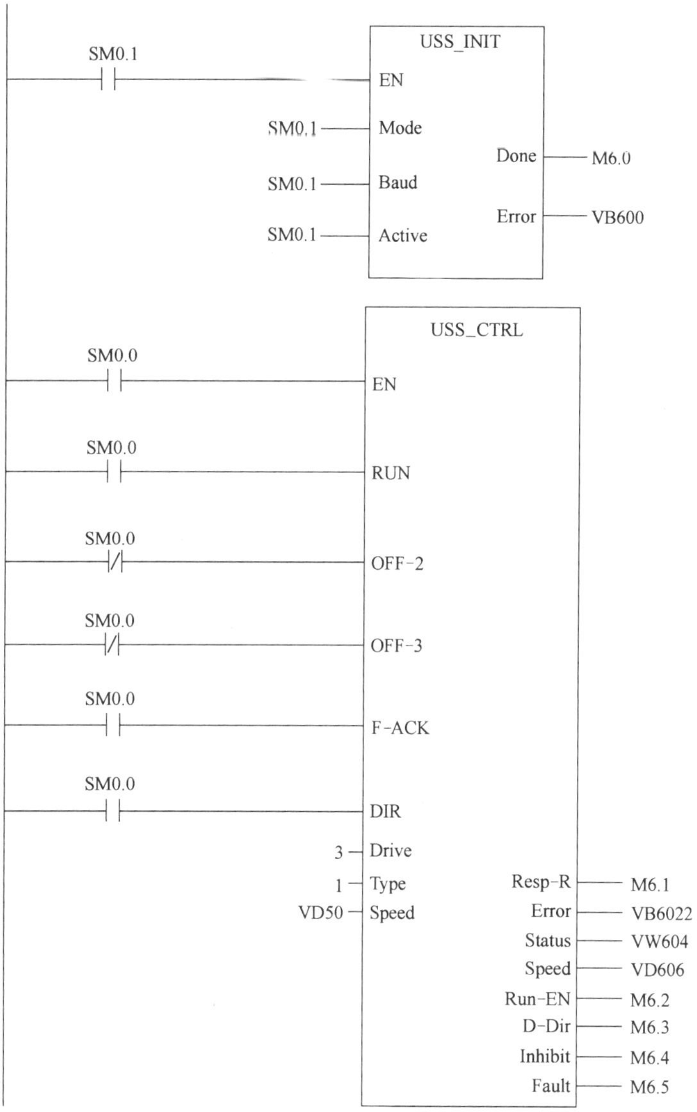

图 9-32　升降机变频器控制通信梯形图程序

7. 其他功能控制程序

（1）初始化控制程序　初始化控制梯形图程序如图 9-33 所示。

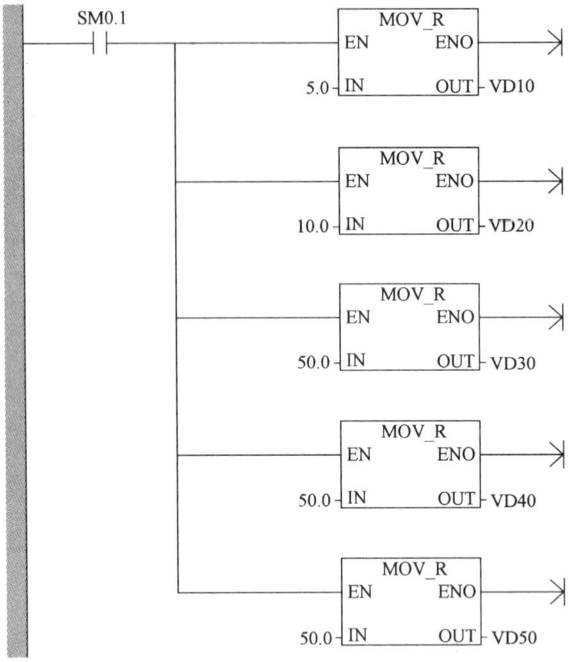

图 9-33　初始化控制梯形图程序

（2）系统起动停止控制程序　系统起动停止控制梯形图程序如图 9-34 所示。

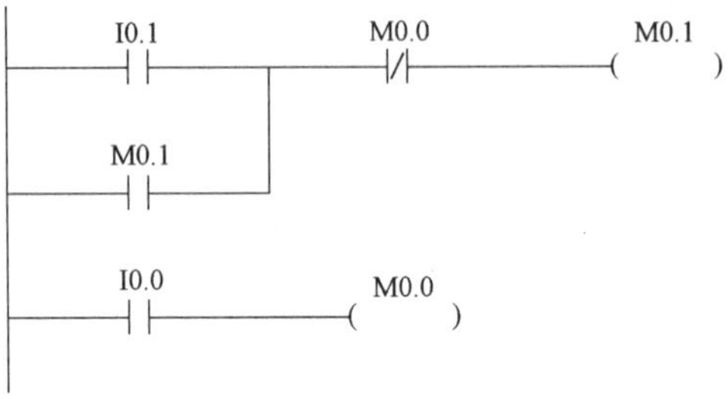

图 9-34　系统起动停止控制梯形图程序

（3）电磁阀运行停止控制程序　电磁阀运行停止控制梯形图程序如图 9-35 所示。

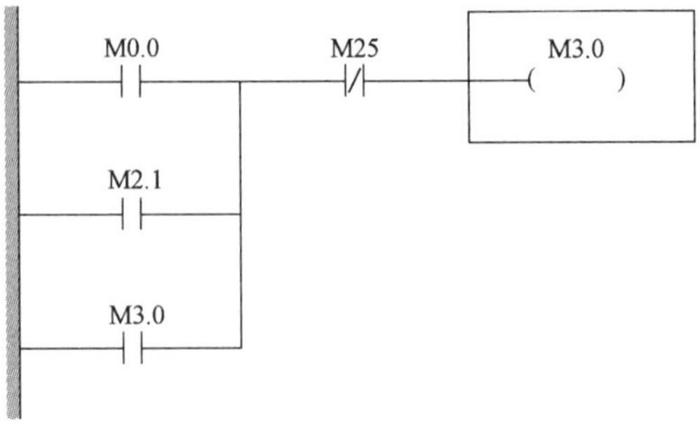

图 9-35　电磁阀运行停止控制梯形图程序

做一做

填写项目设计记录单，见表 9-7

表 9-7　起重机电气控制及 PLC 改造项目设计记录单

课程名称	机床电气设备及升级改造				总学时：
项目名称	起重机电气控制及 PLC 改造				项目学时：
班级		团队负责人		团队成员	
项目设计方案一					
项目设计方案二					
项目设计方案三					
最优方案					
电气图					
设计方法					
相关资料及资源	校本教材、实训指导书、视频录像、PPT 课件、电气安装工艺及标准等				

【项目实现】

一、桥式起重机电气控制电路板的调试与故障诊断

先了解检修起重机所用的工具和设备

（一）故障检修所需工具和设备

1）工具：验电笔、电工刀、尖嘴钳、斜口钳、剥线钳、螺钉旋具及活扳手等。

2）仪表：万用表、绝缘电阻表及钳形电流表。

3）设备：20/5t 型桥式起重机或桥式起重机实训考核装置。

生产机床和机械设备在运行中难免发生各种故障，严重的还会引起事故。正确分析和妥善处理机床设备电气控制电路中出现的故障，首先要检查出产生故障的部位和原因。下面将介绍观察法、通电检查法、断电检查法等基本的故障检查方法。

再了解怎样对起重机电气控制电路中出现的故障进行诊断

（二）故障检修常用方法

1. 观察法

生产机床和机械设备的故障主要可分为两大类：一类故障有明显的外部特征，例如电动机、变压器、电磁铁线圈过热冒烟。在排除这类故障时，除了更换损坏了的电动机与电器之外，还必须找出和排除造成上述故障的原因。另一类故障是没有外部特征的，例如在控制电路中是由于电器元件调整不当、动作不灵、导线断裂、开关击穿等原因引起的。这类故障在机床电路中经常碰到，由于没有外部特征，通常需要用较多的时间去寻找故障的部位，有时

还需运用各类测量仪表才能找到故障点，方能进行调整和修复，使电气设备恢复正常运行。

检修前要进行故障观察与调查。当机床或机械设备发生电气故障后，切忌再通电试车和盲目动手检修。在检修前，通过观察法来了解故障前后的操作情况和故障发生后出现的异常现象，以便根据故障现象判断故障发生的部位，进而准确地排除故障。

2. 通电检查法

通电检查法指机床和机械设备发生电气故障后，根据故障的性质，在条件允许的情况下，通电检查故障发生的部位和原因。

（1）通电检查要求　在通电检查时，必须注意人身和设备的安全。要遵守安全操作规程，不能随意触动带电部分，要尽可能切断电源，只在控制电路带电的情况下进行检查。如果需要电动机运转，则应使电动机与机械传动部分脱开，使电动机在空载下运行，这样既减小了实验电流，也可避免机械设备的运动部分发生误动作和碰撞，以免故障扩大。在检修时应预先充分估计到局部线路动作后可能发生的不良后果。

（2）测量方法及注意事项　在检修设备时，通电检查法是用来确定故障点的一种行之有效的检查方法。常用的检测工具和仪表有验电笔、校验灯、万用表、钳形电流表等，主要通过对电路进行带电或断电时的有关参数（如电压、电阻、电流等）的测量，来判断电器元件的好坏，设备的绝缘情况以及线路的通断情况。随着科学技术的发展，测量手段也在不断更新。

在用通电检查法检查故障点时，一定要保证各种测量工具和仪表完好，使用方法正确，尤其要注意防止感应电、回路电及其并联的影响，以免产生误判断。

（3）通电方法　在检查故障时，经外观检查未发现故障点，可根据故障现象，结合电路图分析可能出现的故障部位，在不扩大故障范围、不损伤电器和机床设备的前提下，进行直接通电试验，以分清故障可能是在电气部分还是在机械等其他部分，是在电动机上还是在控制设备上，是在主电路上还是在控制电路上。

一般情况下先检查控制电路，具体做法是：操作某一只按钮或控制开关时，发现动作不正确，即说明该电器元件或相关电路有问题。再在此电路中进行逐项分析和检查，一般便可发现故障点。待控制电路的故障排除恢复正常后，再接通主电路，检查控制电路对主电路的控制效果，观察主电路的工作情况是否正常等。

（4）故障判别方法

1）校验灯法。校验灯检验的方法有两种：一种是380V的控制电路；另一种是经过变压器降压的控制电路。对于不同的控制电路所使用的校验灯应有所区别，具体判别方法如图9-36所示。首先将校验灯的一端接在低电位处，再用另外一端分别触碰需要判断的各点。如果灯亮，则说明电路正常，如果灯不亮，则说明电路有故障。

经过降压后的校验灯法如图9-37所示。对于降压后的控制电路应选用高于电路电压的灯泡，校验灯一端应接在被测点的对应电源端，再用另外一端分别碰触需要判断的各点测试。

2）验电笔法。用验电笔检查电路故障的优点是安全、灵活、方便，缺点是受电压限制，并与具体电路的结构有关。因此，此法的测试结果不是很准确。另外，有时电器元件触点烧断，但是因有爬弧，用验电笔测试，仍然发光，而且亮度还很强，这样也会造成判断错误。用验电笔检查电路故障的方法分别如图9-38和图9-39所示。

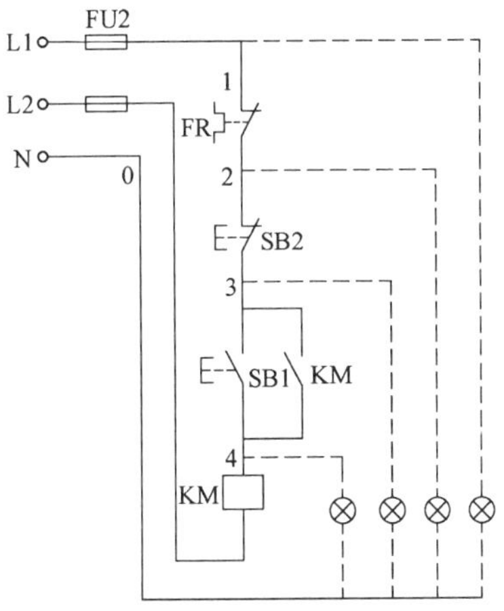

图 9-36 380V 校验灯法

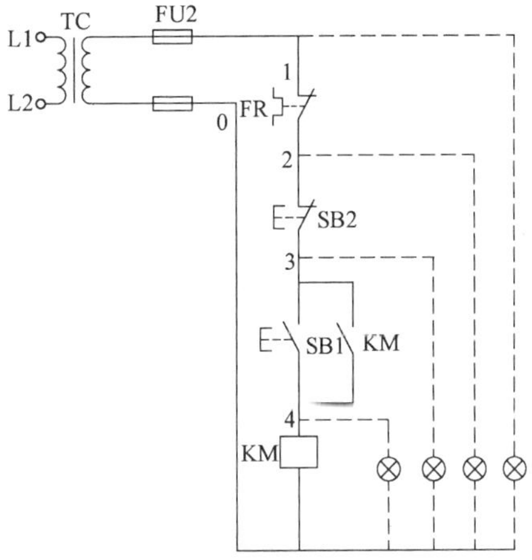

图 9-37 降压后的校验灯法

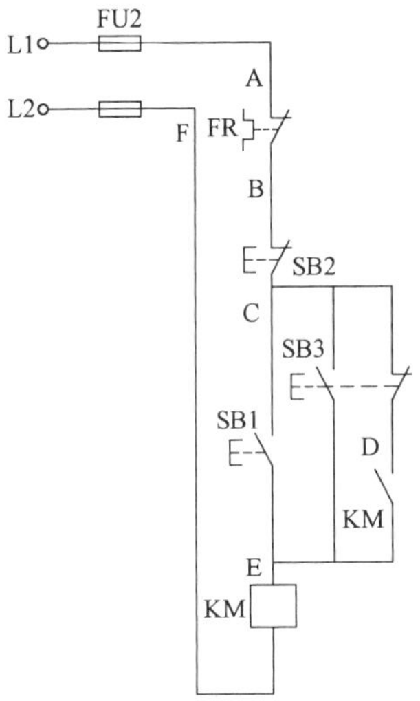

图 9-38 380V 电路验电笔判断法

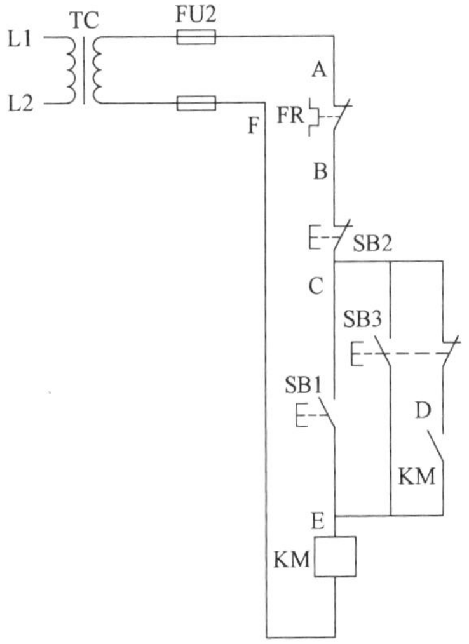

图 9-39 降压后验电笔判断法

在图 9-38 中，如果按下 SB1 或 SB3 后，接触器 KM 不吸合，遇到这种情况可以用验电笔从 A 点开始依次检测 B、C、D、E 和 F 点，观察验电笔是否发光，且亮度是否相同。如果在检查过程中发现某点发光变暗，则说明被测点以前的元件或导线有问题。停电后仔细检查，直到检出问题并消除故障为止。但是，在检查过程中有时还会发现各点都亮，而且亮度都一样，接触器也没问题，就是不吸合，原因可能是起动按钮 SB1 本身触点有问题不能导通，也有可能是 SB2 或 FR 常闭触点断路，电弧将两个静触点导通或因绝缘部分被击穿使两触点导通，遇到这类情况就必须用电压表进行检查。

图 9-39 是经变压器后供给控制电路电源的。有时变压器二次侧不接地，用验电笔就不能有效检测故障点，所以用验电笔检查这种供电线路故障是具有局限性的。

3. 断电检查法

断电检查法是将被检修的电气设备完全与外部电源切断后进行检修的方法。断电检查法是一种比较安全的常用检修方法。

使用好这种检修方法除了要了解机床的用途和工艺要求、加工范围和操作程序、电气线路的工作原理，还要靠敏锐的观察、准确的分析、精准的测量、正确的判断和熟练的操作。下面以图9-40为例分析在机床电器设备发生故障后，进行检修时应注意的问题。

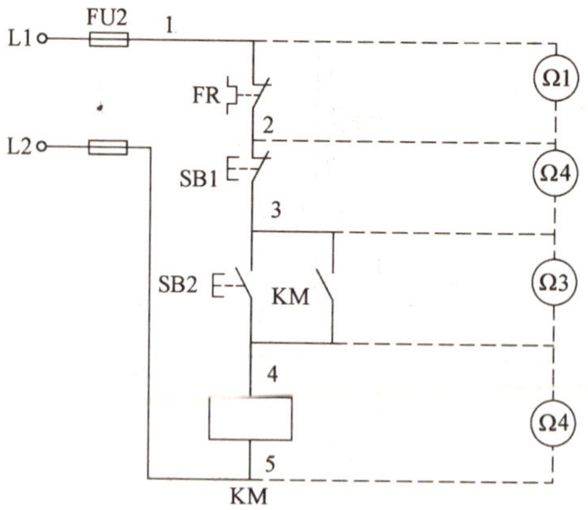

图9-40　单向起动自锁控制电路图

最后，用你的经验正确、完美地处理故障

（三）故障设置

1. 设置说明

学生可以通过实验操作，对桥式起重机工作原理进行认识，根据现象，使用万用表检测来排除故障。在设备面板上专门设计了定时器、计数器。定时器用于学生排除故障时，老师设定时间。计数器用于记录学生排除电器元件故障的次数，每开关一次计数一次。

2. 故障现象及故障点

①起重机无法起动；②副钩不能起动；③小车不能动作；④主钩不能起动；⑤大车不能动作；⑥副钩不能提升；⑦小车不能向后；⑧小车运动失去限位保护；⑨大车运动失去限位保护；⑩大车不能向左；⑪主钩不能制动下降；⑫主钩不能强力下降；⑬副钩不能强力下降；⑭主钩不能提升；⑮主钩不能动作。

二、桥式起重机电气控制及PLC改造电气图的绘制

做一做

（一）桥式起重机PLC改造电器元件布置图的绘制

按前述方法进行绘制。

绘制起重机电气控制电路电器元件布置图：

（二）桥式起重机 PLC 改造接线图的绘制

按前述方法进行绘制。

绘制起重机电气控制电路安装接线图：

三、桥式起重机的电气控制及 PLC 改造整机安装与接线

想一想，起重机电气控制及 PLC 改造需要哪些材料呢？

1. 训练工具、仪表及器材

1）工具：测试笔、螺钉旋具、斜口钳、尖嘴钳、剥线钳及电工刀等。

2）仪表：绝缘电阻表、万用表及钳形电流表。

3）器材：

① 电路板一块（包括所用的低压电器元件）。

② 导线及规格：主电路导线由电动机容量确定；控制电路一般采用截面积为 $1mm^2$ 的铜芯导线（RV）；按钮线一般采用 $0.75mm^2$ 的铜芯线（RV）；导线的颜色要求主电路与控制电路必须有明显的区别；主控电路按线槽走线。

③ 备好编码套管。

④ 20/5t 桥式起重机电路板所需电器元件。

桥式起重机电路板所需电器元件见表 9-8。

表 9-8　20/5t 桥式起重机电气控制电路 PLC 改造电器元件明细表

代号	名称	型号及规格	数量	用途	备注
M1	副钩电动机	YZR-200L-8，15kW，220/380V，1410r/min	1	拖动副钩	
M2	小车电动机	YZR-132MB-6，3.7kW，220/380V，1410r/min	1	拖动小车	
M3、M4	大车电动机	YZR-160MB-6，7.5kW，220/380V，1440r/min	1	拖动大车	
M5	主钩电动机	YZR-315MB-10，75kW，220/380V，1440r/min	1	拖动主钩	
AC1	副钩凸轮控制器	KTJI-50/1	1	副钩正反转控制	

（续）

代号	名称	型号及规格	数量	用途	备注
AC2	小车凸轮控制器	KTJI-50/1	1	小车正反转控制	
AC3	大车凸轮控制器	KTJI-50/5	1	大车正反转控制	
AC4	主钩凸轮控制器	LK1-12/90	1	主钩正反转控制	
YB1	副钩电磁抱闸制动器	MZD1-300	1	副钩制动	
YB2	小车电磁抱闸制动器	MZD1-100	1	小车制动	
YB3、YB4	大车电磁抱闸制动器	MZD1-200	1	大车制动	
YB5、YB6	主钩电磁抱闸制动器	MZS1-45H	1	主钩制动	
1R	副钩电阻器	2K1-41-8/2	1	副钩起动	
2R	小车电阻器	2K1-12-6/1	1	小车起动	
3R、4R	大车电阻器	4K1-22-6/1		大车起动	
5R	主钩电阻器	4P5-63-10/9	1	主钩起动	
QS1	电源总开关	HD-9-400/3	1		
QS2	主钩电源开关	HD11-200/2	1		
QS3	主钩控制电源开关	DZ5-50	1		
QS4	紧急开关	A-3161	1		
SB	起动按钮	LA1911-11	1	起动	
KM	主交流接触器	CJ10-300/3，线圈电压380V，300A	1		
KA0	总过电流继电器	JL4-150/1	1		
KA1	副钩过电流继电器	JL4-40	1		
KA2～KA4	大车、小车过电流继电器	JL4-15	1		
KA5	主钩过电流继电器	JL4-150	1		
KM1～KM2	主钩正反转交流接触器	CJ20-250/3，250A，线圈电压380V	2	控制主钩电动机	
KM3	主钩抱闸接触器	CJ20-75/2，45A，线圈电压380V	1	控制主钩抱闸电动机	
KM4、KM5	反接电阻切除接触器	CJ20-75/3，750A，线圈电压380V	2	控制反接电阻切除电动机	
KM6～KM9	调速电阻切除交流接触器	CJ20-75/3，75A，线圈电压380V	4	控制调速电阻切除电动机	
KV	欠电压继电器	JT4-10P	1		
FU1	熔断器	RL1-15/5，15A，熔体5A	3	电源控制电路短路保护	
FU2	熔断器	RL1-15/10，15A，熔体5A	3	主钩控制电路短路保护	
SQ1～SQ4	大、小车限位开关	LK4-11	4	大、小车限位控制	

（续）

代号	名称	型号及规格	数量	用途	备注
SQ5	主钩上升限位开关	LK4-31	1	主钩上升限位控制	
SQ6	副钩上升限位开关	LK4-31	1	副钩上升限位控制	
SQ7	限位开关	LX2-11H	1	舱门安全开关	
SQ8、SQ9	限位开关	LX2-111	2	横梁栏杆门安全开关	
S7-200 PLC	可编程序控制器	CPU226	1	电气控制改造	
	开关电源		1	PLC 输入供电	
	变频器	MM420	1	变频调速	

做一做

2. 安装步骤及工艺要求

3. 在控制板上按电器位置图安装电器元件的工艺要求

4. 板前明线布线的工艺要求

做一做

填写项目实现记录单，见表 9-9。

表 9-9　起重机电气控制及 PLC 改造项目实现记录单

课程名称	机床电气设备及升级改造				总学时：108
项目名称	起重机电气控制及 PLC 改造				参考学时：
班级		团队负责人		团队成员	
项目工作情况					
项目实施所遇到的问题					
相关资料及资源					
执行标准或工艺要求					
注意事项					
备注					

【项目运行】

做一做

一、桥式起重机电气控制及 PLC 改造的程序调试

1. 程序录入、下载

① 打开 STEP 7-Micro/WIN 应用程序，新建一个项目，选择 CPU 类型为 CPU226，打开

程序块中的主程序编辑窗口，录入上述程序。

② 录入完程序后单击其工具按钮进行编译，当状态栏提示程序没有错误，检测 PLC 与计算机的连接正常，PLC 工作正常后，便可下载程序了。

③ 单击下载按钮后，程序所包含的程序块、数据块、系统块自动下载到 PLC 中。

2. 程序调试

1）程序运行当下载完程序后，需要对程序进行调试。PLC 有两种工作方式，即 RUN（运行）模式与 STOP（停止）模式。在 RUN 模式下，通过执行反映控制要求的用户程序来实现控制功能。在 CPU 模块的面板上用 “RUN” LED 显示当前工作模式。在 STOP 模式下，CPU 不执行用户程序，可以用编程软件创建和编辑用户程序，设置 PLC 的硬件功能，并将用户程序和硬件设置信息下载到 PLC。如果有致命的错误，在消除它之前不允许从 STOP 模式进入 RUN 模式。

CPU 模块上的开关在 STOP 位置时，将停止用户程序的运行。

要通过 STEP 7-Micro/WIN 软件控制 S7-200，模式开关必须设置为 “TERM” 或 “RUN”。单击工具条上的 “运行” 按钮或在命令菜单中选择 “PLC”→“运行”，出现一个对话框提示是否切换运行模式，单击 “确认”。

2）程序的监控在运行 STEP 7-Micro/WIN 的计算机与 PLC 之间建立通信，执行菜单命令 “调试”→“开始程序监控”，或单击工具条中的按钮，可以用程序状态功能监视程序运行的情况。

二、桥式起重机电气控制及 PLC 改造整机调试与运行

为了保证所接桥式起重机 PLC 改造后电气控制电路板的制作质量，在运行之前先要检查和调试，若未发现异常情况，可对电动机做进一步的通电实验。

1. 自检

按电路原理图或电气接线图从电源端开始，逐段核对接线及接线端子处是否正确，有无漏接、错接之处。检查导线接点是否符合要求，压接是否牢固。接触应良好，以免带负载运行时产生闪弧现象。

2. 用万用表检查线路的通断情况

步骤略。

3. 用绝缘电阻表检查线路的绝缘电阻

应不得小于 0.5MΩ。

4. 调试

经指导教师检查无误后通电试车。

（1）空载调试　在不接电动机的情况下，进行通电调试。

（2）带负载调试　在接上电动机的情况下，合上电源开关，按照加工的工艺要求和电动机的动作顺序，分别操作各电动机的起动和停止按钮，再观察电动机的运行情况。

通电完毕先拆除电源线，后拆除负载线。清理工作现场，填写好各种记录。

做一做

填写项目运行记录单，见表 9-10。

表 9-10　项目九项目运行记录单

课程名称	机床电气设备及升级改造			总学时:108
项目名称	起重机电气控制及 PLC 改造			学时:
班级		团队负责人		团队成员	
项目构思是否合理					
项目设计是否合理					
项目实现中遇到了哪些问题					
项目运行时故障点有哪些?					
调试中运行是否正常					
备注					

三、起重机电气控制及 PLC 改造项目验收

项目完成后，应对各组完成情况进行验收和评定，具体验收项目包括：

桥式起重机电气控制电路故障诊断和排除以及桥式起重机 PLC 改造电气控制电路板制作考核要求。

桥式起重机的电气控制电路故障检修考核要求及评分标准见表 9-11。

表 9-11　桥式起重机的电气控制电路故障检修考核要求及评分标准

序号	考核内容	考核要求	评分标准	配分	扣分	得分
1	按下起动按钮 SB1 和对应凸轮控制器的不同档位，主钩电动机不能起动	分析故障范围，确定故障点并排除故障	(1)不能确定故障范围，扣 10 分 (2)不能找出原因，扣 5 分 (3)不能排除故障，扣 10 分	25 分		
2	按下起动按钮 SB1 和对应凸轮控制器的不同档位，副钩电动机不能起动	分析故障范围，确定故障点并排除故障	(1)不能确定故障范围，扣 10 分 (2)不能找出原因，扣 5 分 (3)不能排除故障，扣 10 分	25 分		
3	按下 SB1 和凸轮控制器的不同档位，大车电动机不能起动	分析故障范围，确定故障点并排除故障	(1)不能确定故障范围，扣 10 分 (2)不能找出原因，扣 5 分 (3)不能排除故障，扣 10 分	25 分		
4	按下 SB1 和凸轮控制器的不同档位，小车电动机不能起动	分析故障范围，确定故障点并排除故障	(1)不能确定故障范围，扣 10 分 (2)不能找出原因，扣 5 分 (3)不能排除故障，扣 10 分	25 分		
5	安全文明生产	按生产规程操作	违反安全文明生产规程，扣 10 ~ 30 分			
6	定额工时	4h	每超 5min(不足 5min 以 5min 计)扣 2 分			
起始时间			合计	100 分		
结束时间			教师签字	年　月　日		

桥式起重机的电气控制电路的PLC改造考核要求及评分标准见表9-12。

表9-12　桥式起重机的电气控制电路的PLC改造考核要求及评分标准

序号	考核内容	考核要求	评分标准	配分	扣分	得分
1	硬件设计(I/O点数确定)	根据继电器-接触器控制电路确定选择PLC点数	(1)点数确定的过少,扣10分 (2)点数确定的过多,扣5分 (3)不能确定点数,扣10分	25分		
2	硬件设计(PLC选型及接线图的绘制并接线)	根据I/O点数选择PLC型号、画接线图并接线	(1)PLC型号选择不能满足控制要求,扣10分 (2)接线图绘制错误,扣5分 (3)接线错误,扣10分	25分		
3	软件设计(程序编制)	根据控制要求编制梯形图程序	(1)程序编制错误,扣10分 (2)程序繁琐,扣5分 (3)程序编译错误,扣10分	25分		
4	调试(程序调试和整机调试)	用软件输入程序监控调试;运行设备整机调试	(1)程序调试监控错误,扣10分 (2)整机调试一次不成功,扣5分 (3)整机调试二次不成功,扣5分	25分		
5	安全文明生产	按生产规程操作	违反安全文明生产规程,扣10~30分			
6	定额工时	4h	每超5min(不足5min以5min计)扣2分			
起始时间			合计	100分		
结束时间			教师签字	年　月　日		

【知识拓展】

绕线转子异步电动机转子绕组是在绕线转子铁心的槽内嵌有绝缘导线组成的三相绕组，一般作星形联结，三个出线端分别接在与转轴绝缘的三个集电环上，再通过电刷与外电路相连。绕线转子异步电动机外形如图9-41所示。

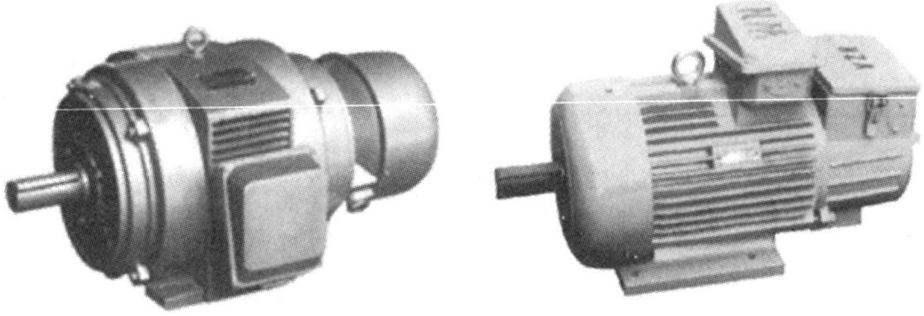

图9-41　绕线转子异步电动机外形

一、绕线转子异步电动机结构

绕线转子电动机由定子和转子两大部分构成，其中定子结构和笼型转子电动机相同，转子由转轴、三相转子绕组、转子铁心、集电环、转子绕组出线头、电刷、刷架、电刷外接线和镀锌钢丝箍等组成，绕线转子电动机外形如图9-42所示。

绕线转子异步电动机转子结构如图9-43所示。

绕线转子外形及转子回路接线示意图如图9-44所示。

图9-42　绕线转子电动机外形

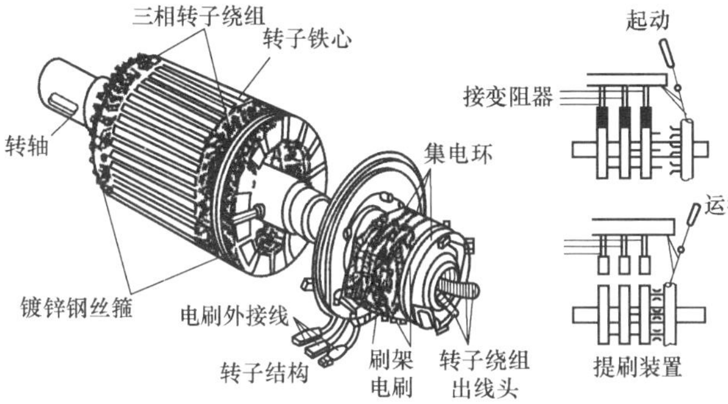

图9-43　绕线转子异步电动机转子结构

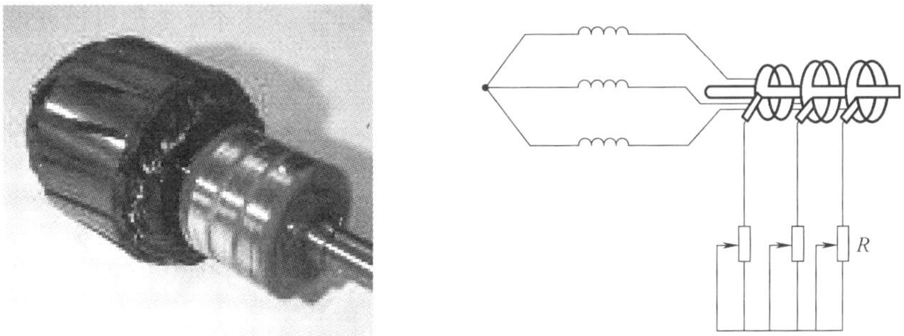

a) 绕线转子外形　　b) 转子回路接线示意图

图9-44　绕线转子外形及转子回路接线示意图

二、三相绕线转子异步电动机转子绕组串电阻减压起动控制电路控制原理

在实际生产中要求起动转矩较大，且平滑调速的场合，常常采用绕线转子异步电动机。由电动机工作原理可知，三相绕线转子异步电动机的转子回路可以通过集电环外接电阻，转子回路外接一定的电阻既可以减小起动电流，又可以提高转子回路的功率因数和起动转矩。在要求起动转矩较高的场合（例如起重设备），绕线转子异步电动机得到广泛的应用。

按照绕线转子异步电动机起动过程中转子绕组串接装置的不同，有串接电阻起动和串频敏变阻器起动。起动时在转子回路串入作星形联结的三相起动电阻，并将其放到最大位置，以减小起动电流，获得较大的起动转矩，随后逐段切除起动电阻，起动结束后，电动机在额定状态下运行。

（一）转子绕组串电阻起动控制电路

在起动前，起动电阻全部串入电路中。在起动过程中，起动电阻被逐级地短接切除，正常运行时所有外接电阻全部切除。在起动过程中电阻被短接切除的方式有两种：三相电阻平衡切除法和三相电阻不平衡切除法。不平衡切除法是转子每相的起动电阻按先后顺序被短接切除，而平衡切除法是转子每相的起动电阻同时被短接切除。一般不平衡切除法采用凸轮控制器来短接电阻，这样控制电路简单，操作方便，如利用凸轮控制器控制的起重机主钩电动机的控制。若起动采用接触器控制，则采用平衡切除法。下面介绍采用接触器控制的平衡短接切除法控制电路。

1. 采用接触器控制的平衡短接切除法起动控制电路

根据绕线转子异步电动机起动过程中转子电流变化及所需起动时间的特点，控制电路有时间原则控制电路和电流原则控制电路。

（1）时间原则控制电路　图 9-45 所示为时间原则控制电路，KM1～KM3 为短接转子电阻接触器，KM4 为电源接触器，KT1、KT2、KT3 为时间继电器。起动完毕正常运行时，线路仅 KM3、KM4 通电工作，其他电器全部停止工作，这样既节省了电能，又延长了电器使用寿命，提高了电路工作的可靠性。为防止由于机械卡阻等原因使接触器 KM1、KM3 不能正常工作，使起动时带部分电阻或不带电阻，造成冲击电流过大，损坏电动机，采用 KM1、KM2、KM3 三个辅助常闭触点串接于起动回路中来消除这种故障的影响。

控制电路存在两个问题：一旦时间继电器损坏，线路将无法实现电动机正常起动和运行；另一方面，在电阻的分级切除过程中，电流及转矩会突然增大，产生不必要的机械冲击。

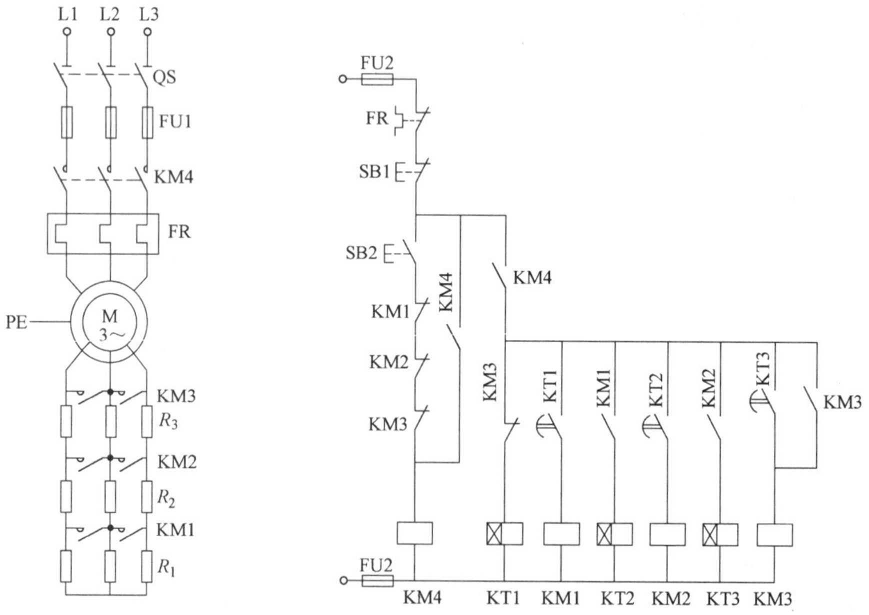

图 9-45　时间原则控制电路

（2）电流原则控制电路　图 9-46 所示为电流原则控制电路。它是按照电动机在起动过程中转子电流变化来控制电动机起动电阻的切除。KI1、KI2、KI3 为欠电流继电器，其线圈串于转子回路中，调节使它们的吸合电流相同，释放电流不同，而 KI1 释放电流最大，KI2 次之，KI3 释放电流最小。KA 为中间继电器，KM1 ~ KM3 为短接电阻接触器，KM4 为线路接触器。

线路工作原理：合上电源开关 QS，按下起动按钮 SB2，KM4 通电并自锁，电动机定子接通三相交流电源，转子串入全部电阻并连接成星形起动。同时 KA 通电，为 KM1 ~ KM3 通电做准备。由于起动电流大，KI1、KI2、KI3 的吸合电流相同，故欠电流继电流同时吸合，其常闭触点都断开，使 KM1 ~ KM3 处于断开状态，转子电阻全部串入，达到限流和提高起动转矩的目的。随着电动机转速的升高，起动电流逐渐减小。当起动电流减小到 KI1 释放电流时，KI1 首先释放，其常闭触点闭合，使 KM1 通电，KM1 主触点短接一段转子电阻 R_1，由于转子电阻减小，转子电流上升，起动转矩加大，电动机转速加快上升，这又使转子电流下降；当降至 KI2 释放电流时，KI2 释放，其常闭触点闭合，使 KM2 通电，其主触点短接第二段转子电子 R_2，于是转子电流上升，起动转矩加大，电动机转速升高，如此继续，直至转子电阻全部切除，电动机起动过程才结束。

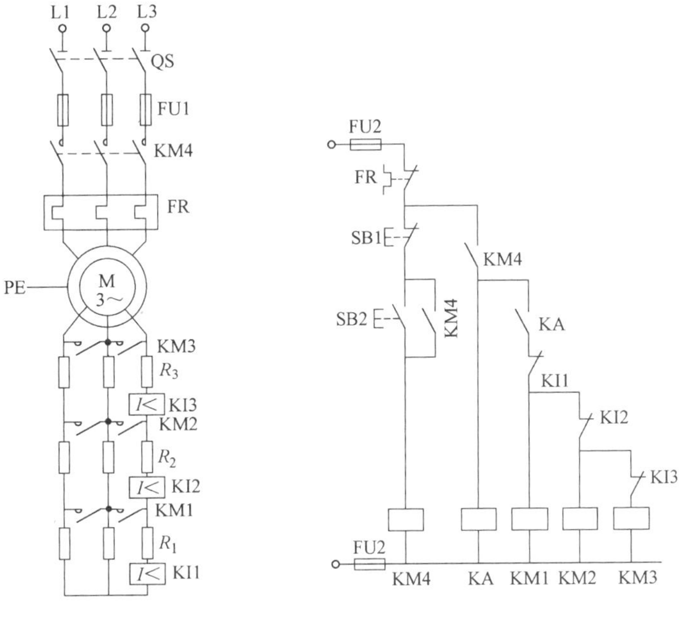

图 9-46　电流原则控制电路

中间继电器 KA 是为保证起动时转子电阻全部接入而设置的。若无 KA，则当电动机起动电流由零增大且在尚未达到电流继电器吸合电流时，电流继电器 KI1 未吸合，将使 KM1 ~ KM3 同时通电吸合，将转子电阻全部短接，电动机便直接起动。而设置 KA 后，当按下起动按钮 SB2 时，KM 先通电吸合，然后才使 KA 通电吸合，再使 KA 常开触点闭合，在这之前起动电流早已到达电流继电器的吸合整定值并已动作，KI1 ~ KI3 的常闭触点已断开，并将 KM1 ~ KM3 线圈电路切断，确保转子电阻全部接入，避免电动机的直接起动。

2. 采用凸轮控制器的不平衡短接电阻切除法起动控制电路

（1）凸轮控制器　有关凸轮控制器在前面已介绍过。下面学习三相绕线转子异步电动机起动控制电路中涉及的其他电器元件。

（2）主令控制器　主令控制器是用以频繁切换复杂的多回路控制电路的主令电器，主要用作起重机、轧钢机及其他生产机械磁力控制盘的主令控制。主令控制器的原理结构图如图 9-47 所示。

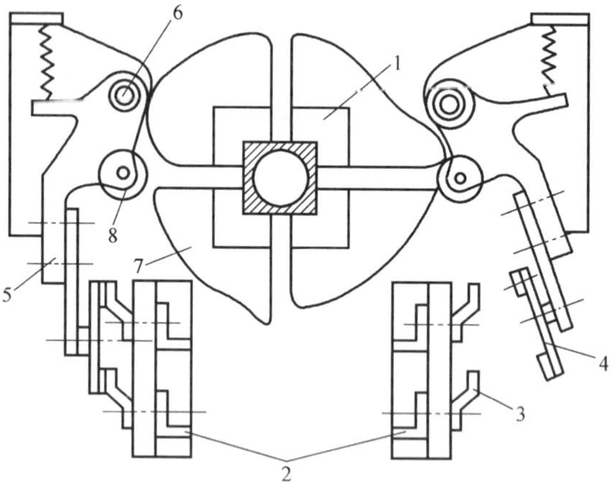

图 9-47　主令控制器的原理结构图
1、7—凸轮块　2—接线端子　3—静触点　4—动触点
5—支杆　6—轴　8—小轮

转动手柄时，中间的方轴带动凸轮块 1、7 转动，固定在支杆 5 上的动触点 4 随着支杆 5 绕轴 6 转动，凸轮的凸起部分推压小轮 8 时带动支杆 5 和动触点 4 张开，将电路断开。由于凸轮块具有不同形状，所以转动手柄时触点按一定顺序接通或断开。

1）主令控制器的类型。主令控制器根据凸轮片的位置能否调整分为两种类型：一种为调整型主令控制器，其凸轮块的位置可以根据触点分合表进行调整；另一种为非调整型主令控制器，其凸轮块只有一个位置而不能调整，手柄转换时只能按照触点分合表断开或接通电路。主令控制器主要有 LK14、LK15、LK16 型，其主要技术性能为额定电压交流 50Hz、380V 以下，直流 220V 以下，额定操作频率 1200 次。

主令控制器在电路中的图形和文字符号如图 9-48a 所示。图中，横线表示控制电路的触点，竖线表示指令控制器的手柄位置。手柄位置上的小黑点，表示该位置时能接通的触点，

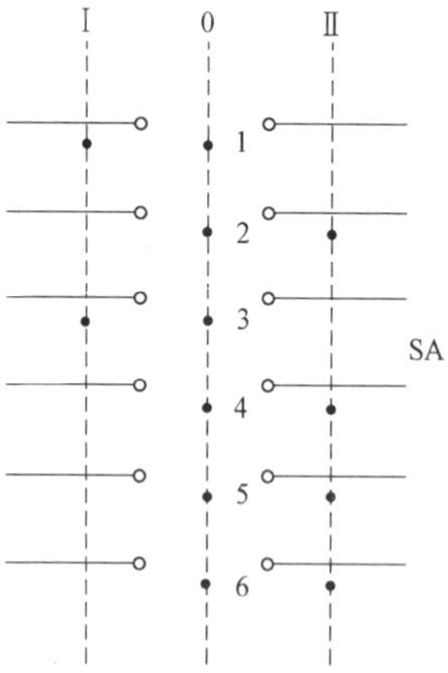

a)图形符号和文字符号

触点号	Ⅰ	0	Ⅱ
1	×	×	
2		×	×
3	×	×	
4		×	×
5		×	×
6		×	×

b) 通断表

图 9-48　主令控制器的图形符号、文字符号及通断表

如手柄在Ⅰ的位置时，1 号和 3 号触点接通，其余断开。触点的通断也可以用通断表来表示，表中“×”表示触点闭合，空白表示分断。主令控制器的通断表如图 9-48b 所示。

2）主令控制器的主要参数。

① 额定电压和额定电流：指主令控制器触点分断或接通状态下的电压和电流。

② 约定发热电流：主令控制器在约定使用条件下达到允许温升时的电流值。

③ 触点的机械寿命：触点不会产生机械故障所允许的通断次数，如 300 万次。

④ 操作频率：每小时触点允许的通断次数。

⑤ 控制的电路数：指主令控制器触点控制的回路总数。

⑥ 通断能力：指一定条件下主令控制器触点能够接通或断开的最大电流。

3）主令控制器的选择。

① 根据被控电路的电压和电流选择主令控制器的额定电压和额定电流及通断能力。主令控制器工作时的电流不能超过约定发热电流，否则会因过热而烧毁。

② 根据控制电路的回路数和操作要求选择控制回路数、操作频率和触点寿命。

4）常用主令控制器。常用主令控制器有 LK1、LK4、LK5、LK14、LKT8 等系列。其中，LK4、LKT8 系列是可调式主令控制器。LKT8 系列属于革新产品，吸收了国外先进技术，采用 IEC 标准，有交流、直流两种工作形式。

（3）三相电阻器　三相电阻器主要适用于交流 50Hz、500V 和直流 440V 电路中作电动机的起动、制动、调速之用。其结构形式大多为开启式，应装在室内并加以遮栏，防止触电。其主要类型有 ZX1、ZX2 系列，容量约为 4.6kW；主要参数有总阻值、每一级的阻值、额定电流和电阻元件的数量。选择时主要考虑调速要求的阻值和功率。

（4）凸轮控制器控制的绕线转子电动机动作原理　凸轮控制器控制的绕线转子电动机原理电路图如图 9-49 所示。

凸轮控制器手轮置于零位后，合上开关 QS，按下起动按钮 SB1，接触 KM 线圈通电关自锁，做好电动机起动前的准备。

正向起动时，扳动 AC 手轮到正向“1”位置，此时 AC1、AC3 和 AC10 闭合，电动机接通电源正向起动，由于 AC5 ~ AC9 全部断开电动机串入全部起动电阻起动，具有小的起动电流和较大的起动转矩。AC 手轮由正向“1”位置转向“2”时，AC1、AC3、AC5 和 AC10 闭合，转子电阻 R 中第一级被切除，电动机转矩加大、转速提升；AC 手轮由正向“2”位置转向“3”时，AC3、AC5、AC6 和 AC10 闭合，转子电阻 R 中第一级和第二级被切除，电动机在大转矩下正向转动；手柄继续由“3”到“4”到“5”时，依次切除起动电阻，电动机起动完毕进入正常运行状态。

停车时，手轮回到“0”位，电动机停止转动。

反向起动时，扳动手轮到反向“1”位置，此时 AC2、AC4 和 AC10 闭合，电动机接通电源并交换两相，此时电动机反向起动，由于 AC5 ~ AC9 全部断开，电动机串入全部起动电阻起动，具有小的起动电流和较大的起动转矩。AC 手轮由正向“1”位置转向“2”时，AC2、AC4、AC5 和 AC10 闭合，转子电阻 R 中第一级被切除，电动机转矩加大、转速提升；AC 手轮由正向“2”位置转向“3”时，AC2、AC4、AC6 和 AC10 闭合，转子电阻 R 中第一级和第二级被切除，电动机在大转矩下反向转动；手柄继续由“3”到“4”到“5”时，依次切除起动电阻，电动机起动完毕进入反向正常运行状态。

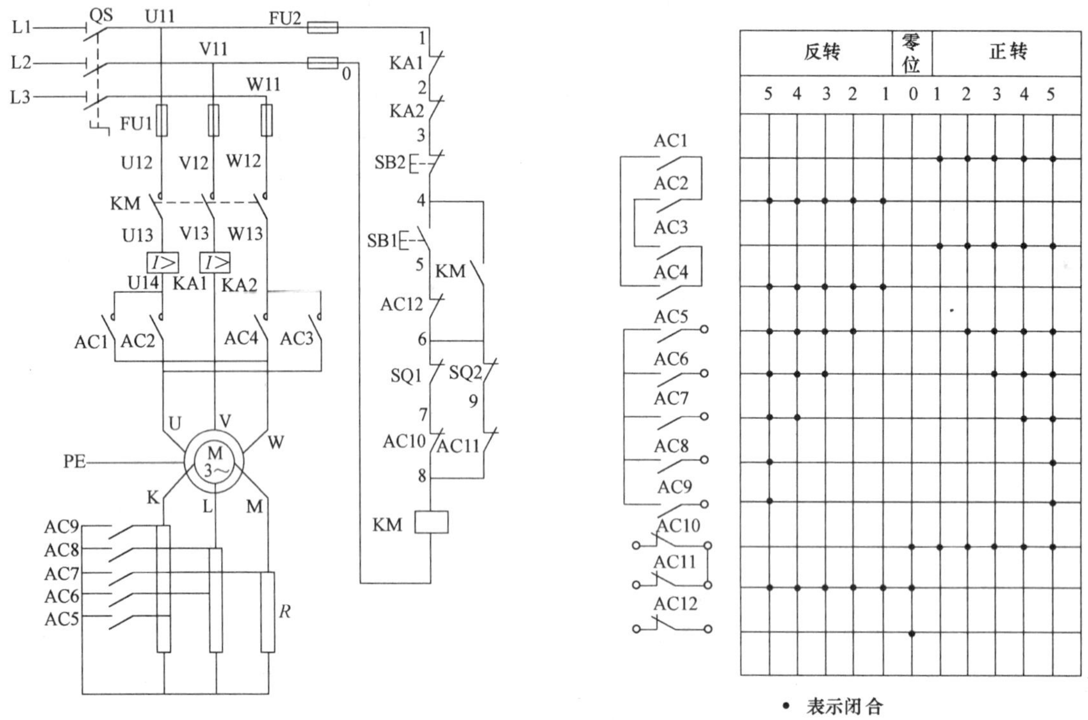

图 9-49 凸轮控制器控制的绕线转子电动机原理电路图

AC10～AC12 的零位保护作用是：只有手柄在“0”时 AC1～AC12 全部闭合，按下起动按钮 SB1 时接触器 KM 通电；手柄在其余位置时只有 AC10 或 AC11 中的一对触点接通，此时按起动按钮 SB1 接触器 KM 不通电。这就保证了电动机只能由凸轮控制器在“0”位时，串入全部起动电阻开始起动，然后通过手柄控制逐级切除起动电阻，进入正常运转状态。零位保护就是必须回到零位串入全部起动电阻才能起动的保护，不能在无起动电阻或串入部分起动电阻情况下起动。

（二）转子绕组串频敏变阻器的起动控制电路

1. 频敏变阻器

如图 9-50 所示，频敏变阻器实际上是一个铁心损耗非常大的三相电抗器，它有一个三柱铁心，每个柱上有一个绕组，三相绕组一般接成星形。频敏变阻器的阻抗随着电流频率的变化而有明显的变化，电流频率高时，阻抗值也高，电流频率低时，阻抗值也低。在电动机的起动瞬间，转子电流频率最大，频敏变阻器的等效阻抗最大（R_f 与 X_d 最大），限制了起动电流，并可获得较大起动转矩。起动后，随着转速的升高，转子电流频率逐渐降低，频敏变阻器等效阻抗自动减小，从而使电动机转速平滑地上升，电动机可以近似地得到恒转矩特性，实现了电动机的无级起动。起动完毕短接切除频敏变阻器即可。

2. 绕线转子异步电动机转子绕组串频敏变阻器的起动控制电路

绕线转子异步电动机转子串电阻的起动方法，由于在起动过程中逐渐切除转子电阻，在切除的瞬间电流及转矩突然增大，会产生一定的机械冲击力。如果想减小电流的冲击，必须

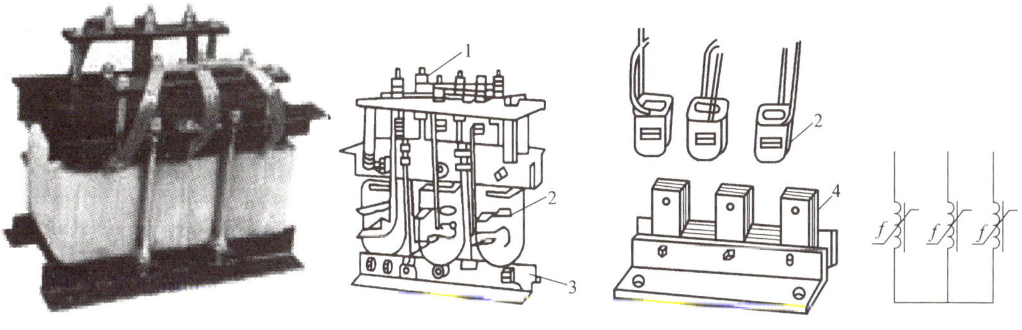

a) 外形　　b) 结构　　c) 符号

图 9-50　频敏变阻器

1—接线柱　2—线圈　3—底座　4—铁心

增加电阻的级数，这将使控制电路复杂，工作性能不可靠，而且起动电阻的体积较大。

频敏变阻器的阻抗能够随着电动机转速的上升、转子电流频率的下降而自动减小，所以它是绕线转子异步电动机较为理想的一种起动装置，常用于较大容量的绕线转子异步电动机的起动控制。

图 9-51 所示为绕线转子异步电动机转子绕组串频敏变阻器的起动控制电路。图中，KM1 为线路接触器，KM2 为短接频敏变阻器接触器，KT 为控制起动时间的通电延时型时间继电器，KA 为中间继电器，由于是大电流的控制系统，所以热继电器 FR 接在电流互感器的二次侧。

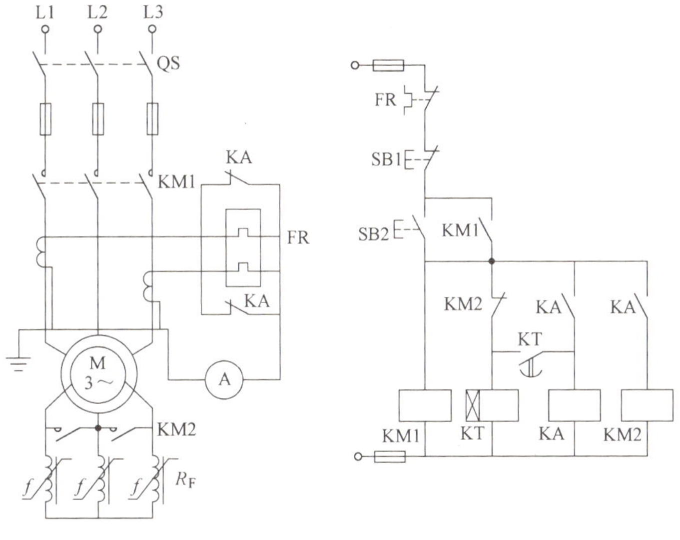

图 9-51　绕线转子异步电动机转子绕组串频敏变阻器的起动控制电路

(1) 绕线转子异步电动机转子串频敏变阻器起动控制电路的工作原理　合上电源开关 QS，按下起动按钮 SB2，接触器 KM1 线圈通电自锁，电动机接通三相交流电源，电动机转子绕组串频敏变阻器起动；同时，时间继电器 KT 线圈通电开始延时。当延时结束时，KT 延时闭合的常开触点闭合，KA 线圈通电并自锁，KA 的常闭触点断开，热继电器 FR 投入电路进行过载保护；KA 的两个常开触点闭合，一个用于自锁，另一个接通 KM2 线圈电路，KM2 常开触点闭合将频敏变阻器切除。电动机进入正常运转状态。

在起动过程中，为了避免起动时间过长而使热继电器误动作，用 KA 的常闭触点将热继电器 FR 的发热元件短接。

（2）频敏变阻器的调整　由于频敏变阻器是针对一般使用要求设计的，因具体的使用场合不同、负载不同、电动机参数的差异，其起动特性往往也不太理想。所以需要结合现场对频敏变阻器做某些调整，以满足生产需要。主要包括如下两点。

1）改变线圈匝数。频敏变阻器线圈大多留有几组抽头。增加或减小匝数将改变频敏变阻器的等效阻抗，可起到调整电动机起动电流和起动转矩的作用。如果起动电流过大、起动时间太快，应增加匝数；反之，则减小匝数。

2）磁路调整。在电动机刚起动时，起动转矩过大，对机械会有冲击；起动完毕后，稳定转速低于额定转速较多，短接频敏变阻器时电流冲击大。当遇到这些情况时，应调整磁路，增大上轭板与铁心的气隙。

【工程训练】

设计一个电动葫芦升降的 PLC 控制系统。控制要求为：

1）可手动上升与下降。

2）自动运行时，上升 6s→停 9s→下降 9s→停 9s，反复运行 1h 后发出声光信号，并停止运行。

先进行 I/O 配置，再进行程序编制，然后再进行程序调试和运行。

附　录

CDIO 项目报告模板

哈尔滨职业技术学院

《机床电气设备及升级改造》
CDIO 项目报告书

项目名称：

专业：

班级及组号：

组长姓名：

组员姓名：

指导老师：

时间：

1. 项目目的与要求
2. 项目计划
3. 项目内容
4. 心得体会
5. 主要参考文献

参考文献

[1] 李军，崔兴艳. 机床电气设备及升级改造 [M]. 天津：天津大学出版社，2011.

[2] 李山兵. 机床电气控制技术 [M]. 北京：电子工业出版社，2012.

[3] 王振臣，齐占庆. 机床电气控制技术 [M]. 5 版. 北京：机械工业出版社，2013.

[4] 何利民. 电气制图与读图 [M]. 北京：机械工业出版社，2008.

[5] 劳动和社会保障部. 维修电工 [M]. 北京：中国劳动社会保障出版社，2003.

[6] 劳动和社会保障部. 常用机床电气检修 [M]. 北京：中国劳动社会保障出版社，2006.

[7] 郁汉琪. 机床电气及可编程序控制器实验、课程设计指导书 [M]. 北京：高等教育出版社，2001.

[8] 李乃夫. 可编程控制器原理、应用、实验 [M]. 北京：中国轻工业出版社，2007.

[9] 黄净. 电气控制与可编程序控制器 [M]. 北京：机械工业出版社，2011.

[10] 程玉华. 西门子 S7-200 工程应用实例分析 [M]. 北京：电子工业出版社，2008.